河北省国家林业生态工程建设实践与探索

主 编 张 海 冯长红 张进献

中国林业出版社
China Forestry Publishing House

图书在版编目(CIP)数据

河北省国家林业生态工程建设实践与探索 / 张海，冯长红，张进献主编. —北京：中国林业出版社，2022.8

ISBN 978-7-5219-1776-5

Ⅰ.①河… Ⅱ.①张… ②冯… ③张… Ⅲ.①林业-生态工程-建设-研究-河北②草原学-生态工程-建设-研究-河北 Ⅳ.①S718.5②S812.29

中国版本图书馆CIP数据核字(2022)第125791号

中国林业出版社·自然保护分社(国家公园分社)

策划编辑：肖静
责任编辑：肖静 袁理

出版发行	中国林业出版社(100009 北京市西城区刘海胡同7号)
	http://www.forestry.gov.cn/lycb.html 电话：(010)83143577
印 刷	河北京平诚乾印刷有限公司
版 次	2022年10月第1版
印 次	2022年10月第1次印刷
开 本	889mm×1194mm 1/16
印 张	19.25 插 页 16
字 数	315千字
定 价	98.00元

未经许可，不得以任何方式复制或抄袭本书之部分或全部内容。

版权所有　侵权必究

编辑委员会

主　　编： 张　海　冯长红　张进献

副 主 编： 徐立群　王泽民　张晓光　任保俊

编　　委： 王井元　赵顺旺　李永东　何树臣　李　鹰　李喜辰
　　　　　　钱　栋　肇　楠　张昕欣　肖永青　周　正

编写人员：（按姓氏笔画排序）

马玉海　马银祥　王　辉　王丽君　王利民　王泽平
牛玉鹏　牛志刚　史玉军　丛日春　邢　海　毕介宝
吕海涛　刘　帅　刘　洋　刘　然　刘永刚　刘志炜
刘晓宁　刘海金　刘淑斌　米　雪　池树学　许　叶
李文立　李向军　李和宝　李炜波　李　校　李琛泽
李瑞民　李澍贵　杨　茜　杨慧忠　何会宾　辛　峰
张　丹　张　伟　张立玲　张国栋　张信杰　张海丽
范　玮　范冬冬　周佳丽　周建军　周常国　郑聪慧
房光辉　赵亚楠　赵金玲　赵耀新　部　肖　侯沛轩
贾泽云　柴玉双　陶世杰　崔　岩　崔丽梅　梁洪源
董志婧　韩红英　谢玉常　蔡德义　彭雪松　蔺相达

摄　　影： 孙　阁　范明祥　康成福　姚建明　张向忠　冯长红
　　　　　　姚伟强　徐立群　赵顺旺　孙旭洋　张进献　程文秀
　　　　　　张晓光　张善虎　李盼威　郭书彬　董艳冬　牛志刚
　　　　　　李文立　王爱军　刘海金　李瑞民　曲炳国　姚宪法
　　　　　　袁洪波　王泽民　郭晓军　郑　广　王　龙

策　　划： 赵俊环

美　　编： 冯博伦

前 言

党的十八大以来，以习近平同志为核心的党中央，把生态文明建设纳入中国特色社会主义事业"五位一体"总体布局和"四个全面"战略布局，形成了习近平生态文明思想，丰富和发展了马克思主义关于人与自然关系理论。加快林业生态工程建设，快速恢复林草植被，提供更多优质生态产品，是践行习近平生态文明思想生动体现，是满足人民日益增长的优美生态环境需要的必然要求，是如期实现碳达峰、碳中和目标的重要途径，更是实现第二个百年奋斗目标的重要基础，已经成为新时代赋予国土绿化工作的新使命、新要求。

河北省东临渤海、西倚太行、北接内蒙古高原、内环京津，生态区位非常重要，肩负着建设京津冀生态环境支撑区和首都水源涵养功能区的重任。由于历史原因，京津周围地区原有森林草原植被遭受破坏，到1949年，河北省森林覆盖率只有3.4%，水土流失、干旱洪涝和风沙危害一度十分严重。多年来，河北省深入贯彻落实习近平生态文明思想，始终坚持党的全面领导，坚持生态优先、绿色发展，陆续实施了三北防护林体系建设、京津风沙源治理、退耕还林、太行山绿化等国家重点林业生态工程，走出了一条生态效益、经济效益和社会效益兼顾，国家组织、全民全社会力量共同参与的林业生态工程建设之路。河北省以"为京津阻沙源、保水源，为河北增资源、拓财源"为宗旨，艰苦奋斗、久久为功，累计完成林业生态工程建设1.18亿亩，到2021年，全省森林覆盖率提高到35.3%，沙化土地面积减少661.8万亩，水土流失面积减少2.1万km^2，京津冀生态环境支撑区和首都水源涵养功能区建设取得初步成效，拱卫京津的生态防护体系框架初步形成。地处冀北高原的塞罕坝机械林场，二十世纪六十年代建场之初，飞鸟无栖树、黄沙遮天日，经过三代林业人接续奋斗，打造了生态文明建设的生动范例，铸就了"牢记使命，艰苦创业，绿色发展"的塞罕坝精神，荣获联合国环境署环保最高荣誉"地球卫士奖"。

河北省三北防护林体系建设工程已经实施43年，京津风沙源治理和退耕还林工程也已经实施21年。为适应新时代生态文明建设和林业生态建设新形势，河北省林业和草原工程项目中心组织全省各地工程管理部门对几十年来河北省国家重点林业生态工程实施情况进行了认真归纳总结、凝练提升，编写了《河北省国家林业生态工程建设实践与探索》。全书分为六章。第一章，介绍了我国和世界主要林业生态工程；第二章，介绍了河北省国家林业生态工程实施情况；第三章，介绍了河北省国家林业生态工程治理技术与模式；第四章，介绍了国家林业生态工程发展策略和布局；第五章，介绍了河北省国家林业生态工程建设典型案例；第六章，介绍了河北省国家林业生态工程建设典型人物。全书系统总结了河北省国家林业生态工程实施中好的经验、措施、技术和典型模式，希望能让读者朋友开卷有益，与各界人士互相借鉴，共同提高。

作为河北省林业生态工程建设的亲历者和见证者，把河北省生态工程建设情况系统、完整地呈献给读者朋友，是我们的责任和使命。站在新的历史起点，林草人必须立足新发展阶段，贯彻新发展理念，构建林草事业高质量发展新格局，必须有久久为功的战略定力，才能进一步推动国家重大战略更好实施，切实履行好国土绿化工作肩负的新使命，构筑区域森林生态安全屏障，发展绿色富民产业，实现人与自然和谐共生，为全面建设经济强省、美丽河北作出积极贡献。

编者

2022年5月

目 录

前 言

第一章 林业生态工程 … 001

第一节 林业生态工程概述 … 002
一、基本概念 … 002
二、林业生态工程特点 … 004
三、林业生态工程与传统森林培育经营的区别 … 004
四、林业生态工程的类型 … 005

第二节 我国林业生态工程历史与现状 … 006
一、古代林业生态工程雏形 … 006
二、现代林业生态工程发展 … 007
三、我国重点林业生态工程建设情况 … 008
四、林业生态工程进入新阶段 … 012

第三节 国外林业生态工程的历史与现状 … 013
一、美国罗斯福大草原林业工程 … 013
二、苏联斯大林改造大自然计划 … 014
三、北非5国"绿色坝工程" … 015
四、日本的治山计划 … 016

第二章 河北省林业生态工程规划与实施 … 017

第一节 三北防护林体系建设工程 … 018
一、工程概况 … 018
二、规划任务与投资完成情况 … 020
三、工程建设与管理 … 021

四、建设成效 ………………………………………………………… 023
五、问题与对策 ……………………………………………………… 025

第二节　退耕还林工程 …………………………………………………… 027
一、主要政策 ………………………………………………………… 028
二、工程实施情况 …………………………………………………… 032
三、建设成效 ………………………………………………………… 038
四、问题与对策 ……………………………………………………… 041

第三节　京津风沙源治理工程 …………………………………………… 043
一、工程概况 ………………………………………………………… 043
二、工程实施情况 …………………………………………………… 044
三、工程建设与管理 ………………………………………………… 046
四、建设成效 ………………………………………………………… 048
五、主要问题 ………………………………………………………… 050

第四节　太行山绿化工程 ………………………………………………… 050
一、工程概况 ………………………………………………………… 050
二、建设成效 ………………………………………………………… 051
三、经验做法 ………………………………………………………… 052
四、问题与对策 ……………………………………………………… 053

第五节　沿海防护林体系建设工程 ……………………………………… 054
一、工程规划和实施情况 …………………………………………… 054
二、工程建设与管理 ………………………………………………… 055
三、建设成效 ………………………………………………………… 056
四、问题与对策 ……………………………………………………… 057

第六节　河北省"再造三个塞罕坝林场"项目 ………………………… 058
一、工程概况 ………………………………………………………… 058
二、规划任务与投资完成情况 ……………………………………… 059
三、工程建设与管理 ………………………………………………… 059
四、建设成效 ………………………………………………………… 060
五、问题与对策 ……………………………………………………… 061

第七节　张家口市坝上地区退化林分改造试点项目 …………………… 062
一、项目建设背景 …………………………………………………… 062
二、项目基本情况 …………………………………………………… 063

三、项目实施情况 ……………………………………………………… 065
　　四、建设成效 …………………………………………………………… 066
　　五、主要做法和经验 …………………………………………………… 066
　　六、问题与建议 ………………………………………………………… 067

第八节　地下水超采综合治理试点林业项目 ……………………………… 068
　　一、项目建设背景 ……………………………………………………… 068
　　二、规划任务与投资完成情况 ………………………………………… 069
　　三、项目建设与管理 …………………………………………………… 070
　　四、建设成效 …………………………………………………………… 071
　　五、问题与对策 ………………………………………………………… 072

第三章　工程治理技术与模式 …………………………………………… 074

第一节　工程治理技术 ……………………………………………………… 074
　　一、瘠薄干旱山地抗旱节水造林技术 ………………………………… 074
　　二、容器育苗及造林技术 ……………………………………………… 083
　　三、封山育林技术 ……………………………………………………… 086
　　四、飞播造林技术 ……………………………………………………… 090
　　五、工程固沙技术 ……………………………………………………… 092
　　六、退化林分改造修复技术 …………………………………………… 094
　　七、盐碱地利用与改良技术 …………………………………………… 097

第二节　主要治理模式 ……………………………………………………… 101
　　一、坝上地区以柠条为主的综合治理模式 …………………………… 101
　　二、坝上以杨树为主的农田、牧场防护林网治理模式 ……………… 103
　　三、坝上地区以乔木为主要树种的林草结合治理模式 ……………… 104
　　四、石质山地水保治理模式 …………………………………………… 105
　　五、水源涵养用材林治理模式 ………………………………………… 105
　　六、"围山转"生态林业工程综合治理模式 …………………………… 106
　　七、山地丘陵林药间作治理模式 ……………………………………… 107
　　八、封造结合治理模式 ………………………………………………… 108
　　九、平原高效林业建设模式 …………………………………………… 108
　　十、平原城镇、闲散地绿化治理模式 ………………………………… 109
　　十一、以育代造(林苗一体化)建设模式 ……………………………… 109

十二、平原地区地下水超采综合治理建设模式 …………………………………… 110

十三、退化林修复皆伐更新模式 …………………………………………………… 111

十四、退化林修复择伐补造模式 …………………………………………………… 112

十五、退化林修复抚育改造模式 …………………………………………………… 113

第四章 林业生态工程发展策略和布局 …………………………………… 114

第一节 林业生态工程发展策略 ………………………………………………… 114

一、面临的形势 ……………………………………………………………………… 114

二、指导思想 ………………………………………………………………………… 116

三、发展策略 ………………………………………………………………………… 116

第二节 优化林业生态工程发展布局 …………………………………………… 118

一、京津保城市群生态空间核心保障功能区 …………………………………… 118

二、坝上高原防风固沙生态修复功能区 ………………………………………… 119

三、燕山-太行山水源涵养与水土保持功能区 ………………………………… 119

四、冀东沿海生态防护功能区 …………………………………………………… 119

五、冀中南平原生态防护功能区 ………………………………………………… 120

第三节 贯彻科学绿化理念 ……………………………………………………… 120

一、高质量编制绿化规划 ………………………………………………………… 120

二、拓展造林绿化空间 …………………………………………………………… 121

三、优化树种草种结构 …………………………………………………………… 121

四、高标准编制作业设计 ………………………………………………………… 121

五、科学选择绿化方式 …………………………………………………………… 121

六、加强森林抚育经营 …………………………………………………………… 122

七、完善资源监测评价 …………………………………………………………… 122

第四节 林业生态工程组织与申报 ……………………………………………… 122

一、北方防沙带主要建设内容 …………………………………………………… 123

二、规划重点建设项目 …………………………………………………………… 123

三、项目组织与申报 ……………………………………………………………… 124

四、生态工程建设投资标准和构成 ……………………………………………… 125

第五章 典型案例 …………………………………………………………………… 126

第一节 三北防护林工程典型案例 ……………………………………………… 126

案例一　绿染燕赵四十年，科学治理谱新篇 …………………………………………… 126
案例二　承德市三北防护林建设成效斐然 …………………………………………… 128
案例三　三北工程显成效，助力建设新唐山 ………………………………………… 130
案例四　廊坊市依托三北工程打造平原森林城 ……………………………………… 133
案例五　保定市三北防护林体系建设工程绿染京南大地 …………………………… 136
案例六　三北防护林体系建设工程促兴隆县林业辉煌 ……………………………… 138
案例七　筑起绿色屏障，打造美丽青龙 ……………………………………………… 141
案例八　迁西县"围山转"造林，绿了荒山富了人民 ……………………………… 143
案例九　林果引领致富，推进绿色遵化发展 ………………………………………… 147
案例十　永清县永定河沙地综合治理成效显著 ……………………………………… 149
案例十一　实施生态立县战略，打造涞源生态之韵 ………………………………… 151

第二节　退耕还林工程典型案例 …………………………………………………… 154

案例一　20年退耕还林谱就邯郸绿色太行 ………………………………………… 154
案例二　保定推进退耕还林工程，打造生态强市 …………………………………… 156
案例三　承德市退耕还林工程措施得力，效果好 …………………………………… 159
案例四　井陉县扎实高效推进退耕还林工程 ………………………………………… 161
案例五　实施退耕还林，建设生态易县 ……………………………………………… 163
案例六　兴隆县退耕还林退出一片新天地 …………………………………………… 165
案例七　宽城满族自治县西岔沟村退耕还林结硕果 ………………………………… 166
案例八　板栗小镇"艾峪口" ………………………………………………………… 167

第三节　京津风沙源治理工程典型案例 …………………………………………… 168

案例一　承德市久久为功筑屏障，涵水阻沙惠京津 ………………………………… 168
案例二　张家口市实施京津风沙源治理，助力两区建设 …………………………… 171
案例三　张家口市崇礼区推动国土绿化，助力冬奥 ………………………………… 175
案例四　丰宁小坝子变了模样 ………………………………………………………… 177
案例五　宣化区黄羊滩生态治理成效显著 …………………………………………… 180
案例六　围场满族蒙古自治县湖泗汰规模造林质量提升工程 ……………………… 183
案例七　平泉市小山杏做成大产业 …………………………………………………… 184
案例八　沽源县筑生态屏障，建绿色长城 …………………………………………… 187
案例九　尚义县持续发力，筑生态屏障 ……………………………………………… 189
案例十　张家口市万全区绿染青山织锦绣 …………………………………………… 192
案例十一　木兰林场孟滦分场治沙造林纪实 ………………………………………… 193

第四节 "再造三个塞罕坝林场"项目典型案例 194
- 案例一 塞罕坝机械林场项目建设成效显著 194
- 案例二 丰宁千松坝林场建设20年 198
- 案例三 千松坝点"碳"成金 203
- 案例四 塞北林场清水河上游水土保持综合治理工程 205
- 案例五 塞北林场西坝坝头山地造林营林综合治理示范区 206
- 案例六 塞北林场韭菜沟水蚀沙化治理示范区 207

第五节 地下水超采综合治理试点项目典型案例 208
- 案例一 深州市严把三关，实现高效压采 208
- 案例二 桃城区压采项目助推新农村建设 210
- 案例三 魏县积极探索高效模式 210
- 案例四 献县精密组织，确保压采成效 211
- 案例五 临西县强化四个支撑，高标准推进项目建设 212
- 案例六 晋州市严抓实管推进压采项目建设 213

第六节 沿海防护林体系建设工程典型案例 215
- 案例 黄骅市大力推进滨海盐碱地造林绿化 215

第七节 治理模式典型案例 217
- 案例一 唐山市迁西县"围山转"治理模式 217
- 案例二 围场满族蒙古族自治县御道口乡石人梁工程固沙模式 218
- 案例三 冀北山地果药(花)间作模式 220
- 案例四 临漳县平原高效林业与地下水超采综合治理模式 222
- 案例五 围场满族蒙古族自治县退耕还果模式 224
- 案例六 临城县"果-草-禽"立体种养模式 227
- 案例七 涿鹿县退耕还仁用杏模式 229
- 案例八 邯郸市磁县退耕还林核桃模式 231
- 案例九 兴隆县退耕还林山楂模式 234
- 案例十 青龙满族自治县退耕还林板栗造林模式 237

第六章 典型人物 241
- 人物一 植根坝上的全国绿化工作者——李宝金 241
- 人物二 塞罕坝精神的忠实践行者——张向忠 248
- 人物三 迁西县板栗代言人——张国华 252

人物四　与沙共舞的绿色行动践行者——康成福 ………………… 254

人物五　承德市三北工程拓荒者——马贵山 …………………… 262

人物六　深山中走出来的育种"土"专家——袁德水 …………… 264

人物七　为太行山绿化插上科技翅膀——郝景香 ……………… 268

人物八　绿色思想者——何树臣 ………………………………… 270

人物九　让山场绿起来、老百姓富起来——李和保 …………… 274

人物十　退耕还林花木兰——张立玲 …………………………… 278

人物十一　扎根青龙家乡，矢志绿化——高辉 ………………… 279

人物十二　"退而不休"的老局长——郭镇忠 …………………… 282

人物十三　全身投入三北事业——陈合志 ……………………… 285

人物十四　太行山的播绿者——魏强 …………………………… 288

人物十五　带领村民绿化又致富的当家人——刘秀堂 ………… 291

主要参考文献 …………………………………………………… 294

彩　图

第一章
林业生态工程

　　加强生态建设，维护生态安全，是二十一世纪人类社会面临的共同课题，也是我国经济社会可持续发展的重要基础。森林是陆地生态系统的主体和人类的摇篮，不仅为人类提供了木材和其他林产品，而且具有涵养水源、保持水土、防风固沙、净化空气、游憩保健、固碳释氧、保护生物多样性等多种功能。然而，随着人口的迅速增长和工业化进程加快，大量森林被砍伐，林地被侵占，严重危及人类的生存环境，同时也制约了经济的发展。当今世界生态环境的日益恶化，如土地退化、生物多样性锐减、温室效应增强、水旱灾害频发、水土流失严重、大气污染严重、荒漠化和沙尘暴灾害加剧等，都与森林遭到破坏有着直接或间接的关系。恩格斯曾经指出："不要过分陶醉于我们对自然界的胜利。对于每一次这样的胜利，自然界都报复了我们。"二十世纪七八十年代我国北方地区沙尘肆虐，1998年我国长江、嫩江、松花江流域遭受特大洪涝灾害，2000年春我国北方地区连续遭受沙尘天气侵袭，以及触目惊心的空气污染、水污染和土壤污染，都使人们越来越深刻地认识到生态环境对人类生存和发展的重要意义，必须保护好、建设好人类赖以生存的家园。

　　林业是一项重要的公益事业和基础产业，承担着生态建设和林产品供给的重要任务。开展植树造林，加快国土绿化，是党中央、国务院长期坚持的一项重大战略，是生态文明建设的重要内容。新中国成立以来，我国开展了大规模林业生态工程建设，1978年实施三北防护林体系建设工程，后来陆续实施了长江中上游防护林体系建设、珠江防护林体系建设、辽河防护林体系建设、太行山绿化、沿海防护林体系建设和防沙治沙等工程。1998年实施了天然林资源保护工程和退耕还林工程，2000年实施了京津风沙源治理工程，工程建设规模和投资力度明显加大。特别是二十一世纪以来，国家整合原有造林工程，实施了林业生态建设六大重点工程，林业生态建设进入了快速发展时期。2003年，中共中央国务院出台《关于加快林业发展的决定》指出，全面建设小康社会，加快推进社会主义现代化，必须走生产发展、生活富裕、生态良好的文明发展道路，实现经济发展与人口、资源、环境的协调，实现人与自然的和谐相处。通过实施天然林资源保护、三北防护林体系建设、退耕还林还草、京津风沙源治理等重大生态工程，我国已经成为全球增绿最多的国家，自然生态系统的质量明显改善，稳定性明显增强。全国森林覆盖面积达到了33亿亩*，位居世界第五，其中，人工林的面积达到11.9亿亩，位居世界首位。

来自国家林业和草原局的最新数据显示，2020年我国森林覆盖率达23.04%，森林蓄积量超175亿m^3，连续30年保持"双增长"，草原综合植被覆盖度达56%。

美国国家宇航局(NASA)公布的2000—2017年卫星数据显示，该时间段内全球绿化面积增幅5%，该面积相当于亚马孙雨林的总面积。中国和印度境内的绿化带非常醒目，论植被区面积，中国仅为全球的6.6%，却占到全球植被叶面积净增加的25%，主要的贡献来自持续大规模的植树造林，而印度主要贡献是农田，森林贡献只有4.4%。

针对国民经济和社会发展"十四五"规划及2035年远景目标要求，坚持山水林田湖草沙系统治理，科学推进荒漠化、石漠化、水土流失综合治理，开展大规模国土绿化行动。我国政府做出了2030年实现碳达峰、2060年实现碳中和的庄严承诺。"十四五"期间是我国实现碳达峰的关键期，也是提升森林质量、优化森林结构和功能，提高森林生态系统稳定性和固碳能力的关键期。科学开展大规模生态工程建设，提高森林蓄积量，加强资源培育和保护，全力构建完备的森林草原生态安全体系，对"双碳"目标实现将发挥重要的作用。

第一节 林业生态工程概述

一、基本概念

1. 生态系统(ecosystem)

生态系统是指在一定的空间内生物和非生物成分通过物质的循环、能量

---

*：1亩≈1/15hm^2。以下同。

的流动和信息的交换而构成的相互作用、相互依存的一个功能单元。生态系统由生产者、消费者、分解者和非生物环境组成，它们有特定的空间结构、物种结构和营养结构。生态系统的功能包括生物生产、能量流动、物质循环和信息传递。地球上大到生物圈，小到一片森林、草原、农田、沙漠、湖泊，再小到一滴水、一丛花，都可以被看作是一个完整的生态系统。

2. 工程（engineering）

工程是指人类在自然科学原理的指导下，结合生产实践中所积累的技术，发展形成一系列可操作、能实现的技术科学的总称，包括可行性研究、规划、设计、施工、运行管理等。因此，典型的工程学的方法包括设计、建造与操作3个过程。工程的关键是自然科学原理与生产实践的结合对设计的指导作用，核心是设计具有特定结构和功能的生产工艺系统。

3. 生态环境（ecological environment）

生态环境是指整个生物群落及非生物自然因素组成的各种生态系统所构成的整体。生态环境是影响人类生存与发展的水资源、土地资源、生物资源以及气候资源数量与质量的总称，是关系社会和经济持续发展的复合生态系统。

4. 生态工程（ecological engineering）

生态工程是根据整体、协调、循环、再生生态控制原理，系统设计、规划、调控人工生态系统的结构要素、工艺流程、信息反馈、控制结构，在系统范围内获得高的经济和生态效益的工程技术。1987年，由马世骏等主编的《中国的农业生态工程》出版，他指出："生态工程是应用生态系统中物种共生与物质循环再生的原理，结合系统工程的最优化方法，设计的分层多级利用物质的生产工艺系统。"生态工程强调资源的综合利用、技术的系统组合、科学的边缘交叉和产业的横向结合，可简单地概括为生态系统的人工设计、施工和运行管理。它着眼于生态系统的整体功能与效率，强调的是资源与环境的有效开发以及外部条件的充分利用，而不是对外部高强度投入的依赖，这也是区别于一般土木工程、水利工程等的实质所在。其主要类型为：农业生态工程、林业生态工程、渔业生态工程、牧业生态工程等。

5. 林业生态工程（forestry ecological engineering）

王礼先教授指出，林业生态工程是生态工程的一个分支，是根据生态学、林学及生态控制论，设计、建造与调控以木本植物为主的人工复合生态系统的工程技术，其目的在于保护、改善与持续利用自然环境资源，目标是建造某一区域优质、高效、稳定的复合生态系统（王礼先，2000）。

二、林业生态工程特点

林业生态工程与其他工程相比具有其自身特点。主要体现在：一是建设周期长。林业生态工程涉及总体规划、年度计划、施工设计、检查验收和树木生长的育种、育苗、整地、造林、抚育、后续管理等不同管理和生产阶段。目前，国家正在实施的京津风沙源治理工程、退耕还林工程、天然林资源保护工程等重点工程的建设周期都达到20年以上。三北防护林体系建设工程规划期从1978年到2060年，长达73年，目前已经实施43年。二是林业生态工程管理复杂。从纵向看，林业生态工程涉及国家、省、市、县、乡、村等多级行政体系，从横向看涉及财政部、国家发展和改革委员会、自然资源部、林业和草原局、农业农村部、水利部等各级多部门，需要统筹规划、协调联动、上下配合。三是工程建设涉及面广。林业生态工程的所属形式较多，包括全民、集体、个人、股份制等不同所有制形式。施工、管护环节涉及项目区大部分农民，对农民生产生活有深远影响。四是林业生态工程既是一项基建工程，更是最普惠的民生工程。其他工程往往是以某个直接的经济效益为目标，林业生态工程则是以保护、改善与持续利用自然资源与环境，提供更多的优质生态产品来满足人民日益增长的优美生态环境需要为首要目标。

林业生态工程实质是一项系统工程，是把森林为主体的林草植被建设纳入国家基本建设计划，运用系统观点、现代的管理方法和先进的林草培育技术，按国家的基本建设程序和要求进行管理和实施的项目。通过人工促进植被恢复是林业生态工程建设的核心思想。

三、林业生态工程与传统森林培育经营的区别

第一，传统造林和经营是以林地为对象，在宜林地上造林，在有林地上经营。而林业生态工程的目的是在某一区域（或流域）内，设计、建造与调控人工的或天然的森林生态系统，特别是人工复合生态系统。

第二，传统造林和经营主要是以提高林地生产率、林地的可持续利用与经营为目的。而林业生态工程的目的在于提高整个人工复合生态系统的经济效益、生态效益，实现系统的可持续经营。

第三，传统造林与经营，在设计、建造与调控森林生态系统过程中，主要关心木本植物与环境的关系、木本植物种间和种内关系以及林分的结构功能、物流与能量流。而林业生态工程关心整个区域人工复合生态系统中物种共生关系与物质循环再生过程，以及整个人工复合生态系统的结构、功能、物流与能量流。

第四，传统造林和经营只考虑在林地上采用综合技术措施，而林业生态工程需要考虑在复合生态系统中各类土地上采用综合措施，也就是山水林田湖草沙综合治理、系统治理。

林业生态工程在继承过去传统造林和经营的基础上，更加注重生态工程理论的运用。二十世纪九十年代末，北京林业大学王礼先等在我国防护林体系理论与建设技术研究发展的基础之上，提出了我国林业生态工程顺利建设和稳定高效发挥生态防护功能的系列关键技术体系，其内容包括：防护林体系合理布局及规划技术；以立地类型划分与适地适树为基础的造林技术；水土保持林体系空间配置、稳定林分结构设计与调控技术；水源保护林体系空间配置、稳定林分结构设计与调控技术；复合农林业高效可持续经营技术；困难立地特殊造林与植被恢复技术；抗逆性植物材料选育和良种繁育技术；低效能防护林改造复壮技术；森林病虫鼠害及火灾控制技术；林业生态工程信息管理与效益监测、评价技术等10个方面。

四、林业生态工程的类型

根据林业生态工程的系统构造、生态功能和经济功能，把林业生态工程主要划分为五大类。

一是生态保护型林业生态工程，包括天然林资源保护工程、次生林改造工程、水源涵养林营造工程、自然保护区、森林公园建设等工程。

二是生态防护型林业生态工程，包括水土保持林、农田防护林、草原牧场防护林、防风固沙林、河岸河滩防护林、沿海防护林营造等工程。

三是生态经济型林业生态工程，包括农林复合生态工程（含林草、林药、林菜、林花、林禽、林渔等复合经营）、用材林（含速生丰产林、短周期工业用材林、竹林等）、薪炭林、经济林培育等工程。

四是环境改良型林业生态工程，包括城市（镇）林业生态工程、工矿区林业生态工程、劣地生态林业工程等。

五是综合型林业生态工程。目前,国家林业生态工程逐渐向综合型发展,如京津风沙源治理工程包括了现有植被保护、人工造林、封山育林、飞播造林、工程固沙、小流域治理、草地治理、圈舍等相关设施建设,水源和节水工程以及生态移民等内容;北方风沙带治理工程则包含了原有的三北防护林体系建设、京津风沙源治理等项目,力争突破原有工程按照要素治理的束缚,实现山水林田湖草沙系统治理一体化修复。

第二节 我国林业生态工程历史与现状

一、古代林业生态工程雏形

林业生态工程最初体现在天人合一、道法自然的思想。人类起源于森林,在长期生产生活中逐渐认识到植树造林和保护环境对人类的重要性。植树造林在我国有着悠久的历史。《礼记》"孟春之月,盛德在木",意思是说春天植树造林,是最大的道德行为;《逸周书·卷四大聚解》也有言:"禹之禁,春三月,山林不登斧,以成草木之长。"秦统一全国后,秦始皇大力提倡在城镇街巷和大道两旁种绿化树,贾山《至言》载:"秦为驰道于天下,道广五十步,树于青松。"唐代曾下令所有的驿站之间全种上行道树,城乡植树之风也是年盛一年。到了宋代,宋太祖为鼓励植树,下令凡是垦荒植桑枣者,不缴田租,对于规劝百姓植树成绩卓著的官吏,晋升一级,因而植树的范围更广泛。当时,从福建省古田县直至海南省,除种苍松翠柏之外,适宜的地方还种上了荔枝,远远望去恰似一片连绵不绝的茂林。明清时代,植树造林规模更大,明太祖以农桑为国之本,令天下广植桑、枣、柿、栗、桃,仅京都金陵(今江苏省南京市)的钟山,就植树50余万棵。民主革命先行者孙中山先生十分重视植树造林,1928年4月,民国政府把孙中山先生逝世之日3月12日定为植树节,以示纪念。

我国古代劳动人民在林业生产的经验和教训中,逐渐总结出了一些典型模式和做法,都可以看作林业生态工程的雏形。如山地农林兼作的埂-田工程,平原农林间作的枣粮间作工程、杨粮间作工程、桑基农田工程、桐农间作工程,林下种植人参等药材工程,桑-蚕-鱼立体种养工程等,都取得了比较好的经济效益、生态效益和社会效益。

二、现代林业生态工程发展

新中国成立后,党和政府极为重视植树造林,将造林绿化列为"功在当代,利在千秋"的伟大工程,毛泽东主席向全国人民发出了"绿化祖国""实现大地园林化"的号召。从新中国成立初期国民经济恢复阶段普遍护林重点造林,到营造防护林为主的大规模群众造林,再到改革开放后进行的防护林体系建设,回顾1949年至今我国林业生态工程建设大体经历了四个阶段。

第一阶段二十世纪五六十年代,是我国林业生态工程建设的起步阶段。新中国成立后,党和政府重视防护林建设,我国由北而南相继开始营造各种类型防护林,包括防风固沙林、农田防护林、沿海防护林、水土保持林等。1949年2月,华北人民政府农林部在正定县成立冀西沙荒造林局,组织指导正定、新乐等县在京广铁路沿线的风沙区营造固沙林。随后,河南东部、陕西北部,辽宁、吉林和黑龙江西部,内蒙古东部、新疆、甘肃、青海等地区也陆续营造防风固沙林,在黄河、淮河、松花江、赣江等主要河流上游及两侧营造水源林和护岸林,在沿海地区也相继开始营造沿海防护林。虽然这一阶段开始营造各种类型防护林,但总体来看,树种单一、防护目标单一,缺乏全国规划,大都零星分布、范围小,难以形成整体效果。

第二阶段"文化大革命"时期,我国林业生态工程建设进入停滞阶段。"文化大革命"时期,林业与各行各业一样,建设速度放慢,甚至完全停滞,有些先期已经营造的林业生态工程遭到破坏,致使一些地方已经固定的沙丘重新移动,已经治理的盐碱地重新盐碱化。但是这一时期结合农田基本建设,营造了规模较大的农田防护林。

第三阶段党的十一届三中全会以后到二十一世纪初,我国林业生态工程建设进入体系建设阶段。改革开放以后,在党中央国务院的正确领导下,我国林业工程建设呈现了新形势,步入了"体系建设"阶段。从形式设计向"因地制宜,因害设防"的科学设计发展;从营造单一树种与林种向多树种、乔灌草、多林种林业生态工程的方向发展;从粗放经营向集约化方向发展;从单纯的行政管理向多种形式的责任制方向发展;从一般化的指导向长期目标管理的方向发展。先后确立了以遏制水土流失、改善生态状况、扩大森林资源为主要目标的十大林业生态工程,到二十一世纪初,形成了以三北防护林体系建设工程、沿海防护林体系建设工程、长江中上游防护林体系建设工程、珠江流域防护林体系建设工程、辽河流域防护林体系建设工程、黄河中游防护林体系建设工程、淮河太湖流域防护林体系建设工程、太行山绿化工程、平原绿化工程、防沙治沙工程等为主的林业生态工程体系。十大林业生态工程规划区域总面积705.6万km^2，占我国国土陆地面积的73.5%，覆盖了我国的主要水土流失区、风沙危害区和生态环境最为脆弱的地区，构成了我国林业生态工程基本框架。

第四阶段进入二十一世纪后，我国林业生态工程进入可持续发展阶段，面对资源约束趋紧、环境污染严重、生态系统退化的严峻形势，党中央审时度势，提出必须树立尊重自然、顺应自然、保护自然的生态文明理念，走可持续发展道路。2001年，在全国生态环境建设进行全面规划的基础之上，经国务院批准，国家林业局(现国家林业和草原局)将当时实施的十七项林业生态工程整合为六大工程，即天然林资源保护工程、退耕还林还草工程、京津风沙源治理工程、三北和长江中上游地区等重点防护林建设工程、野生动植物保护及自然保护区建设工程、重点地区速生丰产用材林基地建设工程。林业生态工程建设内涵得到进一步深化和加强，林业生态工程进入大规模推进阶段。工程建设在全国范围内初步建立起乔灌草搭配、点线面协调、带网片结合，具有多种功能与用途的森林生态网络和林业两大体系框架，重点地区的生态环境得到明显改善，与国民经济发展和人民生活改善要求相适应的生态产品生产能力基本形成。六大工程的实施标志着我国林业建设由以产业为主向生态公益为主、由无偿使用森林生态效益向有偿使用森林生态效益、由毁林开荒向退耕还林、由采伐天然林为主向采伐人工林为主、由部门办林业向全社会办林业的五个历史性转变。

三、我国重点林业生态工程建设情况

1. 三北防护林体系建设工程

为治理中国西北、华北、东北的三北地区风沙危害，水土流失，木料、燃料、肥料、饲料俱缺，农业生产低而不稳等生态问题，中国政府于1978年启动三北防护林体系建设工程。工程规划期到2050年，分3个阶段7期完成。工程区域东起黑龙江省宾县，西至新疆维吾尔自治区乌孜别里山口，东西长4480km，南北宽560~1460km，包括13省(自治区、直辖市)551县(市、区、旗)，总面积406.9万km^2，占国土陆地面积的42.4%。三北防护林因建设规模之大，时间跨度之长，条件之艰难，效果之显著而倍受世界瞩目，超过美国的"罗斯福大草原林业工程"、苏联的"斯大林改造大自然计划"和北非5国(摩洛哥、阿尔及利亚、突尼斯、利比亚和埃及)的"绿色坝工程"。2003年,三北防护林工程被世界吉尼斯纪录总部认定是世界上"最大的植树造林工程",在国际上还享有"中国的绿色长城""世界林业生态工程之最""改造大自然的伟大壮举"等声誉。改革开放的总设计师邓小平同志为工程亲笔题词"绿色长城"。

中国科学院组织专业团队历时一年半,开展了三北防护林体系建设工程40年综合评价工作,编制出《三北防护林体系建设40年综合评价报告》。2018年12月24日,国务院新闻办公室新闻发布会发布《三北防护林体系建设40年综合评价报告》。评价报告显示,1978—2018年,三北防护林工程区森林面积净增加2156万 hm^2,森林覆盖率由5.05%提高到13.57%,森林蓄积量净增加12.6亿 m^3,林草资源显著增加,风沙危害和水土流失得到有效控制,生态环境明显改善。因此,三北防护林体系建设工程发挥出了巨大的生态、经济和社会效益。

2. 退耕还林工程

1998年,我国长江、松花江、嫩江等流域发生特大洪水灾害后,党中央、国务院提出了"封山植树、退耕还林;平垸行洪、退田还湖;以工代赈、移民建镇;加固干堤、疏浚河湖"32字灾后重建方针。1999年8月,国务院原总理朱镕基在陕西延安等地考察时提出了"退耕还林、封山绿化、以粮代赈、个体承包"的政策措施,同年在四川、陕西、甘肃三省率先开展了退耕还林试点。2000年,经国务院批准,试点工作在中西部地区17个省(自治区、直辖市)和新疆生产建设兵团的188个县中展开。2002年,国务院召开退耕还林工作电视电话会议,确定全面启动退耕还林工程,工程范围包括全国25个省(自治区、直辖市)及新疆生产建设兵团,工程县达1800多个。2007年,退耕还林工程进入巩固成果阶段。2014年,国家发展和改革委员会等5部门联合发文,启动新一轮退耕还林工程。

截至2020年,国家累计投入5353亿元,在25个省(自治区、直辖市)完成退耕还林总任务3480万 hm^2(其中,退耕地造林1420万 hm^2),占同期全国重点工程造林面积的40%。退耕还林工程每年产生的综合效益达2.41万亿元,有1.58亿农民直接受益,取得了显著的生态、经济和社会效益。退耕还林工程实施20年来,已成为我国乃至世界上资金投入最多、建设规模最大、政策性最强、群众参与程度最高的重大生态工程,取得了巨大的综合效益,是我国生态文明建设的生动实践，也是世界生态建设史上的伟大奇迹。

3. 京津风沙源治理工程

2000年春，我国北方地区连续发生12次扬沙、浮尘、沙尘暴天气，多次影响京津，其频率之高、范围之广、强度之大为50年来所罕见，引起党中央、国务院高度重视。5月12~14日，受江泽民总书记委托，时任国务院总理朱镕基亲临河北、内蒙古视察治沙工作，作出"治沙止漠刻不容缓，生态屏障势在必建"的重要指示。国家发展和改革委员会、国家林业局、农业部（现农业农村部）、水利部及北京、天津、河北、山西和内蒙古5省（自治区、直辖市）人民政府共同编制了《环北京地区防沙治沙工程规划》，工程共涉及5个省（自治区、直辖市）75个县（市、区、旗），并从2000年开始试点。2002年，国务院批准了《京津风沙源治理工程规划（2001—2010年）》。后根据工程实施进度，国家决定将一期工程延长至2012年。截至2012年，工程建设累计完成营造林752.61万hm²（其中，退耕还林109.47万hm²），草地治理933.3万hm²，暖棚1100万m²，饲料机械12.7万套，小流域综合治理1.54万km²，节水灌溉和水源工程共21.3万处，易地搬迁18万人。工程区生态环境好转，风沙天气和沙尘暴天气减少，沙化土地扩展趋势基本遏制，呈现出林草植被迅速增加、沙化土地减少、农牧民收入增长和社会可持续发展能力不断增强的良好局面。

2012年12月，国务院正式批准《京津风沙源治理工程规划（2013—2022年）》。2013年3月，国家发展和改革委员会、国家林业局、水利部、农业部印发了《京津风沙源治理工程规划》，启动实施京津风沙源治理二期工程。规划范围增加了陕西省的榆林市，包括北京、天津、河北、山西、内蒙古和陕西6省（自治区、直辖市）的138个县（市、区、旗）。截至2020年，工程区累计营造林902.9万hm²，工程固沙5.1万hm²，草地治理979.7万hm²，森林覆盖率由10.59%增加到18.67%，综合植被盖度由39.8%提高到45.5%。北京市大气可吸入颗粒物年平均浓度从2000年的162μg/m³下降到2019年的68μg/m³，沙尘天气发生次数从工程实施初期的年均13次减少到近年来年平均2~3次，空气质量明显改善。

4. 天然林资源保护工程

为保护我国的天然林资源，维护生物多样性，遏制生态环境恶化的趋势，1998年开始，我国在长江上游、黄河上中游地区和东北、内蒙古等重点国有林区开展了天然林资源保护工程试点，2000年在全国18个省（自治区、直辖市)全面实施天然林资源保护工程。2011—2020年,实施天然林资源保护二期工程,实施范围在原有基础上增加丹江口库区的11个县(市、区、旗)。2014年以来,通过采取"停伐、扩面、提标"等政策措施,补助范围扩大到16个省(自治区、直辖市)。

工程建设20年来,国家累计投入3000多亿元,取得了巨大的综合效益。森林资源持续增长,生物多样性得到有效保护,19.44亿亩天然乔木林得以休养生息;林区民生工程显著改善,社会生态保护意识明显增强。全国天然林资源由破坏性利用向全面保护转变、森林资源由过度消耗向恢复性增长转变、生态状况由持续恶化向逐步改善转变、林区经济社会由举步维艰向全面发展转变。

5. 野生动植物保护及自然保护区建设工程

为加大野生动植物及其栖息地的保护和管理力度,提高全民野生动植物保护意识,促进野生动植物保护及自然保护区建设的持续、稳定、健康发展,1999年10月,国家林业局组织有关部门对野生动植物及自然保护区建设进行了全面规划和工程建设安排。2001年6月,国家发展和改革委员会批准了《全国野生动植物保护及自然保护区建设工程总体规划》,标志着中国野生动植物保护和自然保护区建设新纪元的开始。

工程内容包括野生动植物保护、自然保护区建设、湿地保护和基因保存。重点开展物种拯救工程、生态系统保护工程、湿地保护和合理利用示范工程、种质基因保存工程等。根据国家重点保护野生动植物的分布特点,将野生动植物及其栖息地保护总体规划在地域上划分为东北山地平原区、蒙新高原荒漠区、华北平原黄土高原区、青藏高原高寒区、西南高山峡谷区、中南西部山地丘陵区、华东丘陵平原区和华南低山丘陵区共8个建设区域。

近年来,我国进一步加大对生态环境保护力度,提出建立以国家公园为主体的自然保护地体系。国家林业局机构改革加挂国家公园管理局,全国开展了10个国家公园试点建设。2021年10月,国家正式设立三江源、大熊猫、东北虎豹、海南热带雨林和武夷山第一批5个国家公园,标志着以国家公园为主体的自然保护地体系建设进入新的发展阶段。

6. 重点地区速生丰产用材林基地建设工程

为从根本上解决我国木材和林产品短缺问题,2002年国家发展和改革委员会批准实施了重点地区速生丰产用材林基地建设工程。规划在400mm等雨量线以东,优先安排600mm等雨量线以东范围内自然条件优越、立地条件好、地势较平缓、不易造成水土流失和对环境造成影响的地区，建设总面积1.33万 hm² 的速生丰产用材林基地，包括纸浆原料林、人造板原料林和大径级用材林基地。工程涉及河北、内蒙古等18个省（自治区、直辖市）的1000个县（市、区、旗），分3期实施。据测算，全部基地建成后，可以满足国内木材需求40%，工程实施对缓解我国木材生产压力和生态环境改善都发挥了重要的作用。

四、林业生态工程进入新阶段

党的十八大以来，生态文明思想深入人心，特别是十九大以后，党和政府围绕全面提升国家生态安全屏障质量、促进生态系统良性循环和永续利用的总目标，站在人与自然是命运共同体、山水林田湖草沙是生命共同体的高度，提出统筹兼顾、整体施策、多措并举，全方位、全地域、全过程开展生态文明建设，深入实施山水林田湖草沙一体化保护和修复。2020年，经中央全面深化改革委员会第十三次会议审议通过，国家发展和改革委员会、自然资源部联合印发了《全国重要生态系统保护和修复重大工程总体规划（2021—2035年）》（以下简称"双重"规划），"双重"规划囊括了山、水、林、田、湖、草、沙以及海洋等全部自然生态系统的保护和修复工作，是推进全国重要生态系统保护和修复重大工程建设的总体设计，是编制和实施有关重大工程专项建设规划的重要依据，对推动全国生态保护和修复工作具有战略性、指导性的作用。

"双重"规划提出了9项重大工程，青藏高原生态屏障区、黄河重点生态区（含黄土高原生态屏障）、长江重点生态区（含川滇生态屏障）、东北森林带、北方防沙带、南方丘陵山地带、海岸带7大区域生态保护和修复工程，以及自然保护地和野生动植物保护、生态保护和修复支撑体系等2项单项工程47项具体任务。

"双重"规划和以往实施的林业生态工程相比，发生了明显变化。

一是从建设理念上看，按照系统论的思路，将山水林田湖草沙作为有机整体进行研究，从自然生态系统演替规律和内在机理出发，制定综合性的保护和修复措施，着力解决自然生态系统各要素间割裂保护、单项修复的问题，从而促进自然生态系统质量的整体改善和生态产品供给能力的全面增强。

二是从建设思路看，"双重"规划围绕各个重点区域、重点领域的突出问题，部署实施重大工程和重点任务，不追求全域覆盖，也不搞面面俱到，将重大工程的着力点集中到构筑和优化国家生态安全屏障的体系上来。在重大工程的组织上，将由条线为主逐步转变为区块为主、条块结合，以治理区域为基本单元，来谋划重大工程。

三是从建设内容来看，"双重"规划转变传统的人工造林、飞播造林、封山育林建设模式，将生态系统保护和修复的着眼点、关注点从主要追求自然生态空间的扩张、自然资源总量的增长，逐步转移到量质并重、以质为先上来，建设内容既包括现有资源保护，又包括资源量的扩展，还包括森林草原生态系统质量的提升，通过高质量建设重大工程，来促进自然生态系统从量变到质变。

四是从"双重"规划9大工程和原有林业生态工程关系看，第一是原有工程的接续。比如，规划中北方防沙带生态保护和修复重大工程，就是在系统总结和推广此前实施了近20年的京津风沙源治理经验的基础上提出的，京津风沙源治理仍然是重大工程建设的重点任务之一。第二是原有工程的拓展。比如，三北防护林体系建设工程，除了继续推动营造林工程外，还针对三北地区的重点生态问题，统一规划了包括防沙治沙、草原保护修复、湿地保护等任务。第三是原有工程基础上的统筹。9大工程通过统一规划、整体保护、系统修复、综合治理，来解决现在工程实施中存在的交叉重合、分散投入等问题，从而促进区域生态系统的服务功能的整体提升。

实施好"双重"规划是林草部门履行新时代生态保护修复职责使命的重要体现和工作要求，只有全面提升生态工程治理能力水平，创新体制机制，完善政策措施，推进项目化管理、精细化管理，才能全面抓好规划的落地实施，才能实现预期建设目标。

第三节　国外林业生态工程的历史与现状

二十世纪以来，随着工业化进程，地球上酸雨、干旱、洪水、沙尘暴以及空气、水、土壤污染等生态环境问题日益严峻，森林在维护生态系统平衡、保护生物多样性和防灾减灾中的重要性越来越受到重视，世界各国也就此逐步形成共识。世界各国相继实施了一些伟大的生态工程，相对规模和影响比较大的林业生态工程主要包括美国罗斯福大草原林业工程、苏联斯大林改造大自然计划、北非5国"绿色坝工程"和日本的治山计划等。

一、美国罗斯福大草原林业工程

二十世纪三十年代，美国西部和南部大草原地区大量移民涌入，无限制地放牧和开垦耕地，使大面积优良牧场遭到破坏，造成土地严重沙化，沙尘暴频繁发生。1932年发生14次沙尘暴，1933年发生38次沙尘暴。沙尘暴横扫美国大部分领土，甚至从西海岸到东海岸，带走数亿吨表土，造成巨大损失。1934年5月9~12日，美国发生了一场特大风暴，飞尘遮天蔽日绵延达2800km，席卷了全国2/3的面积，有6000万hm²的耕地受到危害，令全国震惊。总统富兰克林·罗斯福启动了"大草原各州林业工程"，这项工程又被称为"罗斯福大草原林业工程"，是美国林业史上最大的工程。罗斯福自始至终主持了这项工程的决策、规划和实施。半个多世纪过去了，这一曾举世瞩目的林业项目在美国林业领域仍影响深远。

1934年7月11日，罗斯福总统发布命令，实施"大草原各州林业工程"。计划从加拿大边境直到墨西哥湾，建设长2300km、宽321.8km的防护林带，防护林带由许多条树木带组成，每条树木带宽30.48m，包含10行到20行树木；树木带之间距离不少于1.6km。也就是要在美国大陆中部束上一条防护林腰带，以堵截来自西面的干旱风。总统提请国会拨款7500万美元作为工程费用，这些经费用于采种、育苗、整地、植树、补植、防止鼠兔危害等。

罗斯福大草原林业工程建设于1935年春正式启动，截至1942年，在北自加拿大边境、南至墨西哥湾的北达科他、南达科他、内布拉斯加、堪萨斯、俄克拉何马和得克萨斯6个州营造防护林带总长度2.9万km，种植乔灌木2.17亿株，保护了3万余个农场162万hm²的耕地。造林分为更新造林、恢复造林和荒地造林。美国林务局负责组织防护林项目的实施，在6个州均设有防护林工程处，内布拉斯加州林肯市设有防护林工程局。

1944年，美国政府组织对罗斯福大草原林业工程进行普查显示，有约10%的防护林消失或因放牧严重受害，但80%以上的防护林发挥了有效或较好的作用。

二、苏联斯大林改造大自然计划

由于过度开垦和乱砍滥伐，导致苏联欧洲部分的草原地带自然灾害频发，仅1885—1950年巴活罗什地区就发生了20次严重旱灾。1948年，斯大林于苏联部长会议和联共中央委员会提出了"斯大林改造大自然计划"，要求在苏联欧洲部分草原和森林草原地区营造农田防护林。这个以营造防护林带为主框架的宏伟措施规定，在苏联欧洲部分的南部及东南部的分水岭和河流两岸营造大型的国家防护林带系统，在农场和集体农庄的田间营造防护林，绿化固定沙地。

计划在1949—1965年营造各种防护林570万hm²，营造8条总长5320km的大型国家防护林带，在欧洲部分东南部营造40万hm²橡树用材林。

1949—1953年，该工程营建防护林287万hm²，但由于工程缺乏科学严密的规划设计，仓促上马，加上造林密度过大（4000株/hm²以上，甚至达到13000株/hm²），管理不到位，严重影响了造林质量，据统计，仅保存184万hm²。1953年，苏联撤销了林业部，1954年后，营造林计划逐渐终止。到60年代末，保存下来的防护林面积只有当初造林面积的2%。苏联的哈萨克、高加索、西伯利亚、伏尔加河沿岸等地区沙尘暴依旧频发，甚至发生了白风暴（含盐尘的风暴）。

1966年，苏联成立了独立的国家林业委员会，1968年12月通过了《土地法》，以法律形式规定，营造各类防护林，特别是农田防护林，是土地利用者的义务，必须保证营造防护林所需的土地，防护林营造又在苏联欧洲地区重新开展。1970年后，每年都将营造防护林列入国家计划。截至1982年，苏联营造各类防护林520万hm²，基本完成斯大林提出的改造大自然计划，但完成时间晚了将近20年。防护林工程的实施，使苏联约有6200个农场或村庄建立了农田防护林体系，保护农田4000万hm²，牧场100万hm²，每年可增产粮食4000万~4500万t。

三、北非5国"绿色坝工程"

撒哈拉沙漠位于非洲大陆北部，北纬35°线和北纬14°线之间，横跨整个非洲大陆，是世界最大的沙漠。撒哈拉沙漠北部的摩洛哥、阿尔及利亚、突尼斯、利比亚和埃及5国饱受撒哈拉沙漠入侵的危害，农牧业生产和人民生活受到严重影响。

为防止沙漠的不断北侵，1970年，以阿尔及利亚为主体的北非5国决定用20年的时间在沙漠北边边缘地带营造东西长1500km、南北宽20~40km的防护林，总面积300万hm²，被称为"绿色坝工程"。

绿色坝工程是第一个跨国超级生态工程。其基本内容是通过造林种草，建设一条横贯北非国家的绿色植物带，以阻止撒哈拉沙漠的进一步扩展。阿尔及利亚政府把植树造林作为一项基本国策，制定了《干旱草原和绿色坝综合发展计划》，中央政府设立森林和国土开发秘书处，统管全国的植树造林、水土保持和环境保护工作。突尼斯制定了《防治荒漠化计划》，摩洛哥制定了《1970—2000年全国造林计划》。

到 1990 年，北非 5 国营造人工林 60 万 hm^2，该地区森林面积达到 1034 万 hm^2，森林覆盖率达到 1.72%。局部地区早期营造的松树防护林带已初具规模，昔日退化的草场和荒滩、荒坡披上了绿装。但由于没有弄清当地的水资源状况和环境承载力，盲目用集约化方式搞高强度的造林并没有能实现阻止撒哈拉沙漠向北扩展的目标。

四、日本的治山计划

日本是个多山的岛国，国土的 70% 为山地，日本阿尔卑斯山纵贯全岛。气候多暴风雨，河流短而水急，洪水、泥石流多发，地震、台风、火山发生频度大。历史上日本政府和民众对森林防护作用非常重视。早在 1897 年就颁布了《森林法》，要求保护森林，大力造林。第二次世界大战后，日本十分重视水土保持和植树造林，自 1953 年起，国家和地方政府就年复一年地开展大规模治山活动。到 20 世纪 80 年代，全国森林覆盖率已经达到 68%。

日本治山活动主要分 3 类，一是应急治理，主要是由于火山喷发、地震、台风等情况造成山林破坏后的治理；二是山体复绿，主要是由于采矿、山火、烟尘污染等造成山林破坏后的治理；三是重要水源地治理，既包括上述应急治理和山体复绿，也包括对地质不稳山体的"预防治理"，还包括为提高生活质量营造的保健林。

分析日本治山计划取得显著成效的原因，一是有正确的指导思想。日本政府和民众确立了"治水在于治山""不能治山就不能治国"的指导思想，除政府出资外，在日本很多地方由下游受益地区共同出资参与上游治理。二是有完善的法律体系保障。《森林法》分门别类规定了营林治山的目的和措施，《保安林临时措施法》规定了治山所需的各类保安林认定、撤销和计划编制等，《砂防法》和《滑坡防治法》对工程治山和防治滑坡都做了规定，《治山治水紧急措施法》对治山事业的组织、经费和计划编制都做了规定。三是有一整套上下贯通的计划体制。日本现行 5 年一期的治山计划和 10 年一期的保安林计划，每期都确定重点领域和重点项目，在计划编制、工程设计、施工承包和检查验收都有严格的制度规定。四是不断提高技术水平。日本引进吸收奥地利流域治理技术，结合海岸防砂的工程措施，经改造用于治山，形成了自己的森林-砂防工事治山技术体系，并应用卫星遥感等技术，提高治山技术水平。

第二章
河北省林业生态工程规划与实施

河北省地处华北地区，东临渤海，西倚太行，北接内蒙古高原，内环京津，位于北纬36°05′~42°40′、东经113°27′~119°50′。全省土地总面积18.88万km²，辖石家庄、承德等11个地级市，定州、辛集2个省直管市和雄安新区，167个县（县级市、区），常住人口7448万人。2021年，河北省生产总值实现40391.3亿元，全年全省居民人均可支配收入29383元。

河北省地形自西北向东南呈半环状逐级下降，高原、山地、平原呈明显的三级阶梯状排列，具有高原、山地丘陵、盆地和平原四个地貌类型区。河北省属温带大陆性季风气候，大部分地区四季分明，雨热同季，1月平均气温3℃以下，7月平均气温18~27℃，四季分明。全省年平均降水量484.5mm，从西向东300~750mm，主要集中在6~8月，年日照时数为2300~3060小时。境内河流主要有海河、滦河、辽河等河流，人均水资源总量307m³，只有全国平均值的1/7。全省土壤有20个土类55个亚类164个土属357个土种。截至2021年，全省森林面积9986万亩，森林覆盖率35.3%，森林蓄积量达到1.79亿m³。全省草地面积2920.89万亩；湿地面积214.05万亩；各类自然保护地共278处，2102万亩；国有林场130个，总经营面积1242万亩。全省沙化土地面积3001.4万亩，荒漠化土地面积2580.7万亩，水土流失面积4.09万km²。

河北省始终高度重视林业草原生态建设。近年来，以习近平新时代中国特色社会主义思想和习近平生态文明思想为指导，大力弘扬塞罕坝精神，践行绿水青山就是金山银山理念，围绕打造首都水源涵养功能区和构建京津冀生态环境支撑区的战略定位，大规模推进国土绿化，重点实施了三北防护林体系建设、退耕还林、京津风沙源治理、太行山绿化、沿海防护林5大国家重点生态工程，同时，开展了再造三个塞罕坝林场、地下水超采综合治理、张家口坝上地区退化林分改造等区域性重点项目，取得了显著成效，为京津冀协同发展、建设"经济强省，美丽河北"作出突出贡献。

第一节　三北防护林体系建设工程

三北防护林体系建设工程启动于改革开放元年，是我国改革开放以来林业生态建设的标志性工程。1978年至今，河北省以"为京津阻沙源、保水源，为河北增资源、拓财源"为宗旨，因地制宜，因害设防，把三北防护林体系建设工程作为推进国土绿化、建设绿色河北的重点工作来抓，全党动员、全社会参与，环卫京津的生态防护体系框架初步形成。

一、工程概况

河北省的三北防护林体系建设工程从1978年启动，到2020年历经了2个阶段5期工程建设。

第一阶段（前三期工程，1978—2000年）：1978年，林业部同意将张北、康保、沽源、尚义4县列入规划；1979年，先后又将张家口、承德两市的20个县（县级市）列入一期工程。1986年，经国务院批准，京津周围绿化工程作为三北防护林体系建设重点工程，与二期、三期工程同步实施。河北省的三北工程建设范围扩展到张家口、承德、唐山、秦皇岛、廊坊5市的全部地区和保定市的涞水、涿州、易县、涞源，共计52个县（市、区）（表2-1）。

表2-1　河北省三北防护林体系建设第一阶段（前三期）工程规划范围

设区市	数量（个）	县（县级市、区）名称
共计	52	
张家口市	14	张家口市郊区、宣化市、张北县、康保县、沽源县、尚义县、蔚县、怀安县、万全县、怀来县、涿鹿县、赤城县、崇礼县、阳原县
承德市	9	承德市郊区、承德县、围场满族蒙古族自治县、宽城满族自治县、兴隆县、平泉县、滦平县、丰宁满族自治县、隆化县
秦皇岛市	5	青龙满族自治县、秦皇岛市郊区、昌黎县、卢龙县、抚宁县
唐山市	11	滦州市、丰南县、玉田县、丰润区、遵化县、迁西县、迁安县、乐亭县、滦南县、唐海县、唐山市郊区
廊坊市	9	安次县、固安县、永清县、霸县、文安县、大城县、三河县、香河县、大厂回族自治县
保定市	4	涿州市、涞水县、易县、涞源县

第二阶段(四期工程,2001—2010年):自2001年开始,国家林业局对林业工程进行了整合,将张家口、承德两市划至京津风沙源工程区,将沿海诸县划至沿海防护林工程区,从而将河北省三北防护林体系建设4期工程建设范围调整为秦皇岛、唐山、廊坊、保定、承德5市26个县(市、区)(表2-2)。

表2-2 河北省三北防护林体系建设四期工程规划范围

设区市	数量(个)	县(县级市、区)名称
共计	26	
承德市	3	鹰手营子矿区、双桥区、双滦区
秦皇岛市	2	青龙满族自治县、卢龙县
唐山市	8	滦州市、玉田县、丰润区、遵化市、迁西县、迁安市、古冶区、开平区
廊坊市	9	安次区、固安县、永清县、霸州市、文安县、大城县、三河市、香河县、大厂县
保定市	4	涿州市、涞水县、易县、涞源县

第三阶段(五期工程,2011—2020年):2011年,为构筑更完备的环京津生态屏障,五期工程将京津南部部分平原县纳入建设范围,同时考虑国家已批复的京津风沙源工程专项规划包括了张家口、承德2市全部,本着工程建设不重叠的原则,不再规划安排承德市双滦区、双桥区、鹰手营子矿区任务。由此,河北省三北防护林体系建设5期工程(华北平原农区)规划涉及秦皇岛、唐山、廊坊、保定、石家庄、沧州、衡水7个市的63个县(市、区)(表2-3)。

表2-3 河北省三北防护林体系建设五期工程规划范围

设区市	数量(个)	县(市、区)名称
共计	63	
石家庄市	13	桥东区、桥西区、藁城区、晋州市、新乐市、正定县、栾城区、高邑县、深泽县、无极县、赵县、新华区、长安区
秦皇岛市	2	青龙满族自治县、卢龙县
唐山市	10	路北区、路南区、古冶区、开平区、丰润区、遵化市、迁安市、滦县、迁西县、玉田县
廊坊市	10	广阳区、安次区、霸州市、三河市、固安县、永清县、香河县、大城县、文安县、大厂县

(续)

设区市	数量(个)	县(市、区)名称
保定市	15	涞水县、易县、涞源县、新市区、北市区、南市区、安国市、高碑店市、清苑区、定兴县、望都县、涞水县、高阳县、博野县、蠡县
沧州市	4	任丘市、河间市、肃宁县、献县
衡水市	4	深州市、武强县、饶阳县、安平县
雄安新区	3	安新县、雄县、容城县
省直管	2	定州市、辛集市

二、规划任务与投资完成情况

截至2020年底,三北防护林体系建设工程累计完成造林绿化面积272.5万 hm^2,其中,人工造林183.72万 hm^2,飞播造林15.77万 hm^2,封山育林72.5万 hm^2,退化林修复0.49万 hm^2;完成省级以上投资276 982.0万元,其中,中央投资240 950.0万元,占总投资的87.0%,省级投资36 032.0万元,占13.0%。

第一阶段(1~3期工程,1978—2000年):规划总任务324.4万 hm^2,规划总投资30.72亿元。其中,一期工程完成造林绿化42.6万 hm^2,其中,人工造林34.4万 hm^2,飞播造林2.7万 hm^2,封山育林5.5万 hm^2。二期工程(1986—1995年)完成造林绿化107.8万 hm^2,其中,人工造林67.2万 hm^2,飞播造林8.3万 hm^2,封山育林32.3万 hm^2。三期工程(1996—2000年)完成造林绿化54.6万 hm^2,其中,人工造林32.4万 hm^2,飞播造林4万 hm^2,封山育林18.2万 hm^2。前三期工程完成省级以上投资50964.0万元,其中,中央投资35742.0万元,占总投资的70.1%,省级投资15222.0万元,占29.9%。

第二阶段(4期工程,2001—2010年):规划造林任务53万 hm^2,规划总投资15.2亿元,其中,中央投资9.7亿元。四期工程完成造林面积30.1万 hm^2,其中,人工造林23.8万 hm^2,封山育林6.3万 hm^2。完成省级以上投资53268.0万元,其中,中央投资45258.0万元,占总投资的87.0%,省级投资6778.0万元,占13.0%。

第三阶段(5期工程,2011—2020年):规划造林绿化总面积97.0万 hm^2,其中,人工造林67.4万 hm^2,封山育林29.6万 hm^2;规划总投资62.52亿元,其中,人工造林投资59.42亿元,封山育林投资3.11亿元。五期工程完成造林绿化任务 37.40 万 hm^2，其中人工造林 25.92 万 hm^2，封山育林 10.22 万 hm^2，飞播造林 0.77 万 hm^2，退化林修复改造 0.49 万 hm^2。完成省级以上投资 172 750.0 万元，其中，中央投资 158 950.0 万元，占总投资的 92.0%，省级投资 13 800.0 万元，占 8.0%（表 2-4）。

表 2-4 河北省三北防护林体系建设工程建设任务与投资累计完成情况

建设期	造林绿化任务完成情况（万 hm^2）					省以上投资完成情况（万元）		
	小计	人工造林	封山育林	飞播造林	退化林修复	小计	中央投资	省级投资
五期合计	272.50	183.72	72.52	15.77	0.49	276982	240950	36032
第一阶段（前三期工程，1978—2000 年）	205.00	134.00	56.00	15.00		50964	35742	15222
第二阶段（四期工程，2001—2010 年）	30.10	23.80	6.30			52036	45258	6778
第三阶段（五期工程，2011—2020 年）	37.40	25.92	10.22	0.77	0.49	172750	158950	13800

三、工程建设与管理

1. 组织管理

全省建立了省、市、县三级工程管理机构。省级工程主管部门为省林业和草原工程项目中心，市、县级分别由两级林草主管部门重点工程项目办公室（生态修复处室）负责。管理人员主要由专业技术人员承担。工程管理层次明晰，组织程序和施工过程协调有序，各级信息交流通畅，保证了工程健康发展。

省级工程主管部门重点掌控全省工程宏观建设布局，科学合理安排计划任务，督导工程整体建设进度和建设质量，做好技术指导和绩效评价工作；市级工程管理部门，负责本市工程建设管理工作，重点是本级工程总体规划、任务计划下达与落实、设计批复、进度和质量督导等工作；县级工程管理部门负责工程的具体实施，包括作业设计编制、全过程施工作业的组织与发动、质量自查自检等。

2. 计划管理

工程计划管理本着"自下而上、上下结合，竞争激励、条件择优"的原则，严格执行"项目申报—条件论证—计划预下—计划下达"的程序。一是项目申报阶段。各相关单位于每年6月底前编制下年度工程造林计划申报书，并逐级上报至省林业和草原局。二是条件论证。省林业和草原局组织专家，按照"公开、公正、公平"的原则对申报项目进行综合评审，科学评估各地施工条件优劣，并据此最终确定年度任务规模。三是计划预下达。省林业和草原局对造林计划申报书进行评审论证、综合平衡，于每年10月底前按照常年任务70%的比例预下达下年度工程造林计划。各地据此编制工程造林作业设计，安排下年度春季、雨季造林生产。四是年度计划的下达。国家和省年度工程造林计划确定后，省林业和草原局正式下达全年造林任务。

3. 施工管理与质量管理

采取"按规划设计，按设计施工，按标准验收，按验收结果兑现资金"的工程管理程序。落实领导干部包任务，业务干部包技术的"双向承包责任制"和绿化任务目标管理责任制，把工程质量与业绩考核目标挂钩。并按照全面质量管理要求，把质量管理贯穿于工程建设的各个环节。

一是强化设计管理。县（市、区）级林业主管部门根据年度造林计划，严格按照《造林技术规程》编制作业设计，经设区市林草主管部门审批后，报省林业和草原工程项目中心备案，洪崖山林场和定州市、辛集市林草主管部门直接报省林业和草原局审批后备案。

二是严格施工管理。强化造林作业工序管理，落实施工质量监督责任，确保按作业设计施工。施工过程中，施工监督员、技术责任人或监理单位，对整地、栽植、浇水、培土等各环节全程监控和技术指导。施工结束后，由施工监督员、技术责任人签字或由监理单位出具报告确认，否则视为施工不合格地块，责令返工。

三是狠抓抚育管护。健全护林组织和队伍，落实管护责任。人工新造林地要连续3年开展扩穴培土、割灌除草、浇水施肥等抚育作业，提高造林成活率和保存率，促进苗木健康生长。封山育林区严格执行封山禁牧有关规定，建设标牌、围栏等封禁设施，强化人工辅助育林措施，加快植被恢复，确保造林成果。

四是严格检查验收。前期实行"县级自查、市级复查、省级核查"的检查验收制度。县级自查采取全查方式，组织技术人员或联合财政、发展和改革委员会等相关部门组成联合验收组，以作业小班为单位登记造册、上图制表、建立档案，并根据验收合格面积填报造林统计年报。近年，多数工程县逐步采取委托具有资质的第三方进行县级检查验收，确保检查结果客观公正；市级复查采取抽查方式，组织技术人员或采取委托具有资质的第三方进行市级检查验收，抽样面积不低于计划任务的10%；省级核查为综合核查，与全省森林覆盖率净增量考核、林业重点工程质量资金稽查结合进行，项目中心组织工程质量督导检查，现场实测率不低于当年新造林面积的20%。

4. 资金管理

为确保工程建设资金安全、高效运行，一是各级设立专门账户，专款专用，确保资金的安全、规范、有效；二是坚决维护上级计划的权威性和严肃性，严禁擅自变更上级投资计划，确需调整的，讲清理由，并按程序报批；三是严格按批复的项目支出标准、范围及时拨付资金，不存在严重挤占、挪用、截留、串用等违法违纪问题；四是在县级普遍实行资金报账制管理，造林前，先预拨一定比例的启动资金，造林施工完成后，根据县级检查验收结果，按合格造林面积拨付剩余资金，对不合格的造林地块，经补植补造并确认合格后再拨付剩余资金；五是加强资金审计监督，结合省林业和草原局重点工程稽核工作，每年抽取适当比例的工程县，并对工程质量较差、在资金使用等方面存在严重问题的县，进行重点稽核，针对出现的问题，按照国家有关规定追究相关责任。

四、建设成效

河北省三北防护林体系建设工程区各期规划范围变化较大，三个阶段内工程区森林资源增长情况为：1978—2000年工程第一阶段(1~3期)末，工程区(52个工程县)有林地面积达到279.7万hm^2，森林覆盖率达到25.0%，活立木蓄积量5903万m^3，分别较1978年(1期初)提高了156.6万hm^2、14个百分点和3688万m^3。2001—2010年第二阶段(4期)末，工程区(26个工程县)有林地面积79.9万hm^2，森林覆盖率29.3%，活立木蓄积量1384万m^3，较2001年(4期初)，分别提高了21.0万hm^2、8.1个百分点和329.9万m^3。2011—2020年第三阶段(5期)末，工程区(63个工程县)有林地面积125.2万hm^2，森林覆盖率26.7%，活立木蓄积量2138万m^3，较2011年(5期初)分别提高了30.9万hm^2、6.6个百分点和338万m^3。工程各建设期均实现了森林资源的双增长，发挥了巨大的生态、经济和社会效益。

1. 生态环境有效改善

工程建设实现了森林面积和森林蓄积双增长，构筑了乔灌草、带网片相结合的生态安全屏障，风沙危害持续减轻，水土流失治理成效显著，农田林网增产效应日益显现。前三期工程区52个县（市、区）有林地面积增加156.6万hm^2，森林覆盖率提高14个百分点，活立木蓄积量增加3688万m^3；四期工程区26个县（市、区）有林地面积增加21.0万hm^2、森林覆盖率提高8.1个百分点，活立木蓄积量增加329.9万m^3；五期工程区63个县（县级市、区）有林地面积增加30.9万hm^2、森林覆盖率提高6.6个百分点，活立木蓄积量增加338万m^3。土地沙化得到有效遏制，2004—2019年，京津周围地区沙化土地面积减少534.94万hm^2，土地沙化程度明显减轻，张家口、承德地区由沙尘暴加强区变为阻滞区；完成山地造林绿化面积180万hm^2，工程区水土流失面积由工程初期的6万km^2减少到3.9万km^2，重点治理区土壤侵蚀模数下降70%，缓洪拦沙效益达60%~80%，水土保持能力明显提高；工程区163万hm^2农田和33万hm^2牧场实现了林网保护，农牧业高产稳产得到有效保障。

2. 生态富民产业快速发展

1978年至今，三北防护林体系建设工程坚持把生态治理同发展地方经济结合起来，特色林果、林下经济、生态旅游等产业不断壮大，极大促进了地方经济发展和农民增收。在浅山丘陵区及部分平原区大力发展以苹果、梨、葡萄、核桃、板栗、杏扁等为主的生态经济林38万hm^2，杨树为主的防护型用材林13万hm^2，建成了一批特色突出、布局合理、具有较强竞争优势的产业带和产业集群，成为区域农民脱贫致富奔小康的重要产业。各地依托三北防护林体系建设工程，采用林药、林菌、林菜、林草等林下种植、养殖模式进行立体复合经营，实现了林木和林副产品双丰收，提高了土地利用率。生态建设与林果产业的互动式发展，加速了林草产业与旅游、康养、文化等产业的深度融合。各地结合区域自然资源优势，因地制宜发展生态旅游，初步形成了以森林公园网络为骨架，湿地公园、沙漠公园等为补充的生态旅游发展新格局。截至2019年，工程区共建设森林公园63处（国家级16处、省级47处），湿地公园40个（国家级16处、省级24处），国家沙漠公园3个。2019年，工程区经济林产品相关产值达到164亿元，木材经营加工业产值达322.1亿元，林业旅游与休闲服务业产值达20.8亿元。

3. 生态文明进程持续推进

40多年生态文明建设之路，三北防护林体系建设工程已成为生态意识的"播种机"和生态文化的"宣传队"。人居环境明显改善：各地坚持生态修复治理与人居环境改善并举，环境承载力逐步增强。截至2019年年底，全省已有张家口、石家庄、承德、秦皇岛、唐山、廊坊、保定等7个"国家级森林城市"，每个"森林城市"平均每年完成新造林面积占市域面积0.5%以上，有力推进了人居环境改善和森林资源增长。高标准打造了廊道、水网、重要节点等一批环卫京津的生态景观带，加速了与京津生态环境的无缝对接。大规模构建城郊环城绿化带，打造了一批森林小镇、森林村庄、绿化精品乡村，不断增加城乡绿量，提升城乡生态品味，广大群众共享生态建设成果。生态意识明显增强：三北防护林体系建设工程带动了各地发展林业观念的转变，项目资金的拉动力、政府的推动力、优惠政策的引导力，激发了群众参与工程建设的积极性。广大人民群众生态责任意识和生态道德素质不断增强，为三北地区生态文明建设奠定了日益坚实的思想道德基础。生态文化不断繁荣：各地依托三北防护林体系建设工程，建设以森林公园、湿地公园等为主体的体验基地，举办旅游发展大会、森林文化节等系列活动，有力推动了森林旅游、生态休闲、森林康养、科普教育等生态服务产业，满足了广大人民群众对生态文化的需求，普惠民生。

五、问题与对策

1978年至今，工程实施40多年来，以"为京津阻沙源、保水源，为河北增资源、拓财源"为宗旨，坚持治山、治水同步，绿化、美化结合，兴林、富民并重，取得了较好的实效。但是工程建设中也存在一些问题。

1. 存在的主要问题

（1）工程建设任务依然艰巨

三北防护林体系建设工程平原地区可造林地集中连片地块越来越少，多为边缘隙地；山区多为干旱阳坡、陡坡裸岩，土壤瘠薄，立地条件越来越差，绿化难度越来越大，工程建设进入"啃骨头"的阶段。与此同时，随着造林绿化的逐步推进，中幼龄林抚育管护和低质低效林改造提升任务艰巨，巩固生态建设成果已经成为三北防护林体系建设工程的重要任务。

（2）工程造林补助标准低

当前制约工程建设推进的关键性问题是工程成本的上升和国家投资不足

的矛盾。三北防护林体系建设工程人工造林中央投资标准由100元/亩逐步提高到目前的500元/亩，封山育林由70元/亩提高到100元/亩。而同期劳动力价格从20元/工日上涨到150~200元/工日，苗木价格也上涨了5倍以上。根据工程区造林成本核算，人工造林成本为2000元/亩以上，封山育林成本为400元/亩，国家投资只有实际成本的1/4左右，明显不能满足实际需要。作为京津冀协同发展战略前沿，工程区是承接首都非核心功能疏散的首选之地，对生态防护、生态景观、生态文化以及各类林副产品等多样化的生态需求日益增长。但是，由于工程投入不足，林分质量和工程综合效益处在较低水平，直接影响着京津冀生态对接与融合。

（3）巩固治理成果任务艰巨

随着工程建设的推进，林木植被迅速恢复和增加，林果等资源进一步丰富，巩固治理成果任务亦愈加艰巨。幼林和未成林造林地稳定性差，群落恢复到稳定状态需要较长时间，补植补造、抚育经营、护林防火、有害生物防治等后期管护需要大量人力物力，国家在补植补造、新造林管护上没有资金投入，市县财政难以落实配套资金，基层林业部门管护和补植补造压力很大，影响造林成效的发挥。

（4）科技支撑力度不够

工程建设方面，管理手段较落后，信息不灵，距离数字林业目标还有很大距离。要建设符合现代社会需求的林业生态工程，就必须加强科研攻关和适用成果的推广应用，有效提高工程质量和效益水平。而工程建设长期以来缺乏专项的科技投入，虽然近年来国家投资建设了一批科技示范项目，但项目少、规模小，远不能满足工程需要。工程管理与监督执法等采用的装备手段落后，协同创新平台和国家重点实验室严重缺乏，绝大部分工程区高新实用技术成果推广应用不足，品种创新和技术研发能力不高。生态监测体系建设进展缓慢，科技进步贡献率整体水平较低。

（5）人才队伍薄弱

基层人才队伍薄弱，基础研究乏力，基层站点基础设施装备明显落后。

2. 对策

（1）转变发展方式，不断提高建设成效

加大对三北防护林体系建设工程的投入，按照实际造林成本进一步提高补助标准，真正实现由数量型、低水平建设向质量效益型的现代林业工程转变，做到速度与结构、数量与质量、规模与效益的有机统一。优化投资构成，明确工程管理费用、设备购置、科技支撑费用等各类必要性支出，建议在中央资金中拿出一部分，并由国家财政部出台文件，明确地方各级配套资金中列支上述各类费用的比例。

（2）在资金到位的前提下，推行"四制"管理

"四制"即项目法人制，项目法人对项目质量、进度、资金负总责；招投标制，对项目勘察、设计、施工、监理和种苗等全面实行招投标制；项目监理制，对项目建设全过程进行监督监控；项目合同制，对项目建设主要环节，都要依法订立法律合同。

（3）强化支撑保障体系建设

加强科技支撑，开展困难立地造林技术、脆弱生态区综合治理与生态修复等技术研究与推广；建立省、市、县三级林业科技推广体系，把科技推广工作拓展到工程建设各个环节；完善培训手段和培训内容，加速人才培养。加强资源管理和保护，抓好森林防火监测预警、应急扑救、物资保障、通讯指挥等基础建设；完善建立林业有害生物预警检疫、防治减灾和服务保障体系；加强森林经营，调整和优化林种树种结构，提高林分质量，增强森林生态功能；搞好监测体系建设，内容主要包括资源监测体系建设、营造林管理系统建设、灾害和应急系统建设、效益评估系统建设等。

第二节　退耕还林工程

2000年6月，河北省张北县、沽源县、康保县、尚义县、丰宁满族自治县和围场满族蒙古族自治县纳入全国退耕还林还草试点范围。2002年，退耕还林还草在河北省11个设区市全面启动实施。河北省成立了退耕还林还草工作领导小组，各市、县也成立了相应领导机构，稳步开展工程建设。河北省不断加强对退耕还林的宏观政策引领，先后出台了《河北省委省政府关于推进林业跨越式发展的决定》《河北省人民政府关于完善退耕还林政策措施的意见》《河北省关于加快推进生态文明建设的实施意见》《河北省退耕还林工程管理办法》《河北省退耕还林技术标准》等政策意见、规章制度和技术标准，把质量观念贯穿于规划设计、种苗培育、作业施工、抚育管护等各个环节，实现了从结果管理向过程管理转变。

一、主要政策

1. 前一轮退耕还林（2000—2013 年）

2000—2003 年，国务院先后制定出台了《国务院关于进一步做好退耕还林还草试点工作的若干意见》（国发〔2000〕24 号）、《国务院关于进一步完善退耕还林措施的若干意见》（国发〔2002〕10 号）、《退耕还林条例》等政策性文件，细化、明确退耕还林的各项政策措施，完善、规范退耕还林管理，推动退耕还林工程进入法制化轨道。

（1）原则

统筹规划、分步实施、突出重点、注重实效；政策引导和农民自愿退耕相结合，谁退耕、谁造林、谁经营、谁受益；遵循自然规律，因地制宜，宜林则林，宜草则草，综合治理；建设与保护并重，防止边治理边破坏；逐步改善退耕还林者的生活条件。

（2）主要政策措施

严格执行"退耕还林，封山绿化，以粮代赈，个体承包"的政策措施。水土流失严重的，沙化、盐碱化、石漠化严重的，生态地位重要、粮食产量低而不稳的耕地应当纳入退耕还林规划。

退耕还林应以营造生态林为主，营造的生态林比例以县为核算单位，不得低于 80%，经济林比例不得超过 20%，对超过 20% 的经济林地只补助种苗费。

县级人民政府或其委托的乡级人民政府应当与有退耕还林任务的土地承包经营权人签订退耕还林合同。

退耕还林者在享受退耕还林补助政策同时，应当按照作业设计和合同的要求在宜林荒山荒地造林。

国家保护退耕还林者享有退耕土地上的林木所有权。退耕土地还林后，由县级人民政府发放林权属证书，确认所有权和使用权，并依法办理土地变更登记手续。退耕土地还林承包经营权到期后可以依照有关法律法规的规定继续承包，承包经营权可以依法继承、转让。

实施退耕还林的乡镇、村应当建立退耕还林公示制度，将退耕还林者的退耕还林面积、造林树种、成活率及补助资金发放情况进行公示。

免征农业税。对应税耕地，自退耕之年起，不再征收农业税。

退耕地造林后，禁止间作粮食和蔬菜。在确保地表植被完整，减少水土流失的前提下，可采取林果间作、林药间作、林竹间作、林草间作、灌草间作等模式，实行立体经营。

国家按照核定的退耕还林实际面积，向土地承包经营权人提供政策补助和种苗造林补助。对于尚未承包到户和休耕的坡耕地退耕还林的，以及纳入退耕还林规划的宜林荒山荒地造林，只享受种苗造林费补助。

（3）补助政策

适用于2000—2006年度实施的退耕还林还草。

①第一周期退耕还林还草补助政策

补助标准：河北属于黄河流域及北方地区，每亩退耕地每年补助粮食（原粮）100kg，生活补助20元/亩。2004年起，国家改为现金补助，按粮食（原粮）1.40元/kg计算，补助粮食款140元/亩，生活补助20元/亩。

补助年限：退耕还草补助2年；还经济林补助5年；还生态林补助8年。

造林种苗费用补助：一次性补助50元/亩。

②第二周期退耕还林还草补助政策

2007年，国务院下发了《关于完善退耕还林政策的通知》（国发〔2007〕25号），进一步完善了退耕还林还草补助政策，第一轮补助到期后继续对退耕农户给予补助。

补助标准：补助标准为90元/亩，其中，现金补助70元/亩，生活补助仍为20元/亩。

补助期限：还草补助2年、还经济林补助5年、还生态林补助8年。

③匹配荒山种苗造林补助费

适用于2000—2013年退耕还林还草匹配荒山造林。

补助标准：2000—2006年国家提供种苗造林补助费50元/亩；2007年、2008年国家提供种苗造林补助费100元/亩；2009年、2010年国家提供种苗造林补助费200元/亩；2011年以后，国家提供种苗造林补助费300元/亩。

补助期限：造林当年一次性补助。

2. 新一轮退耕还林（2014年至今）

为了贯彻落实"十八大"提出的生态文明建设的总体要求，结合我国经济社会发展水平和承受能力，破解陡坡耕地、严重沙化耕地水土流失难题，增加农民收入，打赢脱贫攻坚战，党中央、国务院决定实施新一轮退耕还林工程。2014年，经国务院批准，国家发展和改革委员会、财政部、国家林业局、农业部、国土资源部联合下发了《关于印发新一轮退耕还林还草总体方案的通知》（发改西部〔2014〕1772号），对退耕还林原则、实施范围、政策要求、补助标准和期限进行了明确规定。

(1) 原则

坚持农民自愿，政府引导。充分尊重农民意愿，退不退耕，还林还是还草，种什么品种，由农民自己决定。各级政府要加强政策、规划引导，依靠科技进步，提供技术服务，切忌搞"一刀切"、强推强退。

坚持尊重规律，因地制宜。根据不同地理、气候和立地条件，宜乔则乔、宜灌则灌、宜草则草，有条件的可实行林草结合，不再限定还生态林与经济林的比例，重在增加植被盖度。

坚持严格范围，稳步推进。退耕还林还草依据第二次全国土地调查和年度变更调查成果，严格限定在25°以上坡耕地、严重沙化耕地和重要水源地15°~25°坡耕地。兼顾需要和可能，合理安排退耕还林还草的规模和进度。

坚持加强监管，确保质量。建立健全退耕还林还草检查监督机制，对工程实施的全过程实行有效监管。加强建档建制等基础工作，提高规范化管理水平。

(2) 主要政策措施

退耕地块分以下三类严格控制范围：一是25°以上非基本农田坡耕地；二是严重沙化耕地；三是三峡库区、丹江口库区及上游区域县（市、区）15°~25°非基本农田坡耕地。

退耕后营造的林木，凡符合国家和地方公益林区划界定标准的，分别纳入中央和地方财政森林生态效益补偿。未划入公益林的，经批准可依法采伐。牧区退耕还草明确草地权属的，纳入草原生态保护补助奖励机制。

在不破坏植被、造成新的水土流失前提下，允许退耕还林农民间种豆类等矮秆作物，发展林下经济，以耕促抚、以耕促管。鼓励个人兴办家庭林场，实行多种经营。

要将退耕范围落实到土地利用现状图上，做到实地与图上一致。不得擅自扩大退耕还林还草规模，不得将基本农田、土地开发整理复垦耕地、坡改梯耕地、上一轮退耕还林已退耕地纳入退耕范围。

县级人民政府或由其委托的乡级人民政府要与退耕农户签订合同，明确退耕范围、面积、树（草）种、初植密度、补助标准和金额，以及完成时间、质量要求、检查验收与资金兑付时间和管护责任等。

建立健全村级退耕还林还草公示制度，对退耕农户的退耕面积、退耕地点、树种草种以及质量要求、验收结果、补助资金等情况进行公示，接受社会和群众监督。

退耕还林还草后，由县级以上人民政府依法确权变更登记。

(3) 补助政策

适用于2014年以后国家下达的退耕还林还草任务，河北省2015年有5万亩建设任务适用于此政策。

补助标准：退耕还林补助1200元/亩；退耕还草补助680元/亩。

补助年限：退耕还林5年，退耕还草3年。中央安排的退耕还林补助资金分3次下达给省级人民政府，每亩第一年500元、第三年300元、第五年400元；退耕还草补助资金分2次下达，每亩第一年380元、第三年300元。

种苗（草）造林（种草）补助费：种苗造林补助费按退耕地一次性补助300元/亩（2017年调整为400元/亩）；种草补助费按退耕地一次性补助120元/亩。

3. 主要变化

新一轮退耕还林与以往相比，总体思路、政策措施等方面发生了较大变化，具体体现在以下几方面。

(1) 组织形式上改为自上而下

由前一轮退耕还林还草"采取自上而下，层层分解任务，统一制定政策，政府推行"的方式，改为"自下而上、上下结合"的方式实施，即在农民自愿申报退耕还林任务基础上，中央核定各省规模，并划拨补助资金到省，省级人民政府对退耕还林负总责，自主确定兑现给农户的补助标准。充分调动地方政府、退耕农户两方面的积极性和主动性，有利于成果的巩固，也朝政府购买公共服务的改革方向上迈进了一步。

(2) 充分尊重农民退耕意愿

新一轮退耕还林强调了尊重农民退耕意愿，政府不搞强迫命令。退不退耕，还林还是还草，种什么品种，由农民自己决定。明确要求不准各级政府搞"一刀切"、强推强退。充分调动退耕农户的积极性、主动性，有利于成果的巩固。

(3) 严格控制实施范围

《关于印发新一轮退耕还林还草总体方案的通知》（发改西部〔2014〕1772号）明确规定主要在25°以上坡耕地、严重沙化耕地和重要水源地的

15°~25°坡耕地实施退耕还林。不得将基本农田、土地开发整理复垦耕地、坡改梯耕地、上一轮退耕还林已退耕地纳入退耕范围。国家制定政策充分考虑了生态建设需要也兼顾了耕地保有量和粮食安全。

(4) 对林种不再做硬性要求

新一轮退耕还林在补助标准和补助期限方面不再区分生态林与经济林，在林种比例上也取消了生态林不低于80%的限制性要求，主要是为了解决好三方面问题：一是通过政策引导，充分调动农民参与退耕还林的积极性；二是通过长期稳定的林果收益，切实巩固工程建设成果；三是通过工程实施促进农民增收，助力脱贫攻坚。

(5) 补助政策有所调整

取消了长江流域及南方地区与黄河流域及北方地区的补助标准差异；新一轮退耕还林补助标准比前一轮补助标准有所降低，主要是因为新一轮退耕还林实施条件发生了变化；补助资金5年内分3次下达，改变了前一轮分林种逐年下达的补助方式，更有利于工程管理，确保政策落实到位。

(6) 制定了巩固成果必要的配套政策

充分吸取了前一轮退耕还林的经验教训，制定了巩固成果必要的配套政策。一是退耕后营造的林木，凡符合国家和地方公益林区划界定标准的，分别纳入中央和地方财政森林生态效益补偿。二是在不破坏植被、造成新的水土流失前提下，允许退耕还林农民间种豆类等矮秆作物，发展林下经济，以耕促抚、以耕促管。三是统筹安排中央财政专项扶贫资金、易地扶贫搬迁投资、现代农业生产发展资金、农业综合开发资金等，用于退耕后调整农业产业结构、发展特色产业、增加退耕户收入、巩固退耕还林成果。

二、工程实施情况

2000年3月，经国务院批准，河北省康保、尚义、张北、沽源、丰宁、围场坝上6县被列入全国退耕还林试点工程，2002年工程在河北省全面启动，涉及全省11个设区市、雄安新区、辛集市和定州市175个县(市、区、镇、牧场)的218万退耕农户800多万退耕农民，主要实施了前一轮退耕还林工程、巩固退耕还林成果专项建设项目、新一轮退耕还林等建设项目。

1. 工程实施范围

共涉及全省11个设区市、雄安新区、辛集市和定州市等164个县(市、区、镇、牧场)(表2-5)。

表2-5 河北省退耕还林工程实施范围

市	县(市、区)
承德市	围场满族蒙古族自治县、丰宁满族自治县、隆化县、滦平县、兴隆县、承德县、平泉市、宽城满族自治县、双桥区、双滦区、营子区
张家口市	张北县、沽源县、康保县、尚义县、怀安县、怀来县、万全县、阳原县、蔚县、崇礼区、赤城县、涿鹿县、桥东区、桥西区、下花园区、宣化区
秦皇岛市	青龙满族自治县、抚宁县、卢龙县、昌黎县、山海关区、海港区
唐山市	迁西县、丰南区、遵化市、丰润区、迁安市、滦州市、滦南县、开平区、乐亭县、唐海镇、玉田县
廊坊市	文安、安次区、永清县、固安县、霸州市、大城县、广阳区、香河县、三河市、大厂回族自治县
保定市	易县、唐县、涞源县、曲阳县、涞水县、阜平县、顺平县、满城县、涿州市、高碑店市、蠡县、清苑县、徐水县、定兴县、安国市、高阳县、望都县、博野县、南市区、北市区、新市区
沧州市	献县、南皮县、黄骅市、青县、河间市、任丘市、沧县、盐山县、东光县、肃宁县、吴桥县、孟村回族自治县、泊头市、海兴县、运河区、新华区
衡水市	景县、故城县、武邑县、阜城县、枣强县、桃城区、冀州区、武强县、深州市、饶阳县、安平县
邢台市	广宗县、临城县、内邱县、任县、沙河市、邢台县、隆尧县、临西县、新河县、巨鹿县、南宫县、清河县、南和县、威县、平乡县、宁晋县、柏乡县、信都区
邯郸市	邯郸县、永年县、磁县、涉县、武安市、峰峰矿区、临漳县、邱县、曲周县、大名县、魏县、成安县、馆陶县、鸡泽县、广平县、肥乡县、邯山区
石家庄市	平山县、灵寿县、赞皇县、行唐县、元氏县、井陉矿区、井陉县、鹿泉市、正定县、深泽县、无极县、藁城市、高邑县、新乐市、栾城区、晋州市、桥西区、长安区、赵县、新华区、裕华区
雄安新区	雄县、容城县、安新县
辛集市	全市
定州市	全市

2. 工程实施情况

退耕还林还草工程是河北省投资最大、涉及面最广、政策性最强、成效最好的国家重点林业工程。

前一轮退耕还林还草：2000—2013年，全省累计完成工程造林2800万亩，其中，退耕地造林947万亩，配套荒山荒地造林（包括人工造林及封山育林）1853万亩。总投资254亿元，已全部到位，工程任务及投资总量居全国第五位，是全国退耕还林还草大省。

巩固退耕还林还草成果项目：2008—2015年，累计完成林业建设任务1858.12万亩，其中，林业产业基地任务331.8万亩，补植补造任务807万亩，抚育经营项目719.3万亩，投资21.92亿元。

新一轮退耕还林还草工程：2014年，国家启动新一轮退耕还林还草工程，2015年将河北省纳入新一轮退耕还林实施范围，安排建设任务5万亩。涉及河北省张家口、承德两市的沽源、围场、尚义、丰宁、滦平等5县，涉及37个乡镇112个村3333户。投资7500万元。

3. 重点举措与做法

2000年至今，河北省干部群众强化责任意识和使命担当，团结一致、艰苦奋斗、改革创新、锐意进取、攻坚克难，坚持工程新建与资源保护相结合，坚持建设规模、速度与工程质量、水平相统筹，坚持生态效益与经济发展相协调，推进了工程建设的可持续健康发展。

（1）坚持高位推动，切实加强组织领导

河北省委、省政府把退耕还林还草作为维护京津地区生态安全的重大政治任务，作为实现河北秀美山川和经济社会可持续发展的重大发展机遇，以高度的政治责任感和历史使命感强力推进落实。在机构建设上，成立了由省领导任组长，有关厅（局、委）负责同志任副组长的"河北省退耕还林工作领导小组"。各项目市级、县级也成立了相应领导机构，保证了工程建设的协调有序进行。在宏观政策引领上，先后出台了《河北省委、省政府关于推进林业跨越式发展的决定》《河北省人民政府关于完善退耕还林政策措施的意见》《河北省关于加快推进生态文明建设的实施意见》。要求牢固树立"绿水青山就是金山银山"的基本理念，坚决守住发展和生态两条底线，把生态文明建设放在突出的战略位置，着力建设京津冀生态环境支撑区和首都水源涵养功能区，为全省生态建设规划了蓝图。在措施保障上，省委、省政府先后11次召开专门会议，省政府主要领导和主管领导亲自出席有关会议并作重要讲话，对工程建设亲自部署、亲自调度。各级政府层层签订工程建设责任状，明确各级政府对工程建设负全责。2008年，首次将森林覆盖率净增量考核纳入省委《设区市党政领导班子和主要领导干部工作实绩综合考核评价实施办法》，进一步调动了各级党委政府造林绿化的积极性。

（2）坚持严格管理，确保工程规范运行

《河北省退耕还林工程管理办法》《河北省退耕还林还草技术标准》等，建立了明确的管理流程、规范的管理制度。一是严格工程质量管理。把质量观念贯穿于规划设计、种苗培育、作业施工、抚育管护等各个环节，实现了从结果管理向过程管理转变。二是严格检查验收。严格执行《退耕还林工程建设检查验收办法》，规范检查验收程序和内容，实行省、市、县三级检查验收制度。各地高度重视检查验收工作，实行"谁验收、谁签字、谁负责"的责任追究办法。积极吸收群众代表共同参与检查验收，确保验收结果的公正、公平和准确。三是兑现钱粮补助。县级林业和草原主管部门组织各村对检查验收结果进行公示。各村在公示结束后经村民代表认可签字，村委会同意，再将公示结果反馈县级林业和草原主管部门。根据公示结果，按照"一卡通"直接兑现到户，减少中间环节，确保了补助资金及时准确发放到退耕户手中。四是积极开展工程效益监测工作。建立了省级效益监测点12个，市、县级监测点117个。制定了《河北省退耕还林工程效益监测实施方案》，督促、指导省级效益监测站点开展效益监测工作，每年向国家上报效益监测的有关数据和情况，为工程建设长远发展和制定后续政策提供了重要依据。五是广泛宣传发动。采取讲座、会议、培训、记者采访等多种形式，全方位、多角度、多层次立体宣传工程建设。充分利用报纸、电视、电台、网络等线上线下新闻媒体，宣传退耕还林还草政策。出动宣传车、发放明白纸等形式，对广大退耕农户进行宣传，使其了解国家政策、明白自己的权利和责任。据统计，各级电视台安排各类专访56次，制作专题片96部。开辟报刊宣传专栏12个，发表新闻报道166篇，开办系列讲座150多场，下发政策汇编5600本，营造了良好的工程建设氛围。六是做好总结表彰。组织实施了河北省"十五期间"退耕还林还草先进单位和个人评选活动，授予33个单位153名同志河北省"十五"期间退耕还林工程建设"先进单位""先进个人"荣誉称号，鼓舞了项目区干部职工的士气，激发了工作热情。

（3）坚持机制创新，完善政策机制

退耕还林工程始于世纪之交，正处于我国改革开放持续深入，市场经济体制日趋完善时期，工程建设逐渐由过去单纯的行政发动式造林向多主体、多机制、多模式的方向发展。河北省结合林业产权制度改革，进一步完善政策机制，明确所有权，稳定经营权，放活使用权，从根本上解决林业可持续发展的动力问题。一是政策支持有力。2002年，省政府印发了《关于进一步加快林业发展若干政策的意见》，明确提出"鼓励各种经济成分参与林业开发，加快非公有制林业发展进程"。2016年，省政府办公厅下发了《关于加大改革创新力度鼓励社会力量参与林业建设的意见》，在土地开发、财税金融、林木采伐等方面，出台了22条具体支持措施。据不完全统计，截至2018年年底，省、市、县级共制定出台130多部政策法规，为工程建设和加快恢复林草植被提供了有力保障。二是匹配荒山造林机制灵活。通过林权制度改革，全省累计发放林权证总面积8244万亩，流转林地541万亩，引导建立林业合作组织2512个，"山定权，树定根，人定心"的目标基本实现。推动形成了政府出资、招标造林，政府租地、企业造林，集体组织、合作社造林，企业牵头、股份造林，政策支持、承包造林等多种新机制，民营造林已然成为工程建设的主体。据统计，工程区百亩以上民营林大户达到4032户，千亩以上达到826户，造林面积达到485万亩，为工程建设营造了宽松的发展环境。三是退耕还林形式多样。坚持"谁退耕、谁造林、谁经营、谁受益"的原则，围绕"政府要绿、农民得利、集体有益"的目标，充分调动广大退耕农户积极性，创新退耕还林组织形式，推动退耕还林逐步由"政策驱动"的传统造林向"利益驱动"的产业造林转变。统一经营，对产业基地和经济林果，采取统一规划、统一设计、统一施工、统一管护，实现产业基地和经济林果的集约化经营和产业化管理。分户实施，退耕群众根据自己的实际情况，在造林时间、模式配置、抚育管护等方面灵活掌握，采取分户实施、分户治理的措施，充分调动了退耕群众的主观能动性。大户承包，本着协商、自愿的原则，明确责、权、利，鼓励农村造林专业户租赁、承包退耕还林，在有条件地区实行集中连片造林，鼓励个人兴办家庭林场，有效解决了部分退耕户劳力不足、技术短缺的难题。

(4) 坚持产业带动，持续增强工程建设发展后劲

在工程实施过程中，坚持生态、经济、社会效益"三统一"，努力做到促进地方经济发展、调整农业结构、增加农民收入"三结合"。一是科学确定后续产业发展布局。按照河北省林业总体规划和林果产业规划，经过科学论证，确定了项目区7大产业布局。有关市、县根据自身资源和区域经济特点，抓好产业规划。承德市突出山杏、苹果、山楂、蚕桑、速生杨、刺槐6大基地建设，建设规模达到1000万亩。二是狠抓典型示范带动，按照统一的评选标准和办法，截至2020年，在全省范围内评选出了21个省级林果产业示范工程。各市、县也纷纷建立不同内容的示范工程300多个，其中，林下经济

示范点150个，面积10万亩。三是大力推广高效治理模式。为了协调解决农民增收问题，项目区重点推广了林果间作、林药（花）间作、以育代造、林草间作、林禽种养等20多种生态效益好、经济价值高的治理模式，做到了长短效益结合。四是实施巩固退耕还林还草成果项目。按照项目区的资源条件和经济状况以及退耕群众的需要，重点实施了林业产业基地建设、补植补造和抚育经营等项目，大力发展林果、种苗、花卉、食用菌等特色产业，培育替代产业，拓宽农民增收和就业渠道。累计发展特色经果林基地186.5万亩，发展设施果品、花卉926万 m^2、牧草37.4万亩、中药材75万亩。累计培训退耕户劳动力757.5万人次，帮助退耕农户解决后续生产中的技术难题。变"输血"为"造血"，有效化解了长期依靠财政补助维持退耕农户生计的问题，平稳实现产业替代，增强了工程发展后劲，巩固了工程建设成果。

（5）坚持科学造林，全面提高工程建设成效

多年来，坚持以自然生态规律和社会经济发展规律为基本遵循，坚持人工治理与自然修复相结合，科学选择造林模式，推广有效的抗旱造林技术，实施科技推广项目，建立健全科技推广体系，努力构建结构优良、系统稳定、综合高效的生态体系。一是强力推广以容器苗为主的抗旱造林综合实用技术。2003—2015年，先后8次专门召开容器苗造林现场会，对全省容器育苗及造林工作进行安排部署。累计投入专项资金700多万元，推广普及容器育苗和造林技术。工程区累计使用容器育苗20.5亿株，荒山造林容器苗使用率达到了85%以上，一次造林成活率提高了13个百分点，达到90%以上。各地还积极推广了集水保墒、地膜覆盖、生根粉、保水剂等抗旱保活技术，为造林质量的稳步提高打下了坚实基础。二是加大科研攻关力度。2003—2015年与大专院校、科研院所广泛合作，在项目区完成了坝上风沙干旱区造林适用技术推广、绿色高效治沙新材料技术示范与推广项目、退耕还林还草模式和效益研究、山地干旱阳坡造林科技示范等17项国家和省级科技支撑项目，累计完成实验面积2.5万亩，推广面积达到668万亩，为工程建设提供了强有力的科技支持。三是科学选择造林模式。坚持"因地制宜、适地适树"的原则，加大乡土树种和优良抗逆树种的推广力度，工程区营造乡土树种和灌木林占总任务的80%以上，提高了造林成效。注重林分结构、树种配置、系统稳定性和生物多样性，做到了多林种、多树种、多层次、多造林方式相结合。重点探索推广了山地综合治理，林果、林草、林花、林药间作等农林复合经营，林苗一体化，造封结合等20多种高效治理模式。四是抓好分级培

训。初步建成省、市、县、乡四级推广网络体系，分级开展技术培训。省级林业和草原局先后举办了15次退耕还林政策技术培训班，邀请专家对退耕还林政策措施、技术规范、建设模式等进行系统培训，共培训管理、技术骨干3000多人次，提高了项目区干部的政策、技术和管理水平。市、县级林业部门还通过办培训班、田间地头咨询指导、免费印发技术资料等灵活多样的形式主动为林农提供各种培训，提高了造林一线施工人员和农民的技术水平，为高质量完成建设任务奠定了基础。

三、建设成效

2000年至今，河北省退耕还林还草工程始终坚持以"为京津阻沙源、保水源，为河北增资源、拓财源"为宗旨，将生态建设与农业结构调整相结合，与地方经济发展相结合，与农民脱贫致富相结合，走出一条国家增绿、群众增收的绿色发展之路。截至2015年，累计完成工程建设任务2805万亩，其中，退耕地还林952万亩，匹配荒山造林1853万亩，初步建成拱卫京津的绿色生态屏障，农田防护林体系更趋完善，干鲜果品基地规模不断壮大，农业经济结构进一步优化，林果富民产业得到长足发展。

1. 坚持综合治理，构筑京津生态屏障

2000年至今，河北省按照统筹兼顾、综合治理、突出重点、分类施策的原则，以退耕还林工程为主，整合农业、水利、农开等领域生态建设项目，以流域为单元，坡、沟、谷、川统筹推进，山水林田湖草沙综合治理，努力建设高效稳定的生态防护林体系和森林生态系统。

森林资源显著增加。2020年，与2000年相比，工程区森林覆盖率提高了6.5个百分点，达到35%。围场满族自治县、康保县、沽源县等重点工程县森林覆盖率增加10%以上，在冀蒙边界形成了近300万亩的防风固沙林带，初步形成了风沙南侵的第一道生态屏障。国务院原总理朱镕基视察过的丰宁满族自治县小坝子乡，森林覆盖率由16.6%提高到40%，林草盖度由35%提高到90%，昔日"黄沙满天飞、流沙压塌房"的风沙通道成为如今满眼葱茏、生机盎然的绿色长廊。京津"三盆生命水"水质得到有效保护和改善，其中，密云水库一直保持二类水质。

土地沙化实现逆转。根据国家2016年发布的沙化土地监测报告，与2000年相比，河北省沙化土地减少580.5万亩、荒漠化土地减少919.4万亩，是全国沙化土地减少最明显的4个省份之一。张家口、承德地区由沙尘暴加

强区变为减弱区。工程区298.6万亩的严重沙化耕地、256.7万亩的15°以上坡耕地得到有效治理，3100万亩耕地和495万亩草场实现了林网保护。据观测，在同样条件下，有林网保护比无林网保护的农作物产量增加10%~30%。

生态功能显著增强。根据国家林业和草原局退耕还林生态效益监测结果，河北省退耕还林工程涵养水源49.16亿 m^3/年，防风固沙总物质量为10207.59万 t/年，固碳851万 t/年，释放氧气140.87万 t/年，吸收污染物18.3万 t/年，生态效益总价值达970.8亿元/年。

2. 坚持绿色发展，调优农业产业结构

河北省把退耕还林作为一项重点生态环境修复工程，同时将其作为一场调整、优化农业产业结构，改善农业生产方式的变革，建基地、兴产业，促进了农村经济的良性循环。

林果基地规模凸显。河北省立足区域资源禀赋，本着"宜林则林、宜果则果"的原则，科学调整种植结构，大力发展具有区域优势和较强竞争力的名特优果品。太行山和燕山区以核桃、板栗为主，桑洋河谷和北部滨海地区以葡萄为主，冀中平原以梨、枣为主，城市周边以桃、樱桃等时令杂果为主。截至2020年，累计建设4大优势果品基地近750万亩，林板（纸）原料林基地500多万亩，品质提升改造310万亩，推进全省林果产业的区域化布局、基地化生产、集约化经营。涉县抓住国家实施退耕还林契机，大力发展核桃产业，总规模达到47.3万亩。实施巩固退耕还林项目，对老品种进行嫁接改造，提质增效。全县形成了6个万亩方、20个千亩片的示范基地，培育了8个核桃专业乡、100个重点核桃专业村，带动全县核桃生产向规模化、集约化、标准化方向发展。2018年，涉县核桃产量达到1.9万 t，产值近5亿元。核桃产业已经成为当地农村的支柱产业。

林果产业蓬勃发展。据统计，2020年全省林草总产值1405亿元，较2000年增长了15倍。工程区涉林工商企业发展到9200多个，木材及产品经营单位达到7979家，建成果品专业批发（交易）市场175个，各种果品贮藏库223座，果品经纪人2.15万人。承德市积极发展果品深加工产业，延伸产业链条，形成企业+基地+农户的经营模式。培育了露露、怡达、缘天然等一批重点龙头企业。截至2020年，全市林果加工企业达356家，其中，国家、省、市级农业产业化龙头企业分别达2家、32家和90家，产值52.8亿元，林果业产业成为农民收入的重要来源和县域经济的重要支柱。

新兴产业方兴未艾。近年来，各地充分利用退耕还林还草成果，大力发展林果采摘、生态旅游、森林康养、冰雪旅游等新兴业态，建设了一批"生产、生态、生活"一体化经营、一二三产业融合发展的观光采摘园、森林休闲旅游园区。到2020年，其中，省级观光采摘园1000多个，每年以林果为主的农家乐、观光采摘、乡村旅游4169.7万人次，收入超过100亿元。

3. 坚持兴林富民，促进农民脱贫增收

河北省始终坚持兴林富民战略，通过宣传引导、技能培训、模式推广、示范带动，引导广大农户转变传统的"靠山吃山""土里刨食"的观念，提高退耕群众的务工技能，依托工程建设，着力发展特色种养业，不断拓宽群众增收致富渠道。

退耕还林工程涉及全省11个设区市、雄安新区、辛集市和定州市175个县（市、区、镇、牧场）的218万退耕农户800多万退耕农民，户均退耕4.4亩。工程累计发放退耕还林补助资金254亿，退耕农民户均直接受益11651元。累计培训退耕农民635.8万人次，有105.6万人次从农业耕作向其他行业转移，转移收入达21.12亿元。依托工程建设，营造各类林果基地750万亩，同时大力推广林草间作、林花间作，林禽种养等高效治理模式，实现以短养长。据河北省农业调查队资料显示，种植粮食收入占退耕农户家庭收入从58%降低至23%，不再是家庭收入的主要来源，林果收入和务工收入占比大幅提升。退耕还林彻底转变了农民的思想观念和生产经营方式，生态意识、绿色意识、环保意识显著增强。

围场满族蒙古族自治县累计实施退耕还林110.5万亩，全县有林地面积达到797万亩，人均有林地面积达到15亩、林木蓄积量达到52m^3，相当于每人在绿色银行存款万余元。该县四道沟乡，发展金红、黄太平等时令果品3.6万亩，年产果品6万t，产值7000万元以上，农民人均增收8000元以上。全乡靠林果年收入5万元以上的农户200多户，全乡贫困发生率由2000年的35.5%降低到0.6%，贫困人口较2000年减少了2906人。

围场满族蒙古族自治县成为全省众多县（市、区）通过退耕还林，实施多种经营，实现增收致富的一个缩影。

4. 坚持绿美结合，优化区域发展环境

在交通干线两侧、城镇周边、湖库周围、生态旅游区等重点区域，营造以旅游观光、休闲游憩、保健疗养为目标的生态景观林210万亩，突出"绿化、彩化、香化"效果。张家口、石家庄、承德、秦皇岛、保定、廊坊和唐山7市获得"国家森林城市"称号，廊坊、秦皇岛2市获得"全国绿化模范城

市"称号。张家口市作为全省退耕还林还草第一大市，2000—2015 年累计完成退耕还林任务 917 万亩（其中，退耕地还林 431.6 万亩），森林面积达到 2156.7 万亩，绿化美化水平显著提高；拥有省级以上湿地公园 14 个、省级以上自然保护区 3 个、省级以上森林公园 22 处；空气质量连续 3 年排名全省第一。张家口市以其优美的环境，适宜的气候，携手北京承办 2022 年冬季奥运会，带动张家口滑雪产业蓬勃兴起；吸引阿里巴巴等科技公司在张北县建设"云计算"产业基地，形成"北方硅谷"，入驻企业 32 家，服务器累计达到 22 万台，居全国前列，张北县跻身"全国首批大数据产业国家新型工业化产业示范基地"。廊坊市依托工程建设实施生态廊道绿化、重要交通节点绿化、村庄绿化、城镇绿化等十大重点绿化工程，全市森林覆盖率已达 30.7%；优美的生态景观已成为环京津城市群最具影响力的城市名片，为当地发展创造了良好的外部环境；以"世界 500 强企业"之内的华为、富士康、美国天河集团、澳大利亚 BHP 为首的 1000 多个知名企业在廊坊市投资办厂。"环境也是生产力"正在生态建设中悄然实现。

5. 坚持共建共享，生态文明理念深入人心

退耕还林还草作为世界最大的生态建设工程，从启动之初就引起了社会各界的广泛关注。河北省工程建设范围累计覆盖了全省 164 个县（市、区），工程区面积占到全省总面积的 87.4%，2020 年区域总人口近 5200 万人。2000 年至今，20 年工程建设，20 年生态治理，走出了一条生态文明建设之路，工程建设已经成为生态文化的"宣传员"和生态意识的"播种机"，将绿色发展理念厚植于全省各个层面之中。河北省委、省政府把加快造林绿化作为推动京津冀协同发展、实现河北"绿色崛起"的基础工作来抓，要求各地各级党委政府牢固树立"保护生态环境就是保护生产力，改善生态环境就是发展生产力"的理念，统筹推进"五位一体"中国特色社会主义事业。项目区民众在受益于工程建设的同时，对人与自然和谐发展规律，对生产发展、生活富裕、生态良好的文明发展道路，有了更深刻、更理性的认识。全省广大干部群众积极参与工程建设，实现生态建设共建共享，生态意识、绿色意识显著增强，加强生态建设、保护生态环境已成为全社会的广泛共识，生态文明理念深入人心。

四、问题与对策

1. 存在问题

自退耕还林工程实施以来，工程建设取得了显著成效，积累了一定经验，但也面临着一些困难和问题，影响和制约了工程发展。

一是补助标准偏低，且陆续到期。前一轮退耕还林补助政策是在1999年试点期间制定的，随着经济社会的发展以及国家农业政策的调整，不仅取消了农业税，而且种粮直补等惠农政策逐年加大，加上退耕还林2000—2006年第二周期对退耕农户的现金补助标准从160元/亩降为90元/亩，与逐年提高的地力补贴和生态建设项目（地下水压采项目补助4500元/亩，河北省张家口市及承德坝上地区造林项目投资2600元/亩）亩均投资相比差距较大，退耕农户土地收益明显偏低，加上补助到期后没有补助，退耕还林优势明显下降，严重影响了退耕还林成果巩固。

二是退耕还林合同对退耕农户约束内容不足，人为破坏、管护松懈等原因都影响成果巩固。随着补助资金到期，粮食、蔬菜、土地流转价格上涨，退耕还林地存在一定复耕风险。退耕还林周期较长，土地承包费用连年上涨。土地承包合同到期后，由于退耕补助低，部分退耕农户无法承担上涨后的土地承包费，合同到期后无力继续承包实施退耕还林工程，影响工程建设成果巩固。

三是随着建设周期的持续延长，洪水和干旱灾害时有发生，对巩固工程建设成果造成了一定影响。同时，随着区域经济社会发展，国家重点工程建设和地方建设项目不可避免地要占用部分退耕还林地，但因缺少政策遵循，对巩固成果造成影响。

2. 建议

退耕还林还草工程建设由大规模治理向治理与巩固成果并重转变，必须坚持巩固成果、质量第一、效益优先，以高质量发展引领工程整体建设的转型升级。

一要严格依法管护。按照《中华人民共和国森林法》《中华人民共和国退耕还林条例》等法律法规的有关规定，依法查处、严厉打击破坏生态建设成果的行为。按照"责权统一"的要求，采取乡村集体组织专业护林队，退耕农户自发组织护林队、林业部门综合管护等方式加强退耕地管护。进一步完善退耕还林政策、措施，制定统一政策，对因灾害损失而自然消减及因承包合同到期的退耕地允许村集体统一管理，对征占用退耕还林地、破坏退耕还林成果等事项由相关执法部门统一管理，依法依规严格保护退耕还林成果。

二要加强森林经营。对栽植的经济林和兼用林，重点实施嫁接改造和改劣换优，在有条件的地区修建蓄水池、集雨水窖，配建滴灌等小型水利设施建设，为提质增效打好基础。对生态林重点实施森林质量精准提升战略，加强森林抚育和补植补造，适当间伐疏伐，确保合理密度。推广"引针入阔""引乔入灌"，全面提升林分质量。加强森林病虫害和火灾防治，力争造一片、成一片、保存一片。

三要强化科技支撑。成立项目专家咨询委员会，就规划编制、政策机制、关键技术等重点领域开展咨询建议。重点加强对县、乡两级林业管理、技术人员和林农的培训，真正把工程建设转移到依靠科技进步和提高劳动者素质的轨道上来。

四要着力推进生态富民。始终把人民群众的根本利益作为出发点和落脚点，推进工程建设与乡村振兴深度融合，实现生态建设与民生改善协调发展。充分利用工程建设培育的林果资源，有序发展名优果品，推行林果基地规模化建设、集约化经营、标准化生产，提升产品的市场竞争力；积极发展林下经济，建立以短养长、综合高效的立体复合经营模式；拓展林果产业的生态景观和休闲观光功能，建设一批集"生产、生态、生活、休闲"于一体的林果观光基地，加速构建特色突出、优势明显，一二三产业融合发展的现代林果产业体系。

五要着重推进政策扶持。在天然林资源保护、生态公益林管护和护林防火等资源管护用工中，优先聘用当地有劳动能力的退耕农户；在林业生态建设工程中优先安排退耕贫困人口参与工程建设；加大对退耕农户的专业技能培训，扶持新的就业门路和技能，增加退耕户收入。建立与粮食直补等农业优惠政策相平衡的动态调整机制，即退耕农户以相同标准享受粮食直补，不降低退耕户在享受国家补助方面的比较收益，以消除国家实施农业优惠政策对退耕还林带来的冲击，切实巩固好来之不易的退耕还林成果。

第三节 京津风沙源治理工程

一、工程概况

2000年春天，华北地区连续发生了多次严重沙尘暴或浮尘天气，国务院原总理朱镕基考察了河北和内蒙古等沙化严重地区，做出了"治沙止漠刻不容缓，绿色屏障势在必建"的重要指示。国家紧急启动《环北京地区防沙治沙工程规划》试点工程。2002年，国务院批准了《京津风沙源治理工程规划

(2001—2010年)》。

根据国家规划，河北省发展和改革委员会组织省林业厅、农业厅、水利厅编制了《河北省京津风沙源治理工程实施规划(2001—2010年)》。规划建设总任务6836万亩，总投资208.4亿元。2010年，根据工程实施进度，国家决定将京津风沙源治理一期工程延长至2012年。

2013年，国家发展和改革委员会、林业局、水利部、农业部印发了《京津风沙源治理工程规划(2013—2022年)》，开始实施京津风沙源治理二期工程。河北省京津风沙源治理二期工程规划总任务4265万亩，总投资148.95亿元。

河北省京津风沙源工程区总面积763.3万hm^2，人口841万人。工程区是全省沙化土地面积最集中、对京津环境影响最大的区域，区域沙化总面积128.6万hm^2，占全省沙化土地面积的61.1%。其中，中度以上沙化土地面积225万亩，占全省的73.7%。特别是坝上地区，北接浑善达克沙地，属农牧交错带，处于京津上风上水地，平均海拔1000米以上，气候干旱，风多风大，林草植被较少，是京津主要沙尘源地和风沙通道，也是河北省防沙治沙重点工程区。

二、工程实施情况

1. 规划范围

一期工程规划范围为承德、张家口2市24个县(区)。二期工程增加了承德市、张家口市的4个县(区)，实施范围包括承德市、张家口市域内的塞罕坝、御道口等10个省市直管处级单位(表2-6)。

表2-6 河北省京津风沙源治理二期工程区范围

	建设单位	总面积(万hm^2)
承德市	承德县、丰宁满族自治县、围场满族蒙古族自治县、滦平县、隆化县、平泉市、宽城满族自治县、兴隆县、双桥区、双滦区、营子区、御道口牧场管理区、千松坝林场	373.4
张家口市	康保县、崇礼区、万全区、赤城县、沽源县、尚义县、张北县、宣化县、怀安县、怀来县、涿鹿县、阳原县、蔚县、下花园区、宣化区、桥东区、桥西区、察北管理区、塞北管理区、苏鲁滩牧场、塞北林场	365.8

（续）

建设单位		总面积(万 hm²)
省直属单位	河北省塞罕坝机械林场、河北省木兰围场国有林场、雾灵山国家级自然保护区、小五台国家级自然保护区	24.1
总计	28个县(区)、10个省市直管处级单位	763.3

2. 规划任务与投资

根据《河北省京津风沙源治理工程实施规划(2001—2010年)》，一期工程规划总任务6836万亩，总投资208.4亿元。其中，林业建设4048.5万亩(退耕地造林任务861.3万亩、匹配荒山造林861.3万亩，人工造林285.1万亩，飞播造林683万亩，封山育林675万亩，农田林网161.8万亩)，投资148.1亿元；草地治理1875万亩(人工种草675万亩，飞播牧草162万亩，围栏封育草场771万亩，草种基地16.5万亩，基本草场建设250.5万亩；圈舍160万 m² 饲料机械12600套)，投资33.1亿元；小流域综合治理面积6084km²，水源工程4680处，节水灌溉工程20120处，投资14.7亿元；生态移民8万人，投资4亿元；其他费用8.5亿元。

2013年，开始启动实施京津风沙源治理二期工程。根据《河北省京津风沙源治理二期工程规划(2013—2022年)》，规划建设总任务4265万亩，其中，林草植被保护2188.4万亩(现有林管护1477.8万亩、禁牧197.6万亩、围栏封育513万亩)，投资14.6亿元；林业建设1205万亩(人工造林874万亩，封山育林304万亩，工程固沙27万亩)，投资60.72亿元；草地治理300.8万亩(人工饲草基地228.3万亩、草种基地6万亩、飞播牧草66.5万亩，暖棚600万 m²、饲料机械16万台(套)、青贮窖280万 m³、储草棚92万 m²)，投资26.08亿元；小流域综合治理3800km²、水源工程2.29万处、节水灌溉工程1.38万处，投资33.55亿元；生态移民搬迁7万人，投资14亿元。

2019年，为加大张家口市和承德市坝上地区生态建设力度，根据李克强总理指示精神，国家发展和改革委员会、国家林业和草原局组织编制了《张家口和承德坝上地区植树造林工作方案(2019—2022年)》，规划任务209.5万亩，其中，人工造林100万亩，森林质量精准提升109.5万亩。规划范围包括张家口市19个县(区)和承德市丰宁、围场2个县，项目总投资34.86亿元，其中，中央预算内投资定额补助20.95亿元，北京市安排5.23亿元，河北省负责安排8.68亿元。

3. 建设任务与投资完成情况

一期工程：2001—2012年，共完成建设任务5718万亩，完成投资182.84亿元。其中，林业建设3461万亩（退耕还林662万亩；匹配荒山荒地造林810万亩，人工造林620万亩，飞播造林538万亩，封山育林831万亩），完成投资134.03亿元；草地治理1477万亩（其中，人工种草170万亩，飞播牧草80万亩，围栏封育981万亩，基本草场227万亩，草种基地19万亩），圈舍建设477万 m^2，饲料机械45900台（套），完成投资33.5亿元；小流域治理5203km^2，水源工程及节水工程31066处，完成投资13.51亿元；生态移民36000人，完成投资1.8亿元。

二期工程：截至2020年年底，河北省京津风沙源治理二期工程共完成建设任务721.48万亩，完成投资32.78亿元，其中，林业建设379.48万亩（人工造林238.58万亩，封山育林139.7万亩，工程固沙1.2万亩），完成投资13.28亿元；草地治理（人工饲草基地、草种基地、飞播牧草及围栏封育）135.6万亩，暖棚333万 m^2，饲料机械18650台（套），青贮窖94万 m^3，储草棚92万 m^2，完成投资10.12亿元；小流域综合治理1376km^2，水源工程5693万处，节水灌溉工程6278万处，完成投资9.38亿元。

截至2021年，提前一年完成《张家口和承德坝上地区植树造林工作方案（2019—2022年）》规划的209.5万亩建设任务，完成投资34.86亿元。

三、工程建设与管理

1. 加强组织领导

河北省委、省政府从政治、全局和战略的高度，把京津风沙源治理工程建设作为重大的政治任务、历史责任和发展机遇，将其放在改善生态环境、促进农民增收、实现区域经济社会可持续发展的战略地位来抓。2017年12月，省委书记王东峰在张家口市调研时强调"建设好首都水源涵养功能区和生态环境支撑区，是习近平总书记视察张家口提出的明确要求，也是为京津冀协同发展，为雄安新区的规划建设应当作出的重大贡献，是我们的历史责任。"加强组织领导，明确建设责任。一是成立领导小组。省政府成立了由发展和改革、财政、林业、水利、畜牧等部门组成的工程建设领导小组，省政府主管副省长任组长，建立京津风沙源治理工程协调联席会议制度，并下设办公室，负责全省工程管理日常工作。有关市、县均成立了相应的工程建设领导小组，保证了工程建设的健康发展。二是积极谋划部署。多年来，省委、省政府先后多次召开专门会议，对工程建设进行安排部署，确保了全面完成工程建设任务。三是逐级签订责任状。省、市、县、乡四级政府逐级签订责任状，明确各级政府主要领导为工程建设第一责任人，分管领导为直接责任人，分解落实责任，明确奖惩，把工程建设的目标责任落到了实处。

2. 创新机制模式

一是创新造林机制。各地按照"市场化运作、公司化经营"模式，探索总结出租地造林、合作造林、社会造林、承包造林等10多种造林模式。二是创新融资模式。坚持"政府引导、社会参与、市场运作、资金整合、各方联创"建设原则，在利用贷款、企业和个体投资、社会捐资和碳汇融资等资金筹集的基础上，探索政府购买绿化成果以及政府和社会资本合作（PPP）等多元化投融资机制，完善激励政策，形成多渠道、多层次、多元化的筹资建设格局。三是创新管护机制。按照"谁建设、谁管理、谁受益"的原则，继续实行施工单位管护、造林业主管护和护林员管护模式，探索市、县、乡、村四级生态资源长效管护体系，实现资源、资产和收益一体化。

3. 抓好重点工程建设

按照"新旧对接、集中连片、综合治理"的建设思路，布局建设坝上及沿坝防风固沙防护林区、坝下浅山丘陵水保经济林区和燕山山地水源涵养林区。张家口市根据2022年冬季奥运会（简称冬奥会）生态建设需求，自我加压，3年完成全域造林绿化900万亩，全市林木绿化率达到50%，建成1万~5万亩集中连片工程区26处，5万~10万亩集中连片工程区4处，10万亩以上集中连片工程区2处，其中，崇礼区打造出冬奥会赛区周边60万亩集中连片工程区，万全区打造出接坝山地25万亩集中连片工程区。承德市新老工程集中连片上规模，建成了"围场石人梁""丰宁小坝子""隆化青云山""平泉金鸡岭""滦平四福岭"等一批精品工程，起到了较好的示范带动作用。

4. 加大科技支撑力度

一是大力推广以容器苗为主的抗旱造林综合技术。针对张家口和承德地区降水少，造林地干旱少雨、土层瘠薄的立地条件，工程区全面推广容器苗，荒山造林容器苗使用率达到88%以上。综合应用生根粉、保水剂、集水整地、地膜覆盖、种子包衣、郝氏造林法等抗旱适用技术和起苗、整地机械等新机具，提高了建设质量和生产效率。承德市在潮河、小滦河等重点流域绿化中，全部使用大规格容器苗造林，做到了一次造林一次成林。二是总结推广了林草（药）结合、封造结合等20多种高效治理模式，做到了生态、经济和社会效益兼顾。三是加强技术培训。每年都举办省、市、县各级培训班，邀请国内有关政策、管理和技术专家对工程建设的工程管理、技术规范等进行系统培训，提高了工程管理和技术人员政策业务水平。

5. 大力发展后续产业

坚持"政府要绿，群众要利"，把生态改善与产业发展紧密结合起来，积极发展特色产业。重点发展了以特色种植、养殖业为主的第一产业，大力发展了以林副产品、草畜产品精深加工为主的第二产业，积极发展了以森林、草原、湿地旅游为主的第三产业。省政府制定下发了《河北省人民政府关于大力实施龙头工程加快农业产业化经营的意见》等文件。承德市政府先后下发了《关于加快经济林产业发展的决定》《关于加快推进百万亩经济林建设实施方案的通知》《关于做大做强山杏产业的意见》等文件。张家口市相继出台了《关于加快林业产业发展的实施意见》《关于加快发展林下经济的指导意见》《关于扶持推进葡萄产业发展的意见》《关于扶持推进葡萄产业上档升级的意见》等一系列文件，工程区后续产业得到较快发展。

四、建设成效

1. 改善了区域生态环境

2009年第四次全国沙化和荒漠化监测结果显示，与2004年相比，河北省沙化和荒漠化土地分别减少417.3万亩和270.3万亩，减少面积分别位居全国第一位和第二位。2014年第五次全国沙化和荒漠化监测结果显示，河北省沙化土地和荒漠化土地面积再次实现双减少。5年内沙化和荒漠化土地分别减少32.8万亩、173.5万亩，年平均分别减少6.6万亩、34.7万亩。2019年第六次全国沙化和荒漠化监测结果显示，河北省沙化土地总面积为3001.4万亩，与上期相比，5年间减少了153.7万亩，年平均减少30.7万亩。荒漠化土地2580.7万亩，比第五次监测减少454.8万亩，年平均减少91万亩。2004—2019年15年间，河北省沙化土地减少603.8万亩，荒漠化土地减少898.6万亩，成为全国防沙治沙成效最突出的省份之一。张家口和承德两市空气质量、水土流失、水库水质明显好转，已经由沙尘暴加强区变为阻滞区。环保部发布的2017年全国空气质量状况报告显示，张家口市在全国74个监测城市排名第七位，在长江以北37个监测城市排名第一，在"16座'洗肺'城市"榜单中排名第九位。承德市森林覆盖率达到56.7%，居全省首位，被誉为"华北绿肺"。2019年，承德市区空气质量达标天数为308天，市区PM$_{2.5}$浓度年均值为29.3μg/m³，空气质量始终保持在京津冀城市前列。

2. 带动了区域经济发展

依托工程建设，大力发展了特色林果、生态旅游、错季蔬菜、食用菌等产业，拓宽了农民增收致富门路。一是林果产业不断壮大。2020年，张家口市干鲜果品基地面积达到458.3万亩，总产量达到88万t，林果产业总产值达到139.7亿元，其中，果品产值64.8亿元，林果企业200多家，林果产业覆盖全市200多万人口，对农民收入的贡献率达到20%以上。承德市大力发展苹果、山楂、仁用杏、板栗、食用菌、桑蚕、中药等区域特色产业原料基地，经济林面积发展到979.3万亩，果品年产量166.8万t。承德市的苹果、兴隆县的果品、宽城满族自治县的板栗、平泉市的食用菌、丰宁满族自治县和围场满族蒙古族自治县的山杏等产业已经逐渐形成规模，带动了群众脱贫致富。二是促进了畜牧业转型升级。《全国草原监测报告》（2019年）监测结果显示，河北省2009—2019年草原生物量整体呈产量逐步上升趋势。2019年，河北省草原鲜草总产量2685.4万t，干草产量834.0万t，较第四次荒漠化监测分别提高20.70%、20.85%。通过牲畜棚圈、饲草基地等配套建设，转变了畜牧业发展方式，标准化生产和适度规模经营水平不断提升，肉牛、肉羊和奶牛规模养殖比例分别达到51.1%、58.2%和100%，实现了天然放牧向舍饲、半舍饲转变，做到了禁牧不禁养，减畜不减收。第三，森林旅游快速发展。春赏花、夏避暑、秋观景、冬滑雪成为张家口市、承德市的旅游招牌。张家口市旅游相关从业人员达10万多人，近年来每年到草原天路旅游的人数超过100万人次。

3. 促进了人与自然和谐发展

工程实施至今，工程区林草资源不断增加，生态环境显著改善，生物多样性得到有效保护。根据高尚玉等（2012）研究，承德市可持续发展指数从2001年的62.0%提高到2021年的85.1%，资源环境子系统对可持续发展指数增长贡献率达到28.7%；张家口市可持续发展指数由2001年的57.1%提高到2010年的75.4%，资源环境子系统对可持续发展指数增长的贡献率达到27.9%。区域经济社会可持续发展指数显著提高，工程建设对区域经济发展作出重要贡献。社会各界生态保护意识不断增强，人民群众从生态改善得到的获得感、幸福感显著增加，越来越多的企业积极参与工程建设。农牧民的生产生活方式发生较大改变，种植业逐步由大田漫灌向节水高效的方向调整，养殖业基本由散养放牧转变为舍饲圈养。国家"十一五""十二五""十三五"防沙治沙省级政府目标责任考核结果中，河北省连续 3 次因被评为考核工作突出省份而受到表彰。

五、主要问题

1. 治理成果尚不稳定

工程建设虽然取得了阶段性成果，但受工程区干旱少雨、土层瘠薄、自然条件差等因素制约，大面积幼林和未成林地仍处于恢复阶段，群落稳定性比较差，恢复到稳定状态需要较长的时间，生态状况依然脆弱。滥放牧、滥开垦等行为在部分地区仍有不同程度的存在，补植补造和病虫害防治任务较重。加强抚育管护、实施封山禁牧、巩固工程建设成果任重道远。

2. 治理难度越来越大

随着工程推进，立地条件相对较好的地块已经得到治理，剩余多是干旱瘠薄等立地条件较差的地块，治理难度越来越大，治理任务非常艰巨。

3. 投资标准偏低

近年来，随着社会经济的发展，用工劳务费大幅上涨，同时，工程建设进入"啃骨头"阶段，治理难度越来越大，造林绿化成本不断提高，现行投资补助标准明显偏低。

第四节　太行山绿化工程

一、工程概况

太行山区纵跨北京、河北、山西、河南 4 省（直辖市），在水源涵养、水土保持与生物多样性维护等方面具有重要的生态功能，生态地位极其重要，由于自然条件变化及人为破坏，太行山植被不断减少，水土流失等问题日益显著，严重影响区域生态安全，制约了当地经济社会的发展。1983 年，时任中共中央总书记胡耀邦作出了要加速太行山绿化，使太行山"黄龙"变"绿龙"的重要指示。1984 年 12 月，原国家计划委员会批准实施《太行山绿化总体规划》。1987 年，国家启动了太行山绿化试点工程，1994 年，太行山绿化工程全面实施。目前，太行山绿化工程已进行了 3 期。太行山绿化 3 期工程涉及 4 省（直辖市）78 县（市、区）。

太行山脉纵贯河北省西部，处在华北平原的上风口，位于海河流域上游，是华北平原和京津地区的重要水源地和天然屏障，也是重要经济林果产区，地理区位特殊，生态地位重要，实施太行山绿化工程意义重大。

太行山区地势西高东低，阶梯状依次排列分布着中山、低山丘陵和冲积平原3个地貌单元，也称深山远山区、低山丘陵区和平原区。深山远山区海拔800m以上，山体陡峻，坡度多在25°以上，面积约2400万亩，占太行山区面积的40%左右。该区以花岗岩、片麻岩为主，降水较多，土壤多样，适宜油松、侧柏、蒙古栎、刺槐、毛黄栌等多种防护用材林木的生长。低山丘陵地带，海拔800m以下，降水较少，面积约2700万亩，占太行山区面积的45%左右。低山和丘陵交错分布，低山以石灰岩为主，植被稀少，土层瘠薄，水土流失严重，是裸岩和土层厚度不足30cm的宜林地主要分布区，适宜树种较少，主要有耐干旱、瘠薄的侧柏、毛黄栌等树种；丘陵以片麻岩为主，荒坡地势平缓，土层瘠薄。该区域有大量的坡耕地、次耕地，适合苹果、核桃、板栗、枣树、桃树等多种经济树木的栽培。冲积平原位于河北平原的西部边缘，面积约900万亩，占总面积的15%左右，土壤肥沃，以粮食生产为主。

河北省太行山绿化工程范围包括石家庄、保定、邢台、邯郸等4市24个县(市、区)。1994—2000年，实施了太行山绿化一期工程，完成造林绿化615万亩；2001—2010年，实施了太行山绿化二期工程，完成造林绿化686万亩；2011—2020年，实施太行山绿化三期工程，已完成造林绿化294.9万亩。

二、建设成效

1986年河北省开始实施太行山绿化工程以来，太行山区造林绿化取得了巨大成绩。经过多年努力，森林覆盖率由工程实施前的13.1%提高到2020年的28.1%，森林面积由786万亩增加到1686万亩，涌现出了涉县、邢台县、内丘县、赞皇县、平山县、阜平县、易县等一大批"全国造林绿化先进县""中国名特优经济林之乡"等林业先进典型，太行山区生态功能逐步增强。已建立五岳寨、洺河源、前南峪、驼梁、天生桥等地区的30多个国家和省级森林公园，昔日的荒山沟壑变成了绿水青山，生态产品供给能力逐步加强。森林碳汇、水源涵养、水土保持等生态功能得到提升。据测算，2020年太行山区现有森林每年可吸收二氧化碳256.2万t，有效减少水土流失面积1.5万 km²，减少土壤流失总量1100万 t，800多万亩的耕地得到有效保护。经济效益日益凸显，形成了红枣、核桃和苹果等一批规模大、效益高、品牌亮的特色果品产业带和产业集群。顺平县发展林果32.8万亩，果品年产量3650万 t，实现产值9.6亿元，占农业总产值的33.8%，有18个村靠林果人均年收入达到11000元，67个村达到6000元以上。

三、经验做法

一是行政推动。多年来，省委、省政府把加快太行山绿化作为改善当地生态环境、增强区域生态功能、促进农民增收致富、维护区域生态安全的最主要措施来抓，制定出台了《河北省太行山绿化规划》《太行山绿化三年攻坚实施方案（2016—2018）》。2019年11月，河北省人民代表大会常务委员会通过了《关于加强太行山燕山绿化的决定》，在法制层面进一步保障了太行山绿化等重点生态工程建设，有力推动了造林绿化工作开展。

二是科学造林。多年来，太行山绿化针对不同立地条件，大力推广爆破、鱼鳞坑、水平沟、石坝梯田等集水整地方式，使用生根粉、地膜覆盖、种子包衣、容器育苗等抗旱造林技术，取得了明显成效。2010年起，涉县在周边西岗山的裸岩区开展造林绿化，采取遇石凿缝、引水上山、客土造林等措施，完成造林9000多亩，成活率达到98%以上，且树木长势良好。邢台县在容器苗造林技术基础上，进一步创新探索，总结了一套适宜干旱区域的造林实用技术——"郝式造林法"，有效解决了气候干旱、土层瘠薄、蓄水能力差等制约造林绿化的关键问题，成活率达到95%以上，实现了一次造林一次成功。2016年，专门在邢台市召开了全省造林新技术新模式现场推进会，学习推广了"郝氏造林法"。

三是"绿""富"结合。根据树种特性，利用太行山山场面积大、坡（次）耕地多、土地资源相对丰富等优势，把造林绿化与农民增收相结合，因地制宜发展名优新经济林，实现了生态建设与农民增收的双赢。

四是创新机制。全面落实"谁造林、谁所有，谁经营、谁受益"政策，全力推进集体林权制度改革，吸引了社会力量参与造林绿化。目前，正在积极探索集体林权"三权分置"制度，推进荒山荒地规模化流转，吸引社会力量投入太行山绿化。武安市加快土地流转步伐，全市现已推进成立655家造林企业、大户，承包山场面积达92万亩。

四、问题与对策

1. 存在的主要问题

(1) 绿化难度越来越大

经过多年努力，太行山区基础条件相对较好的宜林地已基本完成绿化，目前剩下的大都是造林绿化难啃的"硬骨头"，太行山绿化进入攻坚阶段。深山远山区，交通不便，人工造林难度大、成本高；浅山丘陵区，多是干旱阳坡，其中，石灰岩地区坡度陡、裸岩多、蓄水能力差，片麻岩地区土层薄、植被少、营养贫瘠、开发成本高，均存在造林成活难、保存难的问题。加之，降水少、干旱严重、水利设施严重不足，绿化难度越来越大。

(2) 资金投入严重不足

据测算，太行山区生态林的人工造林成本平均约3000元/亩左右。河北省太行山区林业重点工程中央和省级以上投资补助标准约500元/亩左右，多数市、县财政没有能力筹措资金按照造林成本进行补助，造林资金严重不足直接影响了造林质量、成活率、保存率。资金问题是太行山绿化的最大瓶颈。

(3) 工程建设经济效益不明显

树木从育苗、栽植，直至经济林挂果、用材林成材，少则四五年，多则几十年，甚至上百年，林业周期长、见效慢、比较效益低的自然特点影响群众的积极性。造林绿化包括整地、栽植、浇水、抚育、管护等各个环节，需要经历1~3个生长季，这种环节多、造林周期长的特点也影响群众积极性。特别是在目前，太行山绿化攻坚范围主要集中在低山丘陵区域以石灰岩基岩为主的光山秃岭。这些区域只能栽植以侧柏为主的防护林，发挥涵养水源、保持水土的防护功能，基本没有经济效益，直接影响群众积极性。

2. 对策

(1) 加大财政资金投入

目前情况下，在浅山丘陵区荒山荒地，只能营造侧柏、毛黄栌等生态防护林，应以政府投入为主。建议在积极争取国家项目支持和社会资金投入的基础上，各级政府要把浅山丘陵区荒山荒地造林绿化作为今后一段时期的主攻点，逐年增加资金投入，纳入年度财政预算，直至全部绿化。

(2) 强化科技支撑

整合现有科研力量，组建专家服务团队，每年拿出一定数量的资金，推进困难立地条件造林绿化技术攻关。同时，认真总结生根粉、地膜覆盖、种子包衣等造林绿化的成功经验，大力推广轻基质容器苗造林、"郝氏造林法"等抗旱造林实用技术，确保造林质量。

(3) 创新财政投入方式

建议在用途不变的情况下，加快建立造林成效与资金分配挂钩的激励约束机制。对重点区域，鼓励各级政府通过购买造林成果的方式，汇聚社会力量参与太行山绿化；或采用统一流转土地，专业化公司进行规模化造林，确保造林成效。要发挥省级财政资金在太行山绿化建设中的示范作用，对营造生态防护林为主的现代林业园区、林业龙头企业、造林大户等造林主体，采取"以奖代补""先造后补"等形式进行重点补贴，激励各类社会主体参与太行山绿化；同时，按照造林成本，实行专业队、工程化造林，引导太行山区造林绿化高质量建设。

(4) 加强抚育管护

认真执行《河北省封山育林条例》，强化封山育林措施，对新造林地进行抚育和封山禁牧。达到成林标准，经林业部门验收合格后，分期纳入公益林补偿范围，确保栽得上、保得住、能成林。

第五节 沿海防护林体系建设工程

党中央、国务院高度重视沿海防护林体系工程建设，二十世纪八十年代，邓小平、万里等中央领导同志先后就沿海防护林体系建设作出过重要指示。1988年，原国家发展计划委员会批复了《全国沿海防护林体系建设总体规划》，在全国沿海11个省(自治区、直辖市)的195个县(市、区)实施。

一、工程规划和实施情况

河北省沿海防护林体系建设工程实施以来，截至2004年年底，一期和二期工程完成造林绿化126.4万亩。2008年，启动实施《河北省沿海防护林体系建设工程规划(2006—2015)》，截至2015年年底，累计完成工程造林496.8万亩。2017年，河北省按照国家林业局、国家发展和改革委员会印发的《全国沿海防护林体系建设工程规划(2016—2025)》组织实施沿海防护林工程，截至2020年年底，完成工程造林98.8万亩。累计完成沿海防护林工程722万亩。

二、工程建设与管理

1. 科学规划，明确目标，坚定发展信心

1991年至今，国家相继出台了《全国沿海防护林体系建设工程规划》4期文件。河北省认真贯彻落实规划要求，提出了"以新视角审视沿海防护林工程，以新举措推动工程建设进程"的新思路，强调沿海防护林工程建设要做到"四个坚持"，即建设基干林带，坚持生态优先；发展纵深防护林，坚持统筹兼顾；改造低质低效林，坚持利民为主；维护生物多样性，坚持保护为重。

2. 加强领导，落实责任，加大行政推动力度

河北省始终把沿海防护林体系建设作为改善沿海地区生态状况、美化人居环境的重要内容，加强领导，加大行政推动力度。一是成立机构。省和沿海市（县）成立了沿海防护林建设办公室，切实加强对沿海防护林建设的领导。二是建立和落实领导干部造林目标责任制。各级领导一级抓一级，层层抓落实。实行县、乡领导干部包村、包路、包方、包段，明确任务、明确奖惩。三是强化督导和检查。组织专业人员对工程建设情况进行专项检查，并把检查结果作为安排项目县工程任务的重要依据，对管理措施好、建设质量好的工程县实行任务倾斜，对工程建设质量差的工程县进行调控。

3. 广筹资金，加强扶持，创造良好发展条件

河北省坚持以国家补助为主、群众投工投劳为辅、多方筹措资金的建设方针，向上积极争取，横向多方协调，采取国家补一点、地方配一点、群众拿一点的办法，多渠道、多层次筹措建设资金。一是争取各级财政支持。每年沿海各级政府都安排财政资金用于海防林建设。二是整合部门投资。由政府协调，将农业开发、水利、交通、城建等部门的绿化资金捆绑使用。三是鼓励、支持企业和个人投资林业建设。

4. 改革创新，活化机制，调动群众积极性

盘活土地流转，使群众成为投资主体、经营主体和受益主体。一是通过机动地调整，调出林地，没有机动地的实行反租倒包。二是村栽户管，村户联合造林。村里将土地、树苗、工时一次投资到位，户栽户管，收益村户分成。三是把造林绿化和管理采伐分为2个阶段承包。第一阶段由农户按统一规划完成造林，保栽保活，2年后检查验收；第二阶段为管护承包，重新招标，30年不变，收益按比例分成。四是拍卖宜林地使用权，"谁栽谁有"可以继承、转让，盘活宜林地资源，促进绿化工作的开展。

5. 依靠科技，强化支撑，确保造林成效

一是科学选择造林树种。针对滨海黏土盐碱的特点，引进具有一定经济价值或生态价值的耐盐碱植物资源，筛选出适应能力和抗盐碱能力强，经济价值或生态价值较高的品种类型进行深度开发。对已引进的红柳、千头椿、香花槐等41类耐盐碱植物积极进行实验示范，扩大栽培区域，培育耐盐碱植物新品种。二是推广盐碱地造林技术。启动了沿海盐碱地容器苗造林研究和试点。对中度盐碱地采取台条、田条治理模式，降低盐碱含量；对重盐碱区，实施"高筑埝，修台田，降水位，淋盐碱"、雨季前挖坑换土、局部改良土壤等综合工程措施，提高造林成效。重点和难点地段全部使用保水剂、生根粉，有条件的地方全部进行地膜覆盖，防止水分蒸发，提高了造林成效。三是大力推广乡土树种和灌木林。遵循自然规律和经济规律，因地制宜，选择适宜沿海生长的椿树、榆树、沙枣、柽柳等乡土树种造林，提高造林成效。

6. 科学管理，打造精品，提高工作水平

牢固树立质量第一的观念，把提高造林质量，贯穿于沿海防护林工程建设的全过程，确保工程建设成效。一是制定和实施了《河北省沿海防护林体系建设工程管理办法（试行）》，明确工程管理的具体要求，坚持高标准设计、高质量植树，造管并重，努力打造精品和亮点。二是树立"七分造三分管"的科学理念，用科学思维指导造林实践。在具体造林工作中，通过优良树种选择和配置，合理确定造林密度，科学设计造林模式，真正做好造林环节的各项工作，实现一次造林一次成功，最终达到"造得活、长得好、长得快、效益高"的目的。三是科学栽植。在造林过程中，做到"三大""四快"，把好"五关"，即"挖大坑、选大苗、浇大水""快起苗、快运苗、快栽植、快浇水"，把好"设计关、整地关、种苗关、栽植关和管护关"。四是严格检查验收。建立省对市、市对县、县对乡村三级检查验收制度，省、市级检查侧重了解、掌握宏观情况，县级检查验收主要为兑现资金分配政策提供依据。

三、建设成效

河北省通过加强领导、活化机制、增加投入等多种措施，进一步加快了沿海防护林体系建设工程的步伐，截至2020年年底，累计完成工程造林722

万亩，初步形成了比较完备的沿海生态防护屏障，取得了5个显著成效：一是改善了区域生态环境，为农业生产提供了绿色屏障。据宋兆民(1990)研究表明，农田林网控制区较空旷无林区的相对湿度提高20%，减少地表蒸发30%，增加土壤含水量20%~30%，降低风速30%~40%。完善的农田林网使农作物在现有基础上增产15%~20%。二是加快了林果基地建设步伐，为地方经济发展培育了新的增长点。沿海地区逐步建立起苹果、桃、杏、葡萄、金丝小枣、冬枣等经济林和以速生杨为主的用材林等林果基地，有力地推动了地方经济发展。三是促进了产业结构调整，为农民增收提供了一条新途径。沿海地区因地制宜，采取林粮、林果、林菜、林草间作等农林复合经营模式，促进了农村产业结构调整，增加了农民收入。四是推进了城乡绿化一体化，为发挥社会效益奠定了良好基础。一些经济较发达地区，造林绿化投入多、机制活、成效好，基本实现了农田林网化、城镇园林化、通道林荫化、庭院花果化，人与自然和谐相处，推动了生态文明建设。五是发挥了防灾减灾作用，为区域经济发展和社会稳定作出了积极贡献。据专家测定，通过建设以基干林带为基础、纵深林网为骨架、片林为基地的沿海防护林体系，能使农作物产量在现有基础上增产15%~20%，每亩增加收益100元以上，沿海地区仅农作物增产就可促进农民增收10.5亿元以上。

四、问题与对策

1. 存在问题

一是造林难度越来越大，投资不足的矛盾日益突出。滨海盐土、重盐碱、粗沙地块成为主要造林区，特别是淤泥质海岸林业自然区造林地段，造林前必须实施工程整地、抬高地面、淋洗盐碱等措施，才能保证造林成活率。

二是沿海防护林层次结构单一，与构建沿海灾害防御体系的总体要求不符。现有沿海防护林体系还不健全，特别是基干林带建设缓慢，出现断带、空档地段，抵御风暴潮等自然灾害的能力薄弱，不能发挥应有的生态作用。

三是生态用地和建设用地矛盾突出。沿海地区作为特殊区域，造林立地条件虽差，但土地使用价值很高，可谓"寸土寸金"，生态用地紧张。

2. 发展对策

（1）加强组织领导，切实加大各级政府的行政推动力度

各级增加海防林建设财政资金投入。将沿海防护林体系建设用地纳入本地土地编修计划，合理界定海防林建设用地，从政策层面保证海防林建设用

地的合法性。继续完善检查、通报等制度，通过加大奖惩力度，确保高标准完成年度任务。

（2）落实政策机制，充分调动广大群众参与的积极性

通过进一步深化林业产权制度改革，动员广大群众参与沿海防护林建设的积极性。鼓励大户承包、拍卖，吸引社会力量参与工程建设。加强宣传，进一步增强全社会的绿化意识和生态意识，引导广大干部、群众自觉地投身于造林绿化事业。加大政策支持力度，吸引各类投资主体投入沿海防护林建设。

（3）实施科技兴林，加快沿海防护林工程建设步伐

一是对泥质海岸盐碱地造林、沿海基干林带建设、低质低效林改造、优良树种的引种繁育等重点领域进行科技攻关，充分发挥科研在沿海防护林体系建设中的支撑保障作用。二是加大容器苗造林的推广和应用力度，提高造林成活率。三是建立健全科技支撑和技术推广体系，做好科技服务，促进成果转化，提高科技贡献率。

第六节 河北省"再造三个塞罕坝林场"项目

一、工程概况

1998年9月，全国人民代表大会常务委员会副委员长邹家华率领国家有关部委领导，视察了承德市"京津周围地区绿化工程"及河北省塞罕坝机械林场，面对风沙肆虐的严峻形势和塞罕坝机械林场建设取得的巨大成就，做出了实施"再造三个塞罕坝林场"项目的科学决策。

1999年4月，原国家发展计划委员会批复启动了"再造三个塞罕坝林场"项目一期工程，列入京津周围地区绿化工程作为重点项目实施，2001年起纳入京津风沙源治理工程规划范围，并作为其中的重点工程实行计划单列。省发展和改革委员会分别于2004年11月、2006年4月批复实施了二、三期工程。2017年3月，为贯彻落实省委领导"关于再造三个塞罕坝的问题要认真研究，制定规划，提出政策措施"的批示和省第九次中国共产党代表大会做出的加快推进"再造三个塞罕坝林场"项目建设的决策部署，省林业厅组织编制了《河北省加快推进"再造三个塞罕坝林场"项目建设规划（2017—2021年）》（以下简称《规划》）。2017年3月28日，经省政府第106次常务会议审议通过。

"再造三个塞罕坝林场"项目区位于京津北部的河北省坝上和接坝地区，是"两区"（"京津冀生态环境支撑区"和"京津冀水源涵养功能区"）建设的核心区域，是京津"三盆水"——官厅、密云、潘家口三大水库的主要集水区，涉及张家口市沽源县、赤城县、崇礼区、张北县、尚义县、万全区、康保县、塞北管理区、察北管理区9个县（区）和承德市丰宁、围场、御道口管理区、塞罕坝机械林场3个县（区）及1个省直属林场。项目区（主体）东西长约360km，南北宽约30km，总面积1520万亩。1998年至今，项目区广大干部群众，不忘初心，牢记使命，坚持"绿水青山就是金山银山"的发展理念，一任接着一任干，初步形成了横亘在京津冀北部的沿坝"绿色长城"。

二、规划任务与投资完成情况

"再造三个塞罕坝林场"项目规划造林绿化任务521万亩，同步实施附属工程建设。截至2020年年底，"三个林场"项目累计完成造林绿化面积444.83万亩，占总规划造林绿化任务的85.4%，其中，人工造林面积346.03万亩，封山育林面积98.8万亩。附属工程主要完成林场总场建设3个，现代化育苗中心2处，建分场8个，建营林区79个，修建林区道路1371km，开设防火线1568km，防护围栏2611km等。累计完成投资113477万元，其中，中央投资81835万元，省级投资29242万元。

三、工程建设与管理

"再造三个塞罕坝林场"项目实施中，一贯坚持"规划高水平、建设高标准、施工高质量、实现高效益"的"四高"建设方针，紧紧围绕"规范管理、规模治理、创新机制"的建设原则，组建了专业管理机构，坚持造林绿化和附属工程建设同步实施，建成了数百万亩的浩瀚林海，开创了以股份制造林为主的合作造林新机制。

1. 机构建设

"再造三个塞罕坝林场"项目建设伊始，有关市（县）就组建了张家口市塞北林场、丰宁千松坝林场、御道口林场三个项目建设实施机构，核定总编制200多人，为推进工程建设提供了强有力的组织和机构保证。塞罕坝机械林场作为"塞罕坝精神"的传承和延续，承担了"再造三个塞罕坝林场"项目的部分建设任务。张家口市塞北林场在项目实施的沽源县、张北县、赤城县、崇礼区、万全区、尚义县、康保县等县（区）成立了分场。最新《规划》为保证工程建设布局的完整性，又组建了围场满族蒙古族自治县滦河林场。1998年至今，建成了一只具备专业知识和丰富管理经验的特别敬业、勇于奉献的干部队伍。

2. 规模治理

"再造三个塞罕坝林场"项目按照统一规划、集中连片的造林原则，造林绿化任务大部分安排在坝上和接坝地区，实现了规模治理，有力地推动了坝上和接坝地区防护林体系建设。塞北林场建成了10个不同类型的10万亩工程区，千松坝林场建成了2个10万亩工程区，新老工程结合实现集中连片规模治理。

3. 机制创新

"再造三个塞罕坝林场"项目经过多年实践，开创灵活多样的机制，因地制宜提出了股份合作制、承包、租赁、联营等行之有效的造林营林机制。股份合作制是项目区造林营林的主要形式，占80%以上。针对不同合作对象，协商确定股份比例，约定收益分成，充分调动各方积极性参与项目建设。项目运行机制上，实行工程招投标制和监理制。采取工程质量分级检查验收制和财务审计制等，加强对工程的管理和制约，确保工程建设质量。

4. 造林绿化主体工程与附属工程同步推进

"再造三个塞罕坝林场"项目多年来都是河北省重点建设项目，省级财政给予了很大支持，截至2020年累计安排配套资金近3亿元，占项目累计完成投资的30%。主要用于基础设施和附属工程建设，配备了必要的生产工具和办公设备。附属工程的同步实施，改善了工程建设生产一线的生产生活条件，对提高营造林生产效率，持续后期森林的管护和经营，更好地保护森林资源，发挥了重要作用。

四、建设成效

在国家发展和改革委员会、国家林业和草原局的大力支持下，在省委、省政府的坚强领导下，经过各级林业主管部门和项目区广大干部群众多年的艰苦努力，护卫京津冀的沿坝"绿色长城"初具规模，项目建设生态、经济、社会效益显著。

1. 生态效益

生态措施、工程措施与管护措施相结合，项目区林草植被得到快速恢复。与 1999 年相比，项目区森林覆盖率提高了 28.1 个百分点，达到 49.4%，植被盖度达到 90% 以上，在 10000 多 km^2 的坝头沿线，筑就了一道横亘在首都北部的"绿色长城"。蓄水率由治理前的 4.3% 提高到 2017 年的 5.9%，地表泥沙流失量减少 8%，土壤沙化侵蚀减少 6%。空气质量得到有效改善，沙尘天气由 1999 年年平均 15 天减少到 2020 年的年平均不足 3 天，全年空气质量二级以上天数达到 330 天，生态环境明显改善，生态效益显著。

2. 经济效益

项目建设新增有林地 400 多万亩，增加了木材资源储备，形成可观的碳汇价值。据估算，项目建设 1999 年至 2019 年 20 年总用工量达到 3000 多万个，增加了当地农民的劳务收入。工程建设的连续推进实施使项目区农田、草地得到有效保护。生态环境的不断改善，促进了旅游及其相关等第三产业的发展，依托林场资源蓬勃兴起的森林草原旅游景点、农家乐等旅游项目，为当地群众开辟了新的致富途径，推动了区域经济发展。

3. 社会效益

随着项目的实施，森林资源不断增加，生物多样性得到有效保护。在项目建设中，普及了科学文化知识，宣传、倡导了生态文明理念，让先进的科学技术与生产经营理念植根于当地干部群众心中，群众的生产方式、生活水平、消费结构得到很大改变，科技兴林、兴牧、兴农意识显著增强。保护与改善生态成为地方各级政府、干部群众的自觉行动，"爱绿、护绿、增绿"的生态文明氛围已经初步形成，促进了人与自然和谐发展，对项目区社会进步发挥了巨大的推动作用。

五、问题与对策

2019 年至今，国家启动实施了《河北省张家口市及承德市坝上地区植树造林》项目，按照项目实施方案，建设任务以县为单位实施，几个林场不再承担项目的建设任务。多年的艰苦建设，400 多万亩森林资源来之不易，后续经营和管护任务艰巨。经营守护好这一片绿色，任重道远。下一步应加大对各林场的支持力度，在防火、森林有害生物防治、森林资源管理和管护、抚育经营等各方面加大投入，共同守护好这道沿坝绿色长城，使其更好地发挥生态、经济、社会效益，造福子孙后代。

第七节　张家口市坝上地区退化林分改造试点项目

一、项目建设背景

二十世纪五六十年代开始，张家口市坝上地区陆续营造了大面积以杨树为主的农田牧场防护林。2000年前后，这些防护林开始出现生长衰退、死亡现象，之后逐年加剧（图2-1），到2010年开始出现大面积死亡，生态防护功能降低，京津冀地区风沙危害风险加大，因此成为我国北方绿色生态屏障的薄弱环节，受到社会各界的广泛关注。

图2-1　退化防护林

据统计，到2012年，张家口坝上地区防护林350.18万亩，占坝上地区有林地的88.8%，其中，杨树防护林152.92万亩。杨树防护林中退化林面积121.57万亩，其中，枯死20.25万亩，濒死30.45万亩，生长不良的70.87万亩。2012年6月8日，《国内动态清样》（第2351期）刊发了《张家口市坝上地区百万亩杨树衰死亟待更新》，时任河北省委书记张庆黎同志作出重要批示，要求组织有关专家查明原因，提出解决问题办法。河北省林业厅组织有关专家现场调研，召开专家论证会，查明退化林分衰老死亡的主要原因是杨树生长30年后进入成过熟期，生理衰竭，自然老化死亡。而持续干旱，地下水水位大幅下降，森林经营措施不到位，加速了林分衰老死亡。

2013年10月，河北省人民政府《关于张家口坝上地区杨树防护林改造抚育工程立项的请示》上报了国务院。省林业厅组织编制了《张家口市坝上地区杨树过熟林更新改造试点实施方案》，上报国家林业局。同年，省政府先行开展省级更新改造试点工作，省、市、县三级财政安排项目资金1000万元，完成试点建设任务1万亩，探索了更新改造的方式方法。

2013年，李克强主持召开国务院第33次常务会议，研究了张家口坝上地区退化林分改造工作，要求把此项工作作为生态修复的重要工作来抓，并列入京津冀协同发展的重要内容，尽快编制实施方案，强化措施，加快改造。

2013年12月至2014年3月，国家发展和改革委员会、国家林业局先后3次组织有关专家到张家口坝上各县实地调研指导。多次召开协调会、座谈会，研究讨论张家口坝上退化防护林的改造对策，组织修改完善《河北省张家口坝上地区退化林分改造试点实施方案》。5月21日，李克强总理批示同意《河北省张家口市坝上地区退化林分改造试点实施方案》，试点项目正式启动。

二、项目基本情况

1. 实施范围

项目区范围为张家口市坝上地区张北县、康保县、沽源县、尚义县4个县及察北、塞北两个管理区，总面积1.38万 km^2。地理坐标为东经113°49′~116°04′，北纬40°44′~42°08′。

2. 基本原则

（1）突出重点，标本兼治

加强森林资源保护管理，在保证林地性质不变的前提下，合理开展退化林分改造，优先开展濒死树木改造；树种选择要充分尊重农民意愿，适当发展一定比例的经济树种，将保护生态和改善民生结合，缓解生态保护与经济发展的矛盾。

（2）因地制宜，科学布局

宜乔则乔，宜灌则灌，乔灌结合，科学选择更新树种，优先选择当地适生的乡土树种和优良品种，优先使用当地苗木；树种配置以混交林为主。要充分吸收杨树衰死教训，对大范围种植乔木要充分论证，做到适地适树。

（3）创新机制，多元筹资

加大政府投入的同时，改革办法、积极探索、制定政策、创新方式、吸引企业和社会资金参与造林。落实责任主体，建立长效管护经营机制，着力构建生态建设的协调联动机制和投融资机制。

（4）多措并举，协同发展

退化林分改造与种植业结构调整、地下水超采综合治理协同推进，确保退化林分改造成效，促进地区水资源可持续利用。严格控制用水总量红线和用水效率红线；根据当地水资源条件，合理确定种植业结构和规模。

3. 建设期限

2014—2016年。

4. 建设目标

通过采伐更新、择伐补造、抚育改造等措施，对河北省张家口坝上地区121.57万亩防护林进行全面更新改造；实施种植业结构调整和地下水超采综合治理，压减地下水开采量0.56亿 m^3，实现地下水开采总量阶段控制目标1.49亿 m^3；建立管护经营的长效机制，对152.92万亩杨树防护林进行全面管护，确保改造后的林分实现可持续经营；最终构建生长良好、功能完备的生态防护林体系，为全国退化防护林更新改造工作提供经验。

5. 建设任务

规划退化林分改造任务121.57万亩，其中，采伐更新20.25万亩，择伐更新30.45万亩，抚育改造70.87万亩（表2-7）。

表2-7　张家口市坝上地区退化林分改造项目分年度任务表　　单位：万亩

县区	合计				采伐造林				择伐补造				抚育改造		
	小计	2014年	2015年	2016年	小计	2014年	2015年	2016年	小计	2014年	2015年	2016年	小计	2015年	2016年
合　计	121.57	25.00	50.89	45.68	20.25	10.00	6.12	4.13	30.45	15.00	8.46	6.99	70.87	36.31	34.56
张北县	42.36	8.50	17.69	16.17	8.24	4.00	2.72	1.52	9.51	4.50	2.66	2.35	24.61	12.31	12.30
康保县	20.00	5.50	7.70	6.80	2.10	1.00	0.70	0.40	9.25	4.50	2.00	2.75	8.65	5.00	3.65
沽源县	28.05	6.00	12.30	9.75	6.00	3.00	1.50	1.50	6.05	3.00	1.80	1.25	16.00	9.00	7.00
尚义县	26.95	5.00	11.70	10.25	3.41	2.00	0.70	0.71	4.64	3.00	1.00	0.64	18.90	10.00	8.90
察北管理区	3.21		0.90	2.31	0.30		0.30		0.60		0.60		2.31		2.31
塞北管理区	1.00		0.60	0.40	0.20		0.20		0.40		0.40		0.40		0.40

6. 投资标准及资金估算

（1）估算定额

依据国家林业工程项目建设相关定额标准和当地劳务价格及物价水平，按照不同作业方式测算项目建设投资定额标准：采伐更新，1089元/亩；择伐补造，592元/亩；抚育改造，393元/亩。

（2）资金估算

退化林分改造工程建设总投资67930.56万元。其中，苗木费21713.93万元，整地费11064.60万元，栽植费13030.31万元，材料费2229.70万元，抚育管护费19892.02万元。

（3）资金来源

资金来源主要有中央基本建设投资，北京市、天津市对口支援投资，河北省省级投资，张家口市投资，市场多渠道筹集资金。总投资67930.56万元，其中，中央投资21277万元，河北省投资17729.5万元，北京市投资17729.5万元，市场多渠道投资11194.56万元。

7. 改造方式

根据张家口市坝上地区的自然条件和资源禀赋，结合前期省级试点情况，主要采取采伐更新、择伐补造、抚育改造3种更新改造方式。

（1）采伐更新

对枯死的杨树防护林，采取采伐更新方式进行更新改造，首次采伐强度不超过80%。本着便于施工作业，利于新植幼树生长和尽量减少对作业区环境干扰的原则，采取小面积皆伐、带状采伐等方式，伐除病腐枯死木，实施更新造林。

（2）择伐补造

对濒死的杨树防护林，采取择伐后补植补造的方式进行改造，采伐强度控制在40%以内。根据枯死木、濒死木分布状况合理确定择伐作业方式。枯死木、濒死木分布较为均匀的林分采用全面择伐方式，全面伐除；分布不均匀的采用块状择伐方式；枯死木、濒死木比例较小的林分，可以采取带状择伐的方式作业，对退化林分进行带状择伐改造。

（3）抚育改造

对生长状况不良的杨树防护林，采取定株抚育、修枝养护、补植补造等措施进行改造，采伐强度控制在20%以内。对生长状况不良的林分，通过透光伐、卫生伐、疏伐等措施，清除生长不良的林木，调节林分密度、改善林内通风、光照状况，促进林木生长，提高林分质量。

三、项目实施情况

截至2016年年底，全面完成张家口市坝上地区121.57万亩退化林分改造任务，其中，采伐更新20.25万亩、择伐补造30.45万亩、抚育改造70.87万亩，均占规划任务的100%。完成围栏和护林边沟616.95万m。

四、建设成效

总体上看，张家口市坝上地区退化林分改造试点工程采伐、整地、造林、抚育、管护等各环节技术合理、措施到位，整体改造效果良好。通过工程建设，有效改善了坝上地区防护林生长状态，林分质量显著提高、林分结构明显优化、防护林体系更加完善、防护功能更加突出，促进了当地生态林业和民生林业协调可持续发展，探索了京津冀共同筹资、共同建设、共享成果的工程建设模式，为全国退化防护林更新改造工作提供可借鉴的经验和做法。

一是改善了林分结构。原有防护林结构大多是以杨树、榆树等为主的纯林，林相单一，林分结构简单，通过改造更新，引进樟子松、云杉、金叶榆、沙棘、柠条等树种，按照乔灌混交、针阔混交等模式营造混交林，林分结构更加稳定，层次结构更加合理，使得以晋蒙边界防护林带、沿坝水源涵养防护林带和中间农田牧场防护林网为主的"两带一网"林业生态防护体系进一步完善，森林防护周期得以延长。

二是提高了森林质量。经过改造更新的林分，劣质木、枯死木、病害木得到采伐清理，林分卫生条件得到提高，林木郁闭度下降，使林内光照、空气、土壤湿度、温度也相应地发生了变化，林木抗逆能力和生产能力得到提高，提高了森林的防护效能和生态效益，明显改善了区位生态环境。

三是发展了林业产业。通过引进培育龙头企业，采取林权入股、林地流转等多形式的联合与合作，发展林业产业。张北县、康保县、塞北管理区等县（区）引进5家龙头企业，建设林苗一体化基地5000亩、沙棘产业园3000亩，生态旅游基地30多处，带动了农民致富，实现了造林绿化和林业扶贫的有机结合。

五、主要做法和经验

张家口市坝上地区退化防护林改造试点工程是全国范围内首次大规模开展的防护林更新改造项目，时间紧、任务重、缺乏可借鉴经验，在工程实施过程中边试点、边探索、边总结，获得了一些启示和经验。

第一，领导重视是搞好工程建设的重要保证。党中央、国务院对退化林分改造试点工程高度重视，国家有关部委对工程建设给予了大力支持。原国家林业局张建龙局长、张永利副局长先后到工程区进行视察指导，有关司局领导多次到张家口市坝上地区各县进行调研。原国家林业局先后3次组织有关专家、学者、基层技术人员到张家口市坝上地区各县实地调研指导，多次召开协调会、座谈会，研究讨论张家口市坝上地区退化防护林的改造对策。省、市、县都成立了退化林分改造试点工程领导小组，各级政府主管领导亲自协调调度，上下协同联动，部门协调配合，确保了改造工作有条不紊地进行。

第二，投入到位是推进工程建设的重要保障。防护林更新改造工程是生态公益项目，退化树木生长机能衰退，材质差、采伐收益低，且更新改造树种全部为生态树种，经营周期长，经济回报率低，项目建设以财政投入为主体。工程建设中，中央基本建设、北京对口支援、省财政资金及地方配套都能够按照《河北省张家口坝上地区退化林分改造试点方案》规划足额到位，保障了项目顺利实施。

第三，科学改造是提高工程建设质量的关键举措。工程建设涉及造林学、森林经理学等多学科内容。工程建设既要着眼长远生态效益，又要考虑尽快恢复其生态功能；既要考虑新栽植苗木成活，又要考虑与原保留树种有效结合；既要选择杨树等生长速度快的树种，也要考虑樟子松、落叶松、云杉等生长速度慢但生长周期长的树种。为此，退化林分更新改造必须在科学分析退化原因，摸清底数的基础上，因地制宜，科学确定更新改造方式，应用抗逆性强的树种，推广容器苗造林技术，实施混交造林。这是提升林分质量和防护功能的关键举措。

第四，机制创新是搞好工程建设的动力源泉。通过政策引导、利益驱动、林地流转，极大地调动了社会力量和广大群众参与的积极性，为工程建设注入了新活力。特别是在项目运行机制上，从作业设计、造林施工，到检查验收、工程监理全部实行招投标制度，全程委托第三方具体实施，林业部门综合协调、技术把关，扭转了林业部门"既当运动员又当裁判员"的局面，提升了项目管理水平和建设成效。

六、问题与建议

张家口市坝上地区退化林分改造试点项目虽然取得了阶段性成果，但受自然条件、生产方式、技术力量的影响，工程建设中还存在着个别地块树种选择不合理、改造方式不科学、成活率较低、后期管护任务繁重等困难和问题。在全省范围内开展退化林分改造工作重点要做好以下工作。

一是全面摸底。开展退化林分改造工作要进行充分摸底和前期调查,摸清退化原因,掌握林分现状和未来演替趋势。在前期摸底基础上,根据自然资源禀赋,林木生长状况、经营水平、退化原因,科学选择改造方式,做到因地制宜,分类施策。

二是放宽政策。适当放宽林木采伐政策,由于退化林木材质较差,经济价值较低,对于需要更新的区域应增加采伐限额或解除限额限制。借鉴张家口市坝上地区退化林分试点建设经验,形成国家财政、京津政府、河北省及地方政府多方投资的局面,确保改造任务落到实处。

三是科学配置。树种选择上要以防护性能好、抗逆性强、适应当地条件、生长稳定具备一定经济效益的乡土树种为主,审慎选择外来树种。要以营造混交林为主,混交方式上可采用带状混交、块状混交、株(行)间混交、不规则混交或网格混交。在干旱半干旱地区,以雨养、节水为导向,坚持以水定林,推广乔灌草结合绿化方式,提倡低密度造林育林,合理运用集水、节水造林种草技术,科学恢复林草植被。

四是强化管护。明确管护责任主体,落实管护责任,将改造林分管护责任落实到施工单位,落实到具体责任人,确保3年施工期内责任落实。积极探索长效管护机制,采取政府购买服务等方式,通过市场运作,落实管护责任,确保更新改造建设成果。

五是加强监测。按照有关要求,安排部署做好效益监测工作,设立固定标准地,定期调查树木生长状况、林分质量、改造成效,做到专人负责,建档立卡,跟踪调查,长期观测,进一步全面深刻分析、总结和推广退化林分建设经验、成效。

第八节 地下水超采综合治理试点林业项目

一、项目建设背景

河北省是全国水资源严重短缺的地区之一,人均水资源占有量仅为全国平均水平的1/7。自二十世纪八十年代以来,随着经济社会发展,用水量激增,而全省自产水资源量呈衰减趋势,不得不长期依靠超采地下水维持,全省超采区范围近7万km²,涉及127个市(县、区)。年超采量59.7亿m³。超采量和超采面积均占全国的1/3左右,形成了七大地下水漏斗区,并引发了河流干涸、地面沉降、湿地萎缩、海水入侵等地质环境灾害。地下水超采问题事关首都水安全、雄安新区建设,引起了党中央和国务院的高度关注。2014年,中央1号文件明确提出"开展华北地下水超采漏斗区综合治理",财政部、水利部、农业部、国土资源部(现自然资源部)联合部署了地下水超采综合治理工作。地下水超采综合治理试点林业项目作为工程治理的措施之一,在河北省衡水市开始试点实施。2015—2016年项目扩展到全省9市。

二、规划任务与投资完成情况

2014—2016年,累计完成地下水超采综合治理试点林业项目建设任务52.3万亩。项目涉及石家庄、衡水、沧州、邢台、邯郸、保定、廊坊、辛集、定州等9个市的84个县(市、区)(表2-8)。该项目连续补助5年,当年新增造林项目每亩补助1500元,从第二年起补助减半,每亩补助共计4500元。项目总投资23.5亿元。

表2-8 河北省地下水超采综合治理试点林业项目建设范围

设区市	数量(个)	县(市、区)名称
共计	84	
衡水市	11	武强县、饶阳县、安平县、武邑县、景县、深州市、故城县、桃城区、冀州区、枣强县、阜城县
沧州市	15	青县、沧县、海兴县、孟村回族自治县、南皮县、东光县、吴桥县、献县、河间市、肃宁县、任丘市、泊头市、盐山县、新华区、运河区
邢台市	13	巨鹿县、广宗县、隆尧县、威县、任县、柏乡县、南和县、宁晋县、平乡县、新河县、临西县、南宫市、清河县
保定市	13	清苑区、徐水区、高阳县、定兴县、涿州市、雄县、蠡县、安新县、望都县、高碑店市、安国市、博野县、容城县
廊坊市	6	安次区、广阳区、永清县、霸州市、文安县、大城县
邯郸市	14	邯山区、临漳县、馆陶县、广平县、永年县、大名县、魏县、成安县、邱县、曲周县、鸡泽县、肥乡区、磁县、丛台区
石家庄市	10	藁城区、深泽县、晋州市、元氏县、高邑县、无极县、新乐市、赵县、正定县、栾城区
省直管市	2	辛集市、定州市

三、项目建设与管理

1. 建设原则

以节约和压减地下水开采为目的，在地下水超采且无地表水替代的高耗水作物种植区，调整种植结构，选用耐干旱的生态或生态经济兼用树种造林，间作牧草、药材等耐旱作物，发展林下经济，实行退地减水，修复地下水生态。项目实施坚持节水压采优先，兼顾经济效益，建设质量第一的原则；坚持政府主导，市场激励，公众参与，共同治理的原则；坚持集中连片，科学治理，创新机制的原则；坚持治理一片，见效一片，巩固一片，持续推进的原则。

2. 项目组织管理

河北省林业和草原局会同省财政厅、水利厅、农业厅确定年度计划，会同财政厅编制省级年度实施方案，指导各市审批县级实施方案，督导项目的施工和验收等管理工作；市级林业部门会同市财政局负责编制市级年度实施方案，审批县级年度实施方案，督导县级施工和验收等管理工作；县级林业部门会同县财政局负责编制县级年度实施方案、技术指导、检查验收、政策兑现、档案管理等工作。试点区各级政府是项目的责任主体。林业部门组织督导林业项目治理措施落实，确保项目建设取得成效。

3. 项目实施

县级林业主管部门根据市级实施方案，会同财政部门组织专业技术人员编制县级实施方案，并由市级林业主管部门审批实施。县级实施方案批准后，不能随意变更，确需变更的，须市级林业主管部门审核批准。作业施工实行分级技术责任制。各级林业部门要加强对工程建设的监督与指导，严把种苗、整地、栽植、管护、验收等关键环节。采取多种机制推进项目建设。本着协商、自愿的原则，鼓励专业户、合作社、家庭林场、企业等通过土地流转承包项目建设，其利益分配、风险承担等事项由承包方和原土地承包经营权人或村委会双方协商解决。

4. 检查验收

实行县级全面自查，省、市级开展督查。县级自查验收主要检查施工进度和质量，对当年造林检查造林面积、苗木质量、栽植密度和成活率。历年造林在享受补助期间每年检查一次，主要检查保存面积和林木保存率。

5. 政策兑现

县级检查验收结果是政策兑现的直接依据。县级自查验收结果要由乡级人民政府在项目实施村张榜公示，并公布监督电话，公示时间不低于5个工作日，接受群众监督。根据县级检查验收结果，财政部门将补助资金通过"一卡通"兑现给项目实施主体。

6. 项目管理

为确保项目纳入规范化管理，河北省林业和草原局先后研究制定出台一系列方案和办法。一是科学编制了林业项目试点年度实施方案，对项目的运作程序、各项建设内容进度做出科学安排，确保项目规范运作。二是在充分征求地下水超采综合治理领导小组成员单位意见的基础上，印发了项目管理办法、检查验收办法和实施方案编制细则，统一了项目管理要求和技术标准，保证了项目建设的质量和成效。三是统一制定了项目合同样本，规范了地下水超采综合治理试点林业项目合同，提高了工作效率。四是在项目验收上，引导各市相继通过具有一定资质的验收单位开展第三方验收评估，确保了验收结果的准确性和公平性。

四、建设成效

林业项目实施过程中，结合当地实际，确定科学技术措施，细化项目管理，取得了明显的成效，形成了可复制、可借鉴、可推广的经验。项目的实施为节约地下水，优化项目区林分结构，高质量增绿扩量，提高群众节水意识，促进农业产业结构调整和农民增收作出了较大贡献。

1. 形成了持续的节水压采能力

林业项目实施后，政策补助期间，每年维持节水能力近1亿m^3，节水效果显著。2016年，第三方中国水利水电科学研究院对实施一年后的项目进行压采效果评估显示，每亩节水可达177m^3。新造林2年内，主要通过减少灌溉次数和减少灌溉面积实现压减地下水开采，一般从第三年，凭借自然降水就能维持树木正常生长，节水效果更为突出。2018年，通过对衡水市80户项目造林主体发放的问卷调查结果统计，植苗2年后有72户不再进行人工浇灌，8户一年只浇灌1~2次，林业项目真正做到了压减地下水的开采。2019年，第三方北京林业大学对项目进行了压采效果评估，8个试点县（市、区）22个样地平均每亩每年节水达到404.32m^3。

2. 增强了地下水补给能力

2016年、2019年2次聘请北京林业大学水土保持学院团队，对河北省地下水超采综合治理项目进行评估，对白蜡、槐等10余种乔木树种14个种植模式与小麦、玉米种植模式进行持水耗水的水文特征和地下水补给量对照分析。结果表明，种植白蜡、槐等乔木树种比单纯种植小麦和玉米等农作物更有利于地下水补给，促进地下水位抬升。2019年评估结果显示，每亩地下水位补给量是农田对照样地的4.06倍，平均增加地下水补给量164.39m^3。

3. 产生了显著的综合效益

通过项目实施，增加了森林资源，在吸收二氧化碳、释放氧气、增加降水、调节项目区小气候、减轻干热风危害、改善大气环境质量等方面发挥了积极的生态作用。农民耕地流转后可以获得固定收入，解放劳动力，使劳务收入有所增加；同时，也增加了农民就地就业机会，拓宽了农民增收渠道，发挥了一定的社会效益。

4. 集成了一套完整的节水压采技术措施

在2014年试点的基础上，围绕项目建设节水压采的目标要求，提出了树种选择须具备耐旱生物学特性为前提的指导性要求，并明确了项目区内符合基本条件的适生树种范围。各项目县按照要求严选造林树种，严格节水标准进行栽植、管护和抚育经营，满足了"节水优先"的目标要求。树种选择上，根据当地自然条件，因地制宜，科学选用耐旱树种；配置方式上，采用多树种混交栽植，提高了林木的抗逆性；苗木栽植上，推广机械化带状挖沟整地或开沟后再挖定植穴的方式；抚育经营上，沿栽植沟集中浇水，避免大田漫灌，减少了80%的浇灌面积，充分节约了水资源。从2015年开始，集成配套技术措施广泛应用于全省项目区。

5. 探索了多种节水压采高效模式

围绕节水目标，确定了用材树种、生态经济兼用树种、药用树种、绿化树种、林下种植、还湿为主的6种压采模式。在此基础上，为增加短中期经济收益，重点推广了林草结合、林药间作、林禽种养、林下间作雨养作物等生态效益好、节水效果佳、经济价值高的多种栽植模式。

五、问题与对策

项目实施以来，严格遵循"节水优先"的总体思路，周密组织，强化管理，大胆创新，有力推动了林业项目的顺利实施。2016年，国家财政部等4部委组成的考核组对林业项目给予了"任务完成及时、规模集中、标准控制严格"的肯定评价。但是，项目建设中也存在一些问题。

1. 存在的问题

由于项目属于试点性质，摸索政策机制、探索治理模式、总结建设经验是试点的主要任务之一，为实现节水压采的总体目标，林业项目对树种做了严格的规定，主要栽植槐、榆树等耐旱、节水生态树种，可选择经济树种少，而林业本身具有经营周期长的特性，符合要求的适生树种多数在短期内难以产生持续的经济效益，试点确定的政策补助期限为5年，与多数林木经济成熟期相比较明显偏短。补助到期后，持续性投入与短期难以产生稳定经济收益的矛盾越显突出，维持形成的压采能力存在隐忧。

2. 对策

需要进一步完善政策补助措施，适当延长补助期，加强科技支撑与帮扶，依托项目建设成果，引导发展林下经济，增加经营主体经济收益，巩固来之不易的治理成果。

第三章 工程治理技术与模式

第一节 工程治理技术

一、瘠薄干旱山地抗旱节水造林技术

我国北方大部分为干旱、半干旱山地，干旱是影响生态环境建设的主要瓶颈。多年来，随着河北省持续开展大规模国土绿化，可用于造林的宜林荒山资源越来越少，且大多位于深远山区或者造林难度极大的阳坡石质山地，全省造林绿化工作进入"啃骨头"攻坚阶段。本着生态优先的原则，采取有效的造林技术，是保证干旱阳坡山地苗木成活率、保存率的关键。瘠薄干旱山地抗旱节水造林技术主要总结了三大技术措施，旨在解决瘠薄干旱山地干旱少雨、蒸发量大、造林成活率低的问题，为河北省北部干旱山地造林提供技术支撑。

1. 节水整地造林技术

干旱半干旱地区整地目的主要在于集水，提高土壤含水量、改善土壤理化性质，而土壤墒情改善可以提高造林成活率。整地方式要根据山地的坡度、坡位、坡向、土层厚度划分出立地类型，以确定整地方式。

整地时间：在干旱半干旱地区，提前整地有利于多截蓄雨水。秋季造林整地在当年雨季进行，春季造林提早至头年的雨季前进行。

整地工艺流程：定点放线—割灌—整地挖穴—表土回填—检查修正。

（1）小鱼鳞坑整地

适用地形：适用于容易发生水土流失的石质山地，尤其适合坡面比较破碎、地形不规则、土层较薄的陡坡。

整地方法：由于造林地块坡度较陡，灌木生长茂密，整地前需先进行割灌，沿着等高线将妨碍整地的杂草、灌木进行人工割灌，清除枯枝落叶，然后在处理后的地面上进行整地。造林地由上向下，沿等高线挖近似半月形的坑穴，坑面低于原坡面。坑穴之间呈"品"字形排列，根据地形的变化和栽植树种不同确定坑的大小。整地时，将表土放到坡上，心土放于坡下及两侧，回填表土，拣净石块、草根等杂物，整修水盆，外高里低蓄水保墒。

整地规格：小鱼鳞坑整地规格 80cm×60cm×40cm，从上坡面取土在下坡面加筑成坡度 20°~30° 的反坡，熟土回填，杂草填入穴中充当绿肥，石块垒埂，埂高不低于 15cm，防止水土流失。

整地株行距：沿等高线按株行距 3m×3m 布设，"品"字形配置（图 3-1）。

图 3-1　小鱼鳞坑造林

（2）反坡穴状整地

适用地形：适用于裸岩较多、植被较稀疏、中薄层土壤的缓坡和中陡坡。

整地方法：沿等高线将坡面修成窄的反坡状台面，熟土回填沟中，做成台阶式，台面向内倾斜，呈反坡状（图 3-2）。

整地规格：采用圆形或方形坑穴，穴径整地规格为 60~80cm，穴深 30cm 以上。从上坡面取土在下坡面加筑成坡度约为 15° 的反坡，石块垒埂。

整地株行距：沿等高线按株行距 3m×3m 布设，"品"字形配置（图 3-3）。

（3）水平沟整地

适用地形：适用于坡面较整齐、水土流失严重的中陡坡。

整地方法：沿等高线挖梯形沟堑，沟面外高内低，做成 5°~6° 反坡（图 3-4，图 3-5）。

整地规格：为断续或连续带状沟，上口宽 50~80cm，沟底宽 30cm，深

40~60cm，沟长3~6m，大小视地形而定。心土还原，表土沟于外侧筑埂。

图 3-2 反坡穴状整地

图 3-3 反坡穴状造林

图 3-4 水平沟整地

图 3-5 水平沟造林

不同整地方式对土壤和苗木的影响见表 3-1 和表 3-2。

表 3-1 不同整地方式对土壤的影响

整地方式	调查日期	容重(g/cm^3)	孔隙度	毛管孔隙度	土壤含水量(%)
鱼鳞坑	2019.06	1.28	0.39	0.31	4.6
反坡穴状	2019.06	1.37	0.38	0.30	4.2
水平沟	2019.06	1.39	0.42	0.35	4.8
不整地	2019.06	1.53	0.35	0.23	3.8

表 3-2 不同整地方式对苗木的影响

整地方式	水土流失	苗木成活率(%)	苗木保存率(%)	苗木长势
小鱼鳞坑	少量冲刷	89.2	87.3	长势较好
反坡穴状	轻微	88.6	86.0	长势较好
水平沟	轻微	90.4	88.2	长势好
不整地	较重	73.5	65.7	一般

2. 蓄水保墒造林技术

(1) 造林苗木的保湿处理

做好苗木水分保持工作,保证其正常的生理活性。起苗前7天浇透水,确保苗木吸收足够的水分,起苗运苗过程中,容器苗要保持容器完整,保护好树苗根系;裸根苗要做好根系保护处理工作,不失水、不受热。造林时坚持随起、随包、随运、随栽的原则,并配置稀泥浆后用苗木根系蘸取,做好保湿和假植等工作。不能立即栽植的裸根苗,选择背阴、排水良好的地方挖假植沟,沟的规格根据苗木大小、数量而定,集中成排摆放在沟内,湿土覆盖,埋到原土痕以上5cm左右,四周培土,踩实,苗顶部罩遮阴网。

(2) 容器苗造林技术

容器苗由于育苗地环境条件优越,管理精细且水肥充足,长势一般较旺盛,且容器苗在起苗、运输、栽植方面较裸根苗有一定优势。容器苗根部成团,起苗时不易伤根,运苗时根不受风吹日晒,栽植时不窝根,选用容器苗造林,苗木易成活。容器苗造林时要提前浇足水分,条件允许的,在栽植穴底部可以填充一定配比的保水剂和生根粉或者垫放3~4根充分浸泡的玉米穗轴。栽植苗木时,用剪刀把容器杯剪开去掉,保持土坨完整不松散,然后轻轻将苗木放入栽植穴中央,去掉容器袋或把容器侧面用刀划开,以利苗木根系生长。使基质面与地面平或低于地面;表土加填,沿土坨的外周边踏实,最后穴面覆一层虚土。栽植完成后,要在栽植穴上覆盖杂草和石片,有条件的话也可以覆盖地膜,增加土壤有机质含量,减少水分的蒸发。修好栽植穴外沿,有条件也可以推广使用育林板(由可降解的氯氧镁水泥石棉板制成),利于集水保墒。

(3) 截干造林技术

萌蘖能力较好的乔灌木树种,通过截干造林可以提高造林成活率,降低造林成本。操作中预留15~20cm长度的根系,剪口处用红漆封口,抗旱保水。截干时要注意将弯曲部分去掉,以免影响截干造林质量。苗木截干后,要注意保湿,防止蒸发,可以用塑料袋包裹后迅速运到造林场地,进行栽植,确保造林成功。减少苗木越冬过程中营养和水分的流失易降解的容器可直接带杯栽植;不易降解的容器脱杯后统一收集清理出造林地,以免污染环境。

(4) 保水剂、生根粉造林技术

①保水剂

保水剂是吸水保水能力超强的高分子聚合物,在造林过程中通过快速吸取数千倍自身重量的水分，达到保水、吸水的目的，为造林苗木生长提供足够的水分。在使用时，先将苗木栽入坑内后施撒保水剂，或将保水剂和泥浆混合后，用苗木根系蘸取。通常山杏大苗使用5~10g、小苗使用3~5g即可；其吸水功能可以反复使用，实用性较高。

造林地年平均降水量400mm左右时，施用保水剂10g/株；年平均降水量在300mm以下的干旱造林区，施用保水剂后注意防止发生倒吸现象。

②生根粉造林技术

栽植裸根苗前，应用ABT3号生根粉混合泥浆蘸根处理，使用时根据不同需求配制相应的浓度。配制0.05‰ABT3号生根粉，稀释20倍，配制好原液后，加水19kg；配制0.1‰ABT3号生根粉，稀释10倍，配制好原液后，加水9kg。不同浓度生根粉对山杏根系和生长的影响见表3-3、表3-4。

在造林中应用生根粉和泥浆蘸根，也可根据树体规格，将生根粉稀释灌根或稀释后用喷雾器均匀喷洒土球。

表3-3　不同浓度生根粉对山杏生长影响调查表

处理	浓度(‰)	调查株数(株)	年生长量(cm)	成活率(%)	苗木长势
ABT3号+泥浆蘸根	0.05	130	16.5	88.9	较好
	0.1	130	18.1	89.6	良好
	0.15	130	15.7	87.5	较好
泥浆蘸根		130	12.3	86.1	一般
不处理(对照)		130	9.8	78.4	较差

表3-4　ABT3号生根粉不同浓度对山杏根系影响

造林树种	ABT3号+泥浆蘸根			对照
	0.05‰	0.1‰	0.15‰	
山杏根系(条)	13.4	17.5	15.6	11.8

(5)秸秆、压砂及地膜覆盖保墒造林技术

造林时，要因地制宜，就地取材，用秸秆、鹅卵石、塑料薄膜覆盖造林坑，以此增加土壤微生物和水分含量，促进幼苗的迅速生长，防止水土流失，有效地抑制杂草的蔓延(表3-5)。

压砂保墒技术：在树穴内覆盖5~10cm厚度小鹅卵石，相当于给土壤覆盖一层既渗水又透气的永久性薄膜，起到保温保湿、减小蒸发、蓄水保墒的作用。

树穴覆膜技术：挖好鱼鳞坑后，覆盖地膜，地膜规格 90cm×70cm，首先将鱼鳞坑长径方向的土集中到坑中间，将塑料地膜长边靠长径方向放好，用土埋压固定，然后抓住地膜另一长边，平铺地膜，左右两边用土压实，然后用手压实地膜，使之与穴面贴紧，用土压紧薄膜另一长边，地膜中间开口处再填压些土，以免风吹。

表 3-5　不同保墒处理对(油松)成活率、年生长量调查表

处理	调查株数(株)	年生长量(cm)	苗木成活率(%)	苗木保存率(%)	苗木长势
秸秆、压砂覆盖	130	19.8	89.3	86.4	长势较好
地膜覆盖	130	22.9	90.2	87.1	长势较好
未覆盖(对照)	130	12.1	75.6	68.5	一般

(6) 坐水返渗造林技术

依托集水池的集水功能，在靠近集水池处，推广坐水返渗造林技术。造林前，先往树穴浇足水，再将山杏裸根苗根系直接接触到湿土上，回填心土。依靠根系下面湿土返渗的水分滋润苗木根系周围土壤，从而保持有效水分供给，提高苗木成活率。浇水与植树间隔时间要短，水渗完后，马上植树，保证苗木根系能坐在饱含水分的土壤上(图 3-6)。

具体操作程序：挖坑—回填—浇水—植树—封土。

坐水造林与传统造林相比较，对根系的影响见表 3-6。

图 3-6　坐水返渗造林技术

表 3-6　不同集水处理对根系的影响

处理	调查株数(株)	平均根系数量(条)	土壤含水量(%)	苗木长势
坐水造林	100	16.5	5.88	长势较好
传统造林	100	12.8	4.26	一般

3. 集水抗旱造林技术

山地造林立地条件差，坡度大，降水不易保存，易造成水土流失。通过修建集水工程汇集径流，在雨季收集天然降水进行有效储存，可解决造林季节因降水不均衡所带来的土壤水分匮乏问题。

(1) 广角防蒸发集水池建造技术

在干旱(半干旱)阳坡山地水源较远的地块，且高于所要灌溉的造林地、交通比较方便、无填垫土方、土地相对平整、施工方便的地方，在山体上部建立永久性广角防蒸发集水池。根据山体地形和坡度，集水池可大可小。充分利用集水池的集水面，在集水面挖几条集水沟，沟背上种植灌木，防止水土流失，增加绿化面积。集水池结构是钢筋混凝土，池壁和池底刷防腐漆，进行防渗处理，集水池左右两侧筑起截水坝，坝高15cm，长15m，角度120°，形成扇形集水面。雨水经过植物过滤带净化山体冲积的泥沙后，进入扇形集水面，大范围收集天然降水，然后依次经过过滤池和沉淀池，将残枝落叶和砂砾等杂物截留在过滤池，在沉淀池沉淀泥沙，清水进入集水池。集水池的上部设有溢水口，降水过多时自动排出；底部设有可变径的出水口，通过阀门控制出水量，灌溉造林地，集水池上铺设防蒸发网，防止水分蒸发(图3-7)。

(2) 不规则微型集水坑修建技术

山地造林立地条件差，坡度大，降水不易保存，易造成水土流失。修集

图 3-7　广角防蒸发集水池

水工程,能够有效地拦蓄和利用自然雨雪,延长自然降水的保留时间,防止水土流失,提高土壤含水量,为造林苗木根系提供充足水源,起到抗旱保墒的作用。此项技术全年均可进行,一般多在雨季(7~8月)进行,施工比较方便。修不规则微型集水坑的方法:在坡度25°以上林地的树体周围,在不伤到根系的情况下,自由修筑长60~80cm、宽40~60cm、深30~40cm的不规则微型集水坑,外沿用土培实或用石块垒砌呈内低外高的反坡水盆,坑外沿高于内侧15~20cm,坡度不宜过大,以免被雨水冲毁,集水坑内侧进行深翻或客土(图3-8)。坑外沿、外坡可种草,防止雨水冲刷,提高土壤肥力和含水量,调节林地小气候(图3-9)。

图3-8　不规则集水坑

图3-9　次年集水坑内造林

(3)微地形育苗技术

在集水池下游地势相对平坦、土层较厚地段进行微地形育苗(图3-10,图3-11)。缓坡密植3年生油松营养杯苗,栽植密度达1m×1m;隔年取苗就近造林或补植。节省运输苗木的费用,降低补栽苗木的二次投入(表3-7)。

图3-10　苗圃地油松

图3-11　苗圃地紫穗松

表3-7 苗圃地取苗造林节省人工费调查表

苗圃地苗木(株)	工人数量(人)	人工费(元/人·天)	栽植数量(株/人·天)	栽植天数(天)	人工费总计(万元)
15540	20	120	70	11	2.64
调运苗木(株)	工人数量(人)	人工费(元/人·天)	栽植数量(株/人·天)	栽植天数(天)	人工费总计(万元)
15540	20	120	30	26	6.24
节省人工费(万元)					
3.60					

注：将苗圃地苗木全部用于就近造林与调运苗木比较。

在集水池下游地势相对平坦、土层较厚地段建立微地形苗圃，在苗圃地外围迎风面设置双层防风、防沙、防寒屏障。主要方法：建立双重防风防寒屏障。第一重屏障在苗圃地外围15m迎风面，密植6行油松，株行距1m×1m；第二重屏障在圃地外围2m处挖沟埋秸秆，秆长1.5~2.5m，打成直径30~40cm/捆，秸秆捆向苗圃地方向倾斜15°，碎秸秆填入沟中作绿肥，填土踏实，形成防风防寒栅栏。上冻后，对幼树树干涂白防寒、涂驱避剂防鼠(兔)害，再用秸秆或枯草覆盖，使幼树安全越冬。圃地取苗就近造林，能较大程度保证苗木活性，提高造林保存率(表3-8)。

表3-8 微地形苗圃采用防寒技术数据调查表

处理	树种	调查株数(株)	成活率(%)	生长量(cm)	保存率(%)
采取防寒措施	油松	130	93.8	25.8	90.8
	紫穗槐	130	92.5	—	89.1
未采取防寒措施	油松	130	92.8	24.2	90.0
	紫穗槐	130	91.1	—	88.0

根据造林地气候特点和立地条件，使用容器苗和裸根苗造林，对现有造林技术进行整合、创新，以苗木供水为重点，结合节水、节劳等技术，采用节水整地、容器苗造林、裸根苗用生根粉和泥浆蘸根、地膜(秸秆、压砂)覆盖、坐水返渗及修建集水工程等造林技术，使栽植苗木根系周围的水分含量较长时间内维持在4%~8%的范围内，促进苗木成活和生长。通过综合配套技术的推广，造林成活率达到89.6%以上，保存率86.6%，阳坡、半阳坡的土壤含水量为4.5%、4.8%。

二、容器育苗及造林技术

容器苗造林适于立地条件差，一般常规造林方法不易成活的地类。容器苗造林能够增加苗木抗旱能力，缩短森林培育周期，提高造林成活率，加速绿化进程。

1. 容器育苗的优、缺点

容器育苗的优点：一是可以就近育苗，不占耕地或少占耕地。二是节省种子。容器育苗比大田播种育苗可节30%~50%的种子。三是缩短育苗周期。一般容器育苗3~6个月就能出圃造林。四是延长造林季节。由于容器苗带土移栽，抵御干旱等自然灾害能力强，在河北省可以实现春、夏、秋三季造林。五是提高造林成活率。容器苗带土团上山造林，不伤根，造林后缓苗期短，造林成活率高。六是适合于实行工厂化育苗，因容器育苗营养条件和管理一致，苗木生长整齐，使机械化和自动化作业成为可能。

容器育苗的缺点：一是育苗技术要求高，营养土的配方要因树种而异；二是育苗成本比裸根苗高；三是苗木运输成本比较高。

2. 容器的种类、材料与规格

制作容器的材料有塑料薄膜、硬质塑料、泥炭、纸浆、稻草等，其中，塑料容器占主导地位。容器的性状有圆柱形、圆锥形、方形、六角形等。用于育苗的容器种类很多，归纳起来共有两类：一类是容器和苗木一起栽入造林地，如国外的蜂窝纸杯、泥炭容器等；另一类是在苗木栽植时需取下容器，如用聚苯乙烯、聚氯乙烯制成的塑料袋、营养杯等。容器大小根据育苗地区、树种、育苗期限、苗木规格、造林地立地等条件决定。在保证造林成效的前提下，尽量采用与苗木规格相适应的容器，容器袋一般有高8~20cm、直径5~18cm的不同规格，容器袋的四周有排水、通气孔。

3. 育苗基质

育苗基质为苗木生长发育提供各种营养和水分，育苗基质配制是容器育苗成败的关键。

(1) 育苗基质要求

①来源广，成本低，具有一定肥力。

②通透性能良好，有足够的孔隙度，有良好通气、透水性能。满足种子发芽，苗木生长对水分的需求。

③育苗基质的材料重量要轻,如果营养土太重对于搬运及运输都极为不利。

④不带病虫和杂草种子。

(2)育苗基质的材料和配方

配置基质的材料有黄心土(生黄土)、火烧土、腐殖质土、塘泥、泥炭土、堆肥、砭石、珍珠岩、草皮土等,要根据培育的树种配置基质。培育油松、侧柏时,可选用黄心土或林地表土(黏性土掺沙1%~2%)外加过磷酸钙3%。

配制育苗基质的场所应保持清洁。如果采用机械混拌营养土,设备在使用前可用2%的福尔马林溶液消毒。不同树种苗木生长要求不同的酸度范围,一般针叶树要求pH 4.5~5.5,阔叶树要求pH 5.7~6.5。培育松树、栎类容器苗时应接种菌根菌。

4. 基质装填与播种

基质要在装填前湿润,含水量10%~15%。可以手工装土,也可以机械装土,基质必须装实。使用无底薄膜容器时,更要注意把底部压实,使提袋时不漏土,不要装得过满,一般比容器口低0.5~1.0cm。容器装土后,要整整齐齐摆放到苗床上,容器间空隙用细土填实。容器育苗要选用良种或种子品质达到国家标准规定的二级以上种子。播种后应覆盖或遮阴。播种量要根据树种特性和种子质量、催芽程度而定,一般每个容器播2~3粒。

5. 抚育管理

容器苗的抚育管理基本与露地播种育苗相同。出苗前需要覆盖,出苗后及时撤除覆盖物并根据需要浇水、追肥、松土除草、间苗等。

(1)浇水

容器苗不能引水灌溉,而土壤又需要保持湿润,因而,喷水是容器育苗中重要的措施。在出苗前喷水时,水流不能太急,以免将种子冲出。

(2)追肥

容器苗虽然生长在营养土中,但在有限的容器内,不能满足苗木整个生长过程中对营养成分的全部需要。因此,容器苗仍需要追肥,一般与浇水同时进行。常用含有一定比例的氮、磷、钾的复合肥料,配成1:200的浓度水溶液,而后进行喷施。每隔1个月左右追肥一次,但每次数量要少。最后一次在8月中下旬,之后应该停止追肥,以利于苗木木质化安全越冬。

(3) 松土除草

容器内的营养土因喷灌也会出现板结，也会发生杂草，所以，应松土除草。除草要做到"除早、除小、除了"。

(4) 病虫害防治

本着"预防为主、综合治理"的方针，发生病虫害要及时防治，必要时应拔除病株。

(5) 间苗和补苗

在容器育苗生产中，往往因为播种量大或种子不均匀而出现密度过大或稀密不均的现象，必须及时间苗和补苗。一般小苗发出 2~4 片叶子时间苗和补苗。每个容器内保留 1 株健壮苗，其余苗要去除。对缺株容器及时补苗。

6. 出圃

容器育苗 1 年以后，根据造林需要，进入雨季即可出圃造林。只要土壤墒情允许，可持续到秋季。如造林地一年未落透雨，宁可留圃，也不要勉强出圃造林。出圃时以苗根将要扎出袋孔为好，苗木出圃前如果袋内营养土缺水，应灌 1 次透水，待水稍干，容器袋内营养土稍硬时起苗。起苗时从苗畦一头按顺序出圃，做到营养土不松不散，保持袋体完整，防止散袋而损伤苗木根系。运输途中要做好保湿，防止风吹日晒，并注意保持营养袋完整，防止压碎压散。

7. 容器苗造林

(1) 整地

雨季前应用小穴或反坡鱼鳞坑技术进行整地。因树种的不同，树穴规格也不相同。一般情况下树穴规格为 60cm×50cm×40cm。

(2) 栽植

最佳造林时间在雨季，宜早不宜迟。选用生长健壮苗木，栽植时去掉容器，或去掉营养袋底部，并保持苗木根团不散，每穴 1 株。栽植后整平穴面，穴面覆一层虚土，以利保墒，提高造林成活率。

(3) 抚育

造林后，一般要连续 3 年对幼苗除草松土、扩穴，每年 2 次。

(4) 病虫害防治

坚持"预防为主，综合防治"的原则，及时防治病虫害。

8. 注意事项

目前存在的主要问题是运输困难，造林成本高，运输过程中容易造成容器破损，发生散袋、根系受损伤现象，影响造林成活率。容器苗造林中，一是掌握好容器苗造林时间，尽量在雨季阴天，或在晴天早晨、傍晚上山造林，防止苗木直接暴露在烈日下；二是容器苗不要过大或太小，以2~3年生苗为宜，苗木过小则生长缓慢，而苗木过大则成活率没有保证；三是造林整地要科学合理，防止整地时过多破坏植被，要给幼苗留下一定的遮阴条件，有利于苗木成活。

三、封山育林技术

封山育林是对具有天然下种或萌蘖能力的疏林、无立木林地、宜林地、灌丛实施封禁，保护植物的自然繁殖生长，并辅以人工促进手段，促使恢复形成森林或灌草植被；以及对低质、低效有林地或灌木林地进行封禁，并辅以人工促进经营改造措施，以提高森林质量的一项技术措施。封山育林是恢复森林植被，建设优良生态环境的重要手段，是林业生态工程建设的重要技术措施。

1. 特点

封山育林是建设与恢复植被最快速、最经济的一项措施，且能有效优化森林结构、恢复其生态功能，并实现森林生态系统的稳定。归纳来说，封山育林主要具有以下三方面特点：第一，封山育林更注重利用原有植被资源和生态系统的自我修复能力，一般不进行整地或不进行全面整地，不易引起人为水土流失。二是辅助实施人促进更新，植苗或播种采用非均匀配置，并注重引入与原优势树种不同的树种，较易形成异龄混交、复层稳定的林分结构。三是重点依靠植物自然繁殖生长，形成的植被更具有天然林分特点，可以促进形成更复杂的能量和物质流动链条，增强生态系统的完整性，提高生态系统的稳定性，保护和促进生物多样性。四是封山育林成本较低，不需要组织大规模劳力，适应范围广，推进速度快，具有其他绿化方式无法替代的优势。

2. 条件

（1）无林地和疏林地

有下列情况之一的宜林地、无立木林地和疏林地，可实施封育：一是有天然下种能力且分布较均匀的针叶母树30株/hm^2以上或阔叶母树60株/hm^2以上；如同时有针叶母树和阔叶母树，则按每公顷针叶母树株数除以30加上每公顷阔叶母树株数除以60之和≥1，可实施封育。二是有分布较均匀的针叶树幼苗、幼树550株/hm²以上或阔叶树幼苗、幼树400株/hm²；如同时有针叶树幼苗、幼树和阔叶树幼苗、幼树，则按每公顷针叶树幼苗、幼树株数除以550加上每公顷阔叶树幼苗、幼树株数除以400之和≥1，可实施封育。三是有分布较均匀且萌蘖能力强的乔木根株450株/hm²以上或灌木丛560株/hm²以上，同时有乔、灌的，按每公顷乔木株数除以450加上每公顷灌木株数除以560之和≥1，可实施封育。四是除上述条款外，不适于人工造林的高山、陡坡、水土流失严重等地段经封育有望成林（灌）或增加植被盖度的地块。五是分布有国家重点保护一、二级树种和省级重点保护树种的地块。

（2）有林地和灌木林地

一是郁闭度<0.5的低质、低效林地。二是有望培育成乔木林的灌木林地。

3. 类型

（1）无林地和疏林地封育

根据地类、立地条件，以及母树、幼苗幼树、萌蘖根株等情况，将封育类型划分为乔木型、乔灌型、灌木型和灌草型。

乔木型：疏林地以及在乔木适宜生长区域内，达到封育条件且乔木树种的母树、幼树、幼苗、根株占优势（单位面积内乔木树种的母树、幼树、幼苗根株的比例占60%以上）的无立木林地、宜林地应封育为乔木型。

乔灌型：其他疏林地，以及在乔木适宜生长区域内，符合封育条件但乔木树种的母树、幼树、根株不占优势（单位面积内乔木树种的母树、幼树、幼苗根株占30%~50%，灌木占50%~70%）的无立木林地、宜林地应封育为乔灌型。

灌木型：符合封育条件的无立木林地、宜林地（单位面积内灌木树种母树、幼树、幼苗、萌蘖根株占70%以上）应封育为灌木型。

灌草型：立地条件恶劣，如高山、陡坡、岩石裸露或干旱地区的宜林地段，宜封育为灌草型。

（2）有林地和灌木林地封育

有林地和灌木林地应培育成乔木型。

4. 年限

乔木型5~10年，乔灌型5~8年，灌木型5~6年，灌草型4~6年。

年平均降水量 400mm 以上的区域取下限，年平均降水量 400mm 以下区域取上限。

5. 主要方式

封山育林的方式主要有如下 3 种。一是全封，即彻底封闭封山育林区，严禁一切入山的生产与生活活动。采取该方式前需全面调查，并合理划分一些地段作为人们必需的生活与生产基地。二是半封，即在平时禁止入山的生产与生活活动，但是在特定季节则予以开山，在保护林木的情况下，可以组织人们进山采野菜、蘑菇，割草、砍柴等活动。该种方式不但有益于育林，而且还能够保障山区人们的经济利益。三是轮封，该方式主要是将封山育林山地划分为几个地段，对其中部分地段实施封山，其他则开放，准许入山的生产与生活活动。经过数年后植被恢复到相应标准后再将原来开放的地段封闭，开放之前封闭的地段。

6. 主要措施

（1）封禁措施

在封育区设置醒目固定标牌。在封育区周界明显处，如主要山口、沟口、主要交通路口等应树立坚固的标牌，标明工程名称、在封区四至范围、面积、年限、方式、措施、责任人等内容。封育面积 100hm² 以上至少应设立 1 块固定标牌，人烟稀少的区域可相对减少。

在人畜活动频繁的封育区周边或部分地段应设置机械围栏、生物围栏等。

根据封育区大小和人、畜危害程度，设置专职或兼职护林员，每个护林员管护面积一般为 100~300hm²。

（2）培育措施

无林地和疏林地育林：在依靠天然下种繁殖的封育区，要在母树种子成熟落种前，对落种区域整地，使种子与土壤紧密接触。对于依靠根蘖繁殖的树种，进行挖沟断根或深耕切根。对于具有萌芽、萌蘖能力的灌木，生长多年枝条老化衰退的，进行平茬复壮。对封育区内宜林地段，天然更新较困难的地方和林间空地须进行人工补植、补播。在立地条件较好的封育区，应适当增加阔叶或针叶树种的补植补播比例，使之形成针阔混交的林分结构。封禁后期应采取除萌蘖、间苗、定株等人工辅助措施。林木接近郁闭或呈现出密度偏大时，可采用平茬、修枝、间伐等措施。

有林地和灌木林地育林：对封育区内树木株数少、郁闭度低于0.5的天然次生林和有天然乔木分布、有望培育成乔木林的灌木林地，采取补植、补播、人工促进等方法育林。对树种组成单一和结构层次简单的小班，采取适当的抚育措施，促进林下幼苗、幼树生长，逐渐形成异龄复层结构的林分。有林地和灌木林的育林，要努力向针阔混交林的方向培养。

7. 建立封育制度

一是为保证封育成效，应制定管护公约和封禁办法。二是逐山逐沟具体落实各封育区的边界、面积、封禁办法和管护设施等。三是建立联防制度和奖惩制度，对非法进入者、破坏者明确惩罚办法。四是定期检查封育区的火灾、林木有害生物和人为破坏隐患，积极做好森林火灾、林木有害生物和人为破坏的预测预防。在火险等级高的地段要开设生土防火隔离带。

8. 管护设施

一是在道路、边界的主要路口树立标牌，注明封山育林的四至范围、面积、封育类型、封育时间、封山公约的主要内容和管护人姓名等。二是在管护困难的封育区，要设哨卡，修建简易护林房舍、林道等加强封育区管护。具体建设标准由各地按实际情况确定。

9. 考核指标

（1）封育区合格标准

封山育林应于当年进行封育区合格检查。检查内容包括：封禁措施、培育措施、封育制度和管护设施等方面的完成情况。满足下列条件的封育区为合格。一是符合规定的封育条件；二是有合理的封育规划和作业设计；三是设置了醒目固定标牌；四是实施了封育措施；五是落实了管护措施；六是制定了封育制度。

（2）封育成效标准

第一，封育期满后进行封育成效检查。

第二，以小班为单位按无林地和疏林地封育（区分封育类型）、有林地和灌木林地封育（区分乔木林与灌木林）进行成效合格评定。

无林地和疏林地封育小班满足表3-9所列条件之一，且分布均匀为合格。有林地封育小班满足表3-10所列条件为合格。灌木林地封育小班满足表3-11所列条件为合格。

表 3-9　无林地和疏林地封育小班合格技术指标

类型	年均降水量≥400mm 地区	年均降水量 250~400mm 地区
乔木型	1. 郁闭度≥0.2 2. 小班平均有乔木 1050 株/hm²（含原有乔木）以上	
乔灌型	1. 乔木郁闭度≥0.2 2. 灌木覆盖度≥30% 3. 小班平均乔灌木 1350 株（丛）/hm² 以上，其中，乔木所占比例在 30% 以上	1. 郁闭度≥0.2 2. 灌木覆盖度≥30% 3. 小班平均乔灌木 1050 株（丛）/hm² 以上，其中，乔木所占比例在 30% 以上
灌木型	1. 灌木覆盖度≥30% 2. 小班平均灌木 1050 株（丛）/hm² 以上	1. 灌木覆盖度≥30% 2. 小班平均灌木 900 株（丛）/hm² 以上
灌草型	1. 小班灌草覆盖度≥50%，其中，灌木覆盖度≥30% 2. 小班平均灌木 900 株（丛）/hm² 以上	1. 小班灌草覆盖度≥50%，其中，灌木覆盖度≥20% 2. 小班平均灌木 750 株（丛）/hm² 以上

表 3-10　有林地封育小班合格技术指标

年平均降水量≥400mm 地区	年平均降水量 250~400mm 地区
小班郁闭度≥0.6，林木分布均匀，且林下有分布较均匀的幼苗 3000 株（丛）/hm² 以上或幼树 500 株（丛）/hm² 以上	小班郁闭度≥0.5，林木分布均匀，且林下有分布较均匀的幼苗 2000 株（丛）/hm² 以上或幼树 300 株（丛）/hm² 以上

表 3-11　灌木林地封育小班合格技术指标

年均降水量≥400mm 地区	年均降水量 250~400mm 地区
小班乔木郁闭度≥0.2，乔灌木总盖度≥60%，且灌木分布均匀	小班乔木郁闭度≥0.1，乔灌木总盖度≥50%，且灌木分布均匀；或乔灌木总盖度提高 10 个百分点以上，且分布均匀

四、飞播造林技术

飞播造林技术是利用飞机，在适宜播种的深山区和远山区，将树（草）种撒播到宜播地上进行造林（草）的技术。根据林木有天然更新的特点，借助自然降水和适宜的温度，使种子生根发芽、成林成材，达到扩大森林资源，增加林木植被的目的。飞播造林技术在林业事业建设中的经济效益、生态效益和社会效益十分明显，特别是作为扩大和改善植被的重要手段，在我国的生态建设工程中起到了不可或缺的作用。

1. 飞播造林技术的特点

与人工造林相比，飞播造林具有以下特点：一是施工速度快，节省劳力，能在较短时间完成大面积的造林任务；二是覆盖范围广，能深入人烟稀少，人工造林非常困难的边远山区；三是施工成本低，节约投资；四是采用多树种混播，可一次形成混交林，有利于改善当地的生态环境。

2. 飞机播种应同时具备下列条件

第一，具有相对集中连片的宜播面积，其面积一般不少于飞机一架次的作业面积；同时，宜播面积应占播区总面积60％以上。

第二，有适宜飞播的气候、地形、植物等自然条件和技术条件。

第三，风沙活动强烈地区应先设置沙障。

3. 飞播固沙植物的选择

除满足第2条的有关规定外，飞播固沙植物还应符合以下条件：优先选用乡土树种中的固沙先锋树(草)种，并具有丰富的种源，能满足飞播治沙对种子数量的要求。根系发达，繁殖能力强，具有耐干旱、瘠薄，种子易于附沙，吸水力强，发芽快，易成活。植物种子、幼苗适应流沙环境，能忍耐沙表高温。能适应风蚀及沙埋环境并能在短期形成优势群落，固沙效果好。

4. 飞播种子处理

根据不同树种特性及飞播作业要求，应对种子分别进行风选、水选、包衣等处理，积极推广行之有效的鸟鼠驱避剂、植物生长调节剂拌种、漫种处理。

对小粒种子和易漂移种子，应进行必要的大粒化处理。

5. 飞播作业

有牲畜危害的地方，播前要对播区进行围栏。

按照飞播规划设计进行作业。飞播的树种配置类型分为乔木纯播、乔木混播、乔灌混播、灌木纯播、灌木混播、灌草混播。沙区飞播的树种配置应以灌草混播类型为主；流动、半固动沙地实施飞播治沙时，地面处理以设置沙障为主。

沿航带中线及其两侧各20~25m处设接种点，摆设1m×1m接种样方，检查落种情况。播种质量合格标准为：实际播幅不小于设计播幅的70％或不大于设计播幅的130％；单位面积平均落种粒数不低于设计落种粒数的50％或不高于设计落种粒数的150％；落种准确率和有种面积率大于85％。

6. 播区管理

飞播后播区全封 5~10 年。全封期间制定封禁管护制度，设置封禁设施，落实专人管护等管护措施。严禁放牧、割草、砍柴、挖药和采摘等人为活动。在灌草植被盖度≥50%的地方，可允许适度的人工割草，当年最后一次割草留茬不低于 5cm。

对飞机难以作业的死角和漏播地块要及时进行人工点播或撒播。

做好播区鸟兽病虫害防治工作。

五、工程固沙技术

工程固沙是对流动沙地或裸沙地，通过机械沙障改变风沙流的速度和结构，从而削弱沙地的风蚀、沙埋程度，最终达到防护目的的措施。工程固沙常用于当流沙严重地威胁着铁路、公路交通要道或重要工厂、工程基地时，或用于种树种草见效迟缓或根本不能成功的情况下，也用于生物治沙前期工程，目的是固定流沙，为后续植树种草创造条件。

1. 工程固沙条件

第一，植被覆盖度<10%、风沙活动强烈、地表沙物质处于流动状态的沙丘或沙丘链。

第二，植被盖度<10%的平缓流动沙地或起伏不大（10°~15°）的低矮流动、半固定沙丘。

2. 工程固沙技术措施

工程固沙技术需要借助各种综合机械设备，提高治沙的效果。通过借助工程手段提高对风沙的疏导和阻挡，可保护土地资源的稳定性，减少风沙对土壤的推移。但在应用该技术之前，应该对当地的风力、风向及风速进行充分研究，在此基础上选择具体的机械工程，提高防沙治沙的效果。在应用工程固沙技术中，需要对风沙的运行规律进行准确分析，铺设沙障和栅栏等，最终起到稳固土地的目的。此外，该技术还可以起到提高植被覆盖率的作用，避免土地荒漠化的持续加剧。机械沙障是进行风沙防治的重要工程措施之一，以机械沙障来固定流沙，恢复流沙地区的植被和土壤，进而促成生物土壤结皮的形成。

3. 工程固沙中常用沙障及设置

（1）草方格沙障

利用稻草、麦秸、芦苇、蒲苇等沙障材料铺设整个沙地、沙丘或沙丘链流沙表面。铺设沙障规格一般为1m×1m，较为平坦的流动沙地等特殊条件沙障规格为2m×2m。沙障高度在地面以上5~10cm，沙障入土深度5~15cm。沿沙丘等高线方向为纬线样线，垂直沙丘等高线方向为经线样线进行放线。按照先经线样线，再沿沙丘纬线样线的顺序进行施工。将沙障材料垂直平铺在纬线样线上，在交叉部位也要放置沙障材料，组成完整闭合的网格，铺设材料要均匀，厚度2~3cm为宜。将方型铁锹或其他工具放在麦秸中央并用力下压，使麦秸两端翘起，麦秸中间部位压入流沙中。麦秸中间部位入沙深度5~15cm，同时麦秸两端翘起部分高出沙面5~10cm。

（2）平铺式沙障

利用黏土、砾石、秸秆、树枝等沙障材料铺设整个沙地、沙丘或沙丘链流沙表面。黏土或者砾石沙障规格为0.5m×0.5m的网格状，秸秆、树枝等材料沙障规格为2m或4m间距的带状。高度为地面以上5~10cm。

（3）高立式机械沙障

利用柳条、秸秆、芦苇、枯枝等非活体沙障材料铺设整个沙地、沙丘或沙丘链流沙表面。沙障规格为1m×1m、2m×2m的网格状或2~4m间距的带状。沙障高度为地面以上50cm以上，沙障入土的深度20~40cm。

（4）植物再生-机械复合型沙障

利用黄柳、杨柴、沙柳、柠条等1、2年生枝条，铺设部位在沙地、沙丘或沙丘链中下部。枝条长度50~70cm。沙蒿、杂草、秸秆等作填充材料。沙障规格为4m×4m或6m×6m。沙障高度为地表以上20cm，沙障埋入沙中的深度30~50cm。

（5）直播植物再生沙障

适宜年平均降水量300~400mm的沙区。主要树种杨柴、柠条，伴生植物种选择燕麦和小麦等铺设在需要施工的平缓沙地、沙丘。混交比1:10，每亩播种量为7.5~10kg。直播时间为雨季。沙障根据流动沙地起伏、平缓等状况，直播生物沙障网格设计为1m×1m、1m×2m和2m×2m等不同的规格。

4. 沙障维护

沙障建成后，要加强巡护，防止人畜破坏。机械沙障损坏时，应及时修复。

5. 工程固沙评定标准

沙障在经过一个完整的冬春使用后，对其防沙固沙效果进行检查评定

(表3-12)。

表3-12 工程固沙效果评定指标表

项目	优	良	差
沙障的保存完好率(%)	≥85	70~85	<70
保苗率(%)	≥80	60~80	<60

六、退化林分改造修复技术

1. 相关概念

（1）退化防护林

退化林分是指因生理衰败、遭受自然灾害、外部环境变化、人为过度干扰等因素造成林分提前或加速进入衰退阶段，出现枯死、濒死、生长不良等现象，导致群落结构失调、稳定性降低、功能下降甚至丧失，且难以自然恢复的乔木林、灌木林和混交林等林带。

（2）林分修复

通过营造林措施改善退化林分的结构，提高林分质量和防护功能的修复过程，包括更新修复［皆伐、林（冠）下造林、老桩萌芽、伐桩嫁接］、补造修复、抚育修复（抚育复壮、平茬复壮）等方式。

（3）枯死木

树体整体死亡的林木。

（4）濒死木

2/3以上的树冠或树干枯死，或整株萎靡而濒临死亡的林木。

2. 修复原则

（1）分区施策，分类修复

对特殊保护地区的退化林分实行全面封禁，对特殊保护地区以外其他地区的退化林分，按照起源不同分为退化天然次生林和退化人工林。退化天然次生林采取以封育和补植为主的修复措施，对退化人工林视环境条件、退化情况等合理选择修复方式

（2）利用自然，绿色修复

在尊重自然、理解自然的基础上，充分利用自然，人工协助自然恢复潜力受到抑制或损害的退化林分进行自我修复。为加快修复进程，可辅助以人

工补植补播措施开展促进修复，培育形成自然度高、稳定性强的森林群落，提高退化林分修复的有效性、经济性和节能性。

(3) 依法采伐，科学修复

严格按照天然林保护和公益林管理政策、技术进行采伐。采伐林木后，视林分情况和经营目标开展科学补植补播。树种选择应优先选用能与保留林木互利生长、相融共生的优良乡土树种，宜乔则乔，宜灌则灌。

(4) 保护优先，合理修复

加强对特殊保护地区防护林、天然林，以及重点保护野生植物、重点保护野生动物和其栖息地的保护，并在维护防护功能相对稳定的前提下开展修复，合理选择修复方式，合理安排修复时间和工序，减少对重点保护野生动植物产生惊扰和干扰，避免其生境破碎化。

3. 修复对象

凡符合下列条件之一的，可被确定为修复对象。

条件一：进入成过熟期，林分衰败，林木生长衰退，防护功能下降的乔木林。

条件二：主林层出现枯死木、濒死木株数占小班株数5%(含)以上，难以自然更新恢复的乔木林。

条件三：郁闭度在0.3(含)以下，林木分布不均匀，生长衰退，防护功能下降的中龄以上的乔木林。

条件四：覆盖度在40%(含)以下，分布不均匀，老化、退化，防护功能下降，难以自然更新恢复或难以维持稳定状态的灌木林。

条件五：连续缺带20m以上且缺带长度占整条林带长度20%(含)以上，林相残败、结构失调、防护功能差的林带。

4. 修复技术

依据退化程度、成因以及分布特征，确定退化林的修复措施。

(1) 更新修复

①皆伐更新

适用于条件一或条件二，主林层枯死木、濒死木占小班株数30%(含)以上。皆伐修复采用块状或带状皆伐作业方式应符合以下要求。

坡度小于25°的可以采用块状皆伐修复方式。其中，坡度小于15°的皆伐面积控制在5hm²以内，坡度大于15°的皆伐面积控制在3hm²以内。

坡度大于25°的应采取带状皆伐修复方式，皆伐带最大宽度不得大于20m，保留带宽度不得小于30m，且皆伐带要与等高线平行。

皆伐区内分布有溪流、湿地、湖沼，或邻近特殊保护地，应保留宽度不小于50m的缓冲带。

皆伐作业应对目的树种的幼苗、幼树采取保护性措施。

皆伐后采取人工植苗造林的方式进行修复。更新整地应减少对原生植被的破坏，禁止采用全面整地方式。

②林（冠）下造林更新

适用于条件一或条件二，主林层枯死木、濒死木占小班株数10%（含）以上的林分。在适地适树的前提下，选择幼龄期耐阴性较强、能在林冠下正常生长发育的树种，并与林地上已有的幼苗、幼树共生。造林前先伐除枯死木、濒死木、林业有害生物危害的林木，注意保留优良木、有益木、珍贵树。采用穴状整地方式，以最大限度保护原生植被和原有目的树种。待更新树种成长后，根据有利于形成异龄混交的原则，选择性伐除非培育对象林木。

③渐进更新

适用于条件五。以维持林带防护功能相对稳定为原则，退化林带采取隔带、带外、半带及分行等方式更新修复。修复间隔期5~8年。造林前先伐除枯死木、濒死木、林业有害生物危害的林木。

采用半带更新时，将偏阳或偏阴一侧、宽度约为整条林带宽度一半的林带伐除，在迹地上更新造林，待更新林带生长稳定后，再伐除保留的另一半林带进行更新。

采用带外更新时，在林带偏阳或偏阴一侧按林带宽度设计整地，营造新林带，待新林带生长稳定后再伐除原有林带。

采用隔带、分行更新时，采伐后要及时更新造林。

（2）补造修复

①乔木林补造

适用于条件二、条件三。伐除病腐木或濒死木、枯死木，利用林间空地营造一定数量的乔木或灌木，形成多树种（多品种）复层异龄混交林。

②灌木林补造

适用于条件四。通过补造乔木或灌木树种，形成乔灌混交林或灌木林。

（3）抚育修复

①抚育复壮

适用于条件二中主层林枯死木、濒死木株数占小班株数30%(不含)以下的乔木林。清除死亡和生长不良的林木，采取疏伐、生长伐、卫生伐、调整林分结构等抚育措施，促进林木生长。符合补造条件要求的林分，应进行补造。补造树种应尽量选择与原有树种和谐共生的不同树种，并与原有林木形成混交林。

②平茬复壮

适用于条件三、条件四中有萌蘖能力的乔木林和灌木林。适宜平茬复壮时期为春季土壤未解冻前。立地条件较好、生长较快的灌木平茬间隔期为3~5年，立地条件差、生长较慢的灌木平茬间隔期为4~6年。

七、盐碱地利用与改良技术

据统计，河北省盐碱地总面积1068万亩，占耕地总面积的69.9%，其中盐碱耕地746万亩，占盐碱地面积的70%，盐碱荒地322万亩，占30.1%。按区域主要分为滨海海浸盐渍区、黄淮海斑状盐渍区和坝上内流盐渍区。其中，沧州市456.59万亩、唐山市123.57万亩、张家口市301.38万亩，三市盐碱地共计881.54万亩，占河北省盐碱地总面积的82.48%。改良和利用盐碱地对确保国家粮食安全和生态环境建设有十分重要的意义。

1. 植物耐盐性

按抗盐机理分，抗盐植物分为两大类。一类是避盐植物，包括泌盐植物和稀盐植物。其特点是前者向植物体外分泌盐离子，后者能够调节体内盐浓度和分布。第二类是拒盐植物。其特点是根系拒绝有害盐离子的吸收，导管拒绝有害盐离子的传导。

北方常见植物耐盐能力见表3-13。

表3-13 北方常见耐盐植物耐盐能力分类

耐盐能力(%)	乔木	灌木	藤本	草本
>0.50		柽柳、'宁杞'枸杞	白刺	碱蓬、盐地碱蓬、盐角草
0.45	沙枣、'鲁3'白蜡树、'鲁4'白蜡树	枸杞、沙冬青		海滨獐茅、千屈菜、盐草、芦苇、蒲苇
0.40	枣、'盐柳'	四翅滨藜	忍冬、紫藤	碱茅、白茅、补血草、黄蜀葵、酸模、地肤、戟叶火绒草、莲、部分菊花类

(续)

耐盐能力(%)	乔木	灌木	藤本	草本
0.35	杜梨、侧柏、龙柏、北美圆柏、白杜、美国白梣、欧梣、榆、桑、构、皂荚、刺槐	木槿、锦鸡儿、接骨木、蒙古莸、部分灌木柳	忍冬、叉子圆柏	高羊茅、早熟禾、冰草、部分菊花、黄蜀葵、蜀葵、向日葵、菊芋、斜茎黄芪、罗布麻
0.30	圆柏、刺槐、流苏树、白蜡树、槐树、臭椿、香椿、楝、合欢、旱柳、垂柳、新疆杨、毛白杨、梧桐、部分槭树、栾树、梨、桃、杏、李、君迁子	丁香、连翘、金银忍冬、锦带花、紫荆、黄杨、紫叶李、黄栌木、榆叶梅、小叶女贞、紫穗槐、文冠果	葡萄、爬山虎、地锦、牵牛	多
0.25	柿、黑松、部分漆树、悬铃木（含美国悬铃木、欧洲悬铃木）、女贞、石楠、黑杨、苹果、海棠	多, 月季、蔷薇、迎春等	凌霄	多
0.20	七叶树、楸、梓、白花泡桐	玫瑰		
<0.15(0.1)	樱桃、东京樱花、核桃、板栗、白皮松			

2. 盐碱地改良技术

盐碱地改良利用基本途径与原则基本有以下两点：一是改地适树，改树适地。过去以土壤改良为主，抗盐育种越来越受重视，应加大植物良种选育和利用，降低成本，提高效果。二是通过抬高地面，排出、降低地下水位。其原理是依据水盐运动规律，调控水盐，采取水利工程措施，淋洗盐分，降低土壤含盐量。只允许盐分下行，防止地表蒸发。

（1）工程措施

①条田技术

条田是在开挖排灌渠系过程中形成，田间开沟，地面不抬高（图3-12）。优点：成本适中，土地利用率高。条田宽（w）一般为有效沟深（h）的40~60倍，末级排水沟（斗沟或农沟）有效深度为"根深+毛管升高"，一般为1.5~

2.0m。实际工作中,条田宽度应根据土壤质地有所调整。黏重土壤台田排水沟坡比为 1:1~1:2,轻质土或降水量较大地区坡比为 1:2~1:3。

图 3-12 条田技术示意图

w—条田宽;h—有效沟深

②台田技术

为条田的变形,重在抬高地面。开挖排沟,起土抬高地面,相对降低地下水位,以沟排水排盐。优点:见效快,效果好。缺点:土方量大,造价高,土地利用率低。

③竖井技术

竖井排灌是开凿竖井至承压含水层,抽取承压水以降低地下水位,改良盐碱。竖井一般设计深度 40~100m,井壁完全通透。

④暗沟技术

暗沟,排沟下半部以透水基质填充上部覆土形成,或筑成墙壁透水的下水沟式建筑物(图 3-13)。目前,新出现的盲沟工程系暗沟技术发展而来。

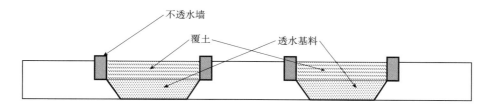

图 3-13 暗沟技术示意图

⑤暗管技术

暗管技术使用新材料透水集排水管道、智能导航、机械化铺设、机械化维护,其不破坏地形,土地利用率高,地下水可控,使用寿命长久,多年累计成本低,效果稳定。

根据项目区的工程需要,也可采用设计渗水管和集水管相连接的铺设方式,即全封闭式的强排系统。渗水管的功能是接收盐碱水,集水管的功能是将渗水管内的盐碱水集中到泵池之中,然后用泵排出。如果土壤地质条件允许,一般采用暗排明排相结合的方式,只铺设一级渗水管,渗水管的盐碱水直接流入排沟,由排沟集中到泵站与地表水一起排出或再利用。

暗管的铺设是按设计深度和间距在激光指导下由埋管机按设计比降埋入地下的，暗管四周裹有滤料，以防止粉末性土壤颗粒进入管内，堵塞暗管。

工程措施实施后，形成了暗管以上土层与以下土层的隔断，上部土层在降水和灌溉条件下逐步脱盐，下部土层盐水被暗管吸收不再上升，盐碱土壤变为可种植土地。这时，土地的种植、施肥、浇灌、沟渠路、桥涵闸、水库泵站等设施的维护管理非常重要，只有责任到人，才能防止设备和水利设施的损坏。土地精心种植和管理，使其不再荒废是促使土壤加快改良的重要措施。

暗管改碱技术的五大优势：

第一，改碱见效较快、效果好。

第二，投资适中，经济、生态效益显著。

第三，节约土地，维护方便，从根本上解决盐碱危害。

第四，机械化、自动化程度高，可以大面积实施和推广

第五，土地整理与农田水利建设相结合，节水效果显著。

⑥客土及地下隔离层技术

此技术是以无盐土壤更换盐土，须结合地下隔离层等措施才能长期保证效果。隔离层铺设透水或不透水基料，隔断地下水或土壤毛管。

⑦PCET盲沟综合沟改良技术

这是一项综合客土、暗沟、暗管等优点的排碱技术，多用于路域。首先，将原土倒出，整平基面压实后平行于公路挖出主盲沟，垂直于主盲沟挖设支盲沟，填满石子来取代暗管，间隔30m安装一根排水管，然后均匀透水石屑，上铺一层渗水土工布原土回填，透水砂柱铺砌。

排盐盲沟的纵坡比一般在5%以上。设计要点是底面严格按纵坡施工，滤料填埋时底层先填大径粒，依次是中径粒、小径粒分填，两侧以中径粒或小径滤粒填实。排盐盲沟的设置可以较排盐管浅一些，密度大一些，可以和隔盐层一起设置。

隔盐层厚度一般为20~30cm。为保持土壤有良好的排水性透水性，隔盐层应做出1%~2%的排水坡度，并向排盐管或排盐盲沟的位置倾斜。用作隔盐层的材料很多，如石子、中沙、炉渣、卵石等。按照节约的原则，就地取材，哪种材料取用方便就用哪种。作物秸秆或土工布一般铺设在其他材料上层，起到盐土层与客土层隔离作用。

（2）水利措施

工程建设本身不会降低土壤含盐量，应在此基础上以水淋溶盐碱，排出区外。方法主要有：淡水灌溉洗盐，微咸水灌溉洗盐，积蓄降水洗盐。淋溶析出的土壤盐水（或地下水）可经排沟逐级汇集自然排出，或泵站排出（强排）或者其他机械方式（如风车）排出。

灌溉量一般不小于 200m^3/亩。微咸水灌溉必须量大，充分淋溶。

（3）化学措施

施用土壤改良剂如石膏、磷石膏、过磷酸钙、腐殖酸、泥炭、粉煤灰、脱硫渣等改良土壤。一般只作辅助，难以解决根本问题。

（4）生物改良措施

具体有造林绿化、种植绿肥牧草、利用微生物等。

（5）其他措施

①地表覆盖

覆地膜、有机物（有机质）、植被等。减少地表蒸发，防止盐结皮。适宜在旱季、干旱地区、轻盐碱地、新造林后使用。

②容器、保护地、无土栽培

采用无土、无盐人工基质或容器栽培育苗能够一定程度上提高植物耐盐能力。如山东省林业科学院研制的可降解无纺布轻基质容器育苗技术用于盐碱地造林，取得了良好效果。

第二节 主要治理模式

在国家重点生态工程实施中，各地按照"增林扩绿、林果并重"的总体要求，把生态建设同产业发展相结合，注重生态、经济、社会效益相统一，在工程建设实践中，探索出了不同立地类型条件下适合林木生长的整地模式和植被配置类型，总结出了符合河北省情的工程治理模式，提高了工程建设成效。

一、坝上地区以柠条为主的综合治理模式

适宜类型区：坝上固定、半固定沙地，风蚀沙化的农田、牧场。

配置要点：一是风蚀沙化严重地区建设柠条防风阻沙林带。林带宽度依

据不同地区、不同风速和沙化程度而不同,造林前机耕整地,间隔2m留1条1m宽的播种带,每带播3行(图3-14);二是柠条和草带状间作,可以采用1m柠条、4m草带和2m柠条、8m草带(图3-15)两种模式。草种以斜茎黄芪、草木犀、苜蓿等为主;三是缓坡梯田用柠条护坡护埂(图3-16);四是柠条和农作物带状间作(图3-17),柠条宽度3~4m,农作物宽度5m;五是采取株距0.3m、行距3~5m的宽行密株营造薪炭饲料林,并在行间种草(图3-18),提高了薪炭林的生物量。

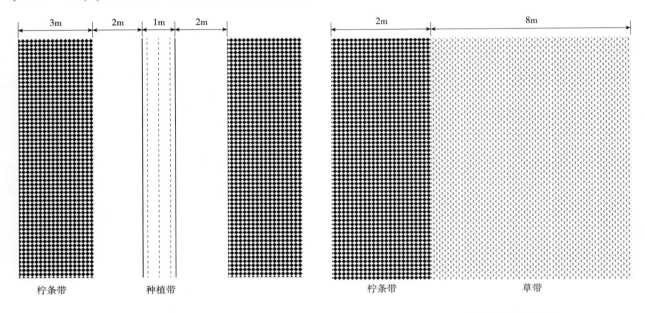

图3-14 柠条防风阻沙林带　　　　　图3-15 柠条和草带间作

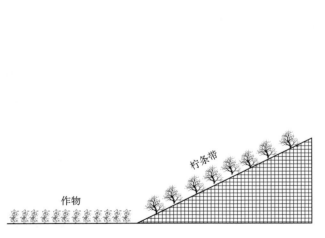

图3-16 缓坡梯田用柠条护坡护埂

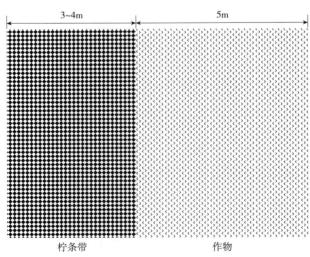

图3-17 柠条和农作物带状间作

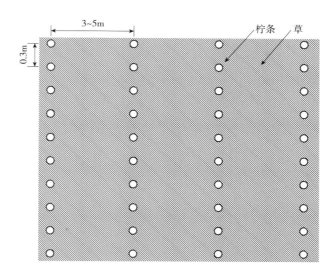

图 3-18　宽行密株营造薪炭饲料林

树种选择：柠条为主，流沙地可选黄柳，盐碱地用枸杞。

典型应用：据康保县调查，柠条造林模式的推广使县内流动、半流动沙丘得到了固定，降低了风速，减少了扬沙和浮尘。全县 6 级以上大风日数由 20 世纪 70 年代的 61 天下降为 53 天，沙尘日数由 11 天下降为 2 天。该县的照阳河镇兴隆村依靠 200hm² 柠条，养殖绒山羊 1100 多只，仅此一项户均年增收 1500 元以上。群众高兴地说："1 亩柠条 1 只羊，10 亩柠条奔小康。"柠条治沙模式的推广使农林牧各业由多年的相互制约变成了协调发展，加快了坝上地区农业结构调整和农民脱贫致富步伐。

二、坝上以杨树为主的农田、牧场防护林网治理模式

适宜类型区：坝上农田、牧场。

配置要点：建设宽林带、大网格的林网，设主林带与副林带。主林带与主风方向垂直，副林带与主林带垂直构成防护林网；主林带间距 200~250m，由 6~10 行林木组成；副林带间距 500m，由 4 行林木组成（图 3-19）。林带建设实行乔灌结合，大网格以乔木为主，风蚀沙化严重的，在网格内发展灌木片林；条件较好的，在网格内采取灌木和牧草或农作物间作的方式。林网采用半带更新和伐根嫁接等技术进行经营和改造。

树种选择：根据立地条件的不

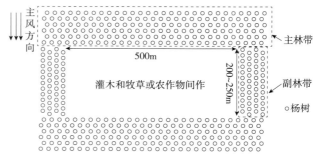

图 3-19　以杨树为主的农田、牧场防护林网示意图

同，本着适地适树的原则。阔叶乔木以北京杨、小叶杨、榆树等树种为主；针叶树以落叶松、樟子松等树种为主；灌木主要以柠条、枸杞、沙棘等树种为主。

典型应用：张北县、沽源县、尚义县、康保县等县大力推广坝上农田林网林农综合开发治理模式，加快以杨树为主要树种的农田、牧场防护林网建设速度。据统计，坝上各县推广此模式面积达40万亩，有效地抵御了风沙危害，促进了农业的可持续、协调发展。据张北县、沽源县调查统计，林网内的空气湿度比旷野增加30%，地表温度提高1~1.5℃，无霜期延长10~15天，粮食增产10%~15%。

三、坝上地区以乔木为主要树种的林草结合治理模式

适宜类型区：坝上曼甸、坝头山地。

配置要点："宽行距，窄株距，中间留出打草带"，即株距为1~1.5m，3或4行成1带，林带距8~12m。

1. 整地时间及规格

春、夏、秋三季整地均可。鱼鳞坑整地：整地规格为50cm×40cm×30cm，上下"品"字形配置，整地时熟土回填，坑内活土不得低于20cm。机械整地：整地规格为40cm×20cm，3行1林带，行间距2m，"品"字形栽植。

2. 栽植

以雨秋季栽植为主，容器苗造林，每穴1株。株距1.5m，栽植时将苗木扶正后埋土踏实，埋土厚度超过苗木原土印1~2cm。

3. 新造林地严格封禁，防止人畜践踏破坏

易遭冻拔危害的造林地段，注意防冻拔。造林时注意保留原有散生乔、灌木。

树种选择：落叶松、樟子松等。

模式图：见图3-20。

典型应用：坝上和沿坝地区坡度较缓的宜林地，特别是御道口林场等林牧矛盾突出的地区，推广应用的"宽行距、窄株距"的林草带结合治理模式，增加森林资源的同时，林带间的草地为牧民提供优质饲草资源，较好地解决了林牧矛盾，取得了良好效果。

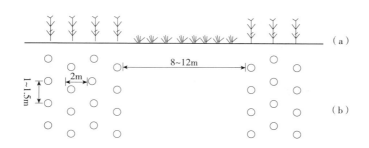

图 3-20　坝上地区以乔木为主要树种的林草结合治理模式

（a）剖面图；（b）平面图

四、石质山地水保治理模式

适宜类型区：燕山、太行山区立地条件较差的干旱石质山区。

配置要点：干旱阳坡和石质山区立地条件较差，整地困难、树木难以成活，造林模式以保持水土、生物工程与水利建设工程相配套，造林、封山、育林相结合，尽量保护和恢复原生植被。通过不同整地方式，以加大集水面积充分利用现有自然降水量促进树木成活，提高成活率，达到水土保持的目的。采用沿等高线，鱼鳞坑和水平沟相结合整地方法。可以采用5行鱼鳞坑1行竹节壕配置，沟底修谷坊坝，适宜地区采取径流林业技术（图 3-21）。

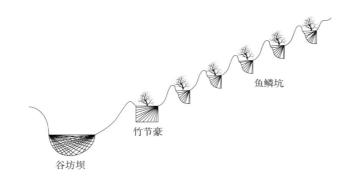

图 3-21　石质山地水保治理模式

树种选择：选择以耐干旱、耐瘠薄、抗逆性强的树种为主，干旱阳坡主要有：山杏、柠条、侧柏、沙棘等。石质山区土壤条件较好地区可选择落叶松、刺槐、黑松、油松等。

典型应用：承德市、张家口市和太行山部分石质山区和干旱阳坡薄土条件下有较好运用。

五、水源涵养用材林治理模式

适宜类型区：山地和接坝山地阴坡、坝下陡坡退耕地。

配置要点：该类型区土层较厚，土地条件较好，可沿等高线穴状或鱼鳞坑整地，地势平坦处可采用机犁沟整地。选择经济价值较高的乔木树种为主，采用片状混交、带状混交等方式营造水源涵养林（图3-22）。

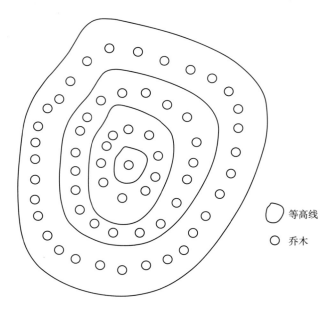

图 3-22　水源涵养用材林治理模式

树种选择：落叶松、油松、樟子松、云杉、侧柏、桦树、榆树、刺槐、山杨、椴树、黄栌、楸树、五角枫、柞树等为主。

典型应用：张北县、沽源县、围场满族蒙古族自治县等县在接坝山地土层较厚的阴坡营造了大面积以落叶松为主的水源涵养用材林，有效地起到了固土保水、防风固沙的作用。

六、"围山转"生态林业工程综合治理模式

适宜类型区：坡度较缓、土层较厚的中低山和坡耕地。

配置要点：在坡度25°以下的山区，沿等高线挖宽、深各1m的水平沟，沟距2~5m，表土回填，生土、石砾筑埂形成水平畦田。山顶部位开展人工造林和封山育林；梯田中间栽植经济价值高、结果较晚的干鲜果树；外侧栽植结果较早的杂果（图3-23）。树下间作经济作物，梯田中间建设生物埂，坡面栽植牧草和经济灌木。工程措施和生物措施结合，水电路配套，按山系流域集中连片，规模治理。

树种选择：按照"山顶松槐戴帽，山坡板栗缠腰，坡底苹果、梨、桃"的思路，选择油松、刺槐、栗、核桃、枣、苹果、梨、桃等树种。

典型应用：在京津周围5个市的25个山区县（县级市、区）推广面积逾250万亩，产生了巨大的生态、经济和社会效益：一是加快了群众脱贫致富步伐。据统计，250万亩"围山转"新增产值5亿元，其中，粮油间作产值2.2亿元，干鲜果品产值1.6亿元，灌草药烟间作产值1.2亿元，年投资收益率154%。二是生态效益明显。能够有效地保持水土，蓄水效率达92%。做到了"小雨中雨不下山，大雨清流缓出川"。1994年7月13日

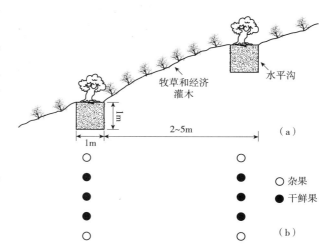

图3-23 "围山转"生态林业工程综合治理模式
(a)剖面图；(b)平面图

和8月7日，迁西县遭受了百年不遇的暴雨袭击，两次降水量之和高达577mm，而该县的35万亩"围山转"工程安然无恙。

七、山地丘陵林药间作治理模式

适宜类型区：土层较厚，立地条件及土壤肥力相对较好的山地、丘陵地区。

配置要点：土壤肥力相对较好的退耕地还林采用乔木树种与药用植物混交模式；在立地条件及土壤肥力中等的地块和光照充足的地区可采用花椒等与药用植物混交模式。采用水平沟整地或穴状整地方式，树木栽植密度33~73株/亩，合理配置药用植物，当年药用植物盖度不小于0.2（图3-24）。

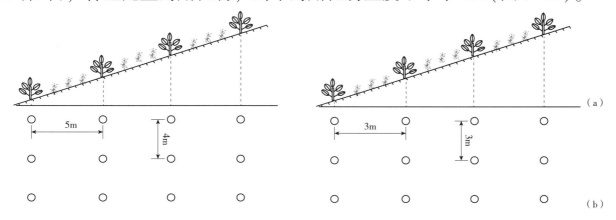

图3-24 山地丘陵林药间作治理模式
(a)剖面图；(b)平面图

树种、药用植物选择：营造生态经济林主栽树种，如核桃、栗、山楂、花椒等；以收取茎、叶、花、果等地上部分为药材的多年生药用植物主要种类，如牡丹、月季、金银花、菊花、连翘、藿香、黄芩、苦参等。

典型应用：涉县、易县、承德、围场、隆化、丰宁、赤城、怀来等县均有大范围推广，实现了土地的立体配置，土地资源得到合理利用，提高土地经济产出，推动了地方经济发展。

八、封造结合治理模式

适宜类型区：适用于坝上各县退化草场和燕山，太行山的深山、远山区。

配置要点：对于坝上退化草场，用8号铅丝和一道铁蒺藜构成的1.3m高的铁丝网围栏，水泥桩间距10~15m，将铁丝网固定在埋好的水泥桩上，设置出口构成围栏。围栏内，人工种植乔灌草，以草促林，以林育草，加快植被恢复速度，乔木以落叶松、樟子松、云杉为主，灌木以沙棘、柠条锦鸡儿和枸杞为主。

深山、远山封山育林采用死封，设铁丝网或生物围栏，根据植被情况进行栽针引阔，每亩人工栽植针叶或阔叶树种30株左右，保护天然植被，形成针阔混交、乔灌草立体配置的稳定生态群落。

典型应用：在坝上、燕山、太行山区等工程县均有应用。各工程县因地制宜、分区施策，在封禁的同时，通过采取人工植苗、直播、容器苗上山、引针入阔等措施，加快恢复林木植被，提高了封育成效。

九、平原高效林业建设模式

适宜类型区：华北平原地区

配置要点：依道路、河流、村庄等建设防护林网，林网控制面积150~300亩。林网内可以实行林粮间作、林果间作、林药间作，也可以发展速生丰产用材林、果树片林或林药间作，实现工程效益的最大化（图3-25）。

树种选择：杨树等用材林，枣树、梨树等经济林，杞柳、紫穗槐等灌木树种。

典型应用：平原地区依托退耕还林（草）工程营造杨树为主的林板（纸）原料林基地300多万亩，推进了全省林果产业的区域化布局、基地化生产、集约化经营。

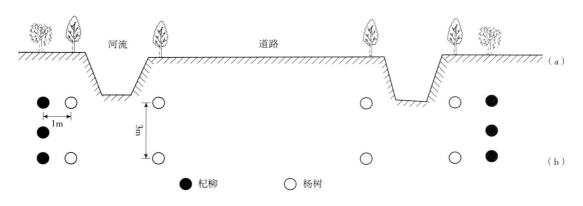

图 3-25 平原高效林业建设模式
(a) 剖面图；(b) 平面图

十、平原城镇、闲散地绿化治理模式

适宜类型区：平原地区城镇(村、屯)周围或城镇(村、屯)内街道两侧、空闲地、房前屋后及公共活动场所以及砖瓦窑、池塘、取土坑、坟场等废弃地。

配置要点：根据当地经济社会发展需求、群众意愿、自然条件等因素，结合乡村振兴宜居环境建设，有目的地选择保护型[如在城镇(村、屯)四周营造围村林]、绿化美化型[如在城镇(村、屯)内街道两侧、空闲地、房前屋后及公共活动场所栽植风景树]、经济型[如在城镇(村、屯)内街道两侧、空闲地、房前屋后营造果树经济林]等模式，解决平原宜林荒地不足的问题，拓展平原林业发展空间。

树种选择：生态林可选择杨、垂柳、槐、泡桐、榆、椿、楸树等；经济林可选择苹果、梨、桃、杏、葡萄、李、枣等。

十一、以育代造(林苗一体化)建设模式

适宜类型区：坝上和接坝地区土层较厚、条件较好的阴坡或退耕地。

配置要点：坝上和接坝地区初植密度按照1m×1m或1m×1.5m，666株/亩或444株/亩，5~20年内可以分多次卖大苗，最后达到合理密度。平原地区退耕地造林按照每亩按照2m×3m或1m×2m，每亩111~333株/亩，3年后可以分多次卖大苗。

树种选择：坝上和接坝地区以云杉为主；平原地区可选择槐树、白蜡、栾树、元宝槭等绿化树种。

典型应用：康保县在退耕地种植云杉、樟子松，精细管理，预期可以产生很好的效益。高邑县在白蜡、槐树绿化苗木经营上，取得较好的经济收益。

十二、平原地区地下水超采综合治理建设模式

适宜类型区：平原地区无地表水替代的小麦等高耗水作物种植区。

配置要点：以节约和压减地下水开采为目的，在地下水超采且无地表水替代的高耗水作物种植区，调整种植结构，选用耐干旱的生态或生态经济兼用树种造林，间作牧草、药材等耐旱作物，发展林下经济，实行退地减水。根据不同树种及培育目的，选择33~111株/亩栽植（图3-26）。

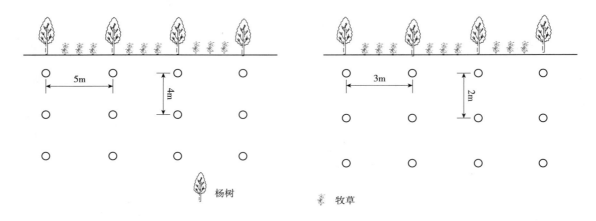

图3-26 平原地区地下水超采综合治理模式
(a)剖面图；(b)平面图

树种选择：营造速生林主栽树种可选择速生杨、白蜡、榆树、垂柳、楸树、泡桐等；兼用林主栽树种可选择胡桃、板栗、枣树、柿树、桑树、山楂、石榴等；药用树种可选择杜仲、银杏、皂荚、楝树；绿化树种可选择槐树、白蜡、栾树、元宝槭、梣叶槭、七叶树、栎树、楸树、圆柏、松树、合欢、火炬树、杜梨等；林药间作可混交牡丹、月季、金银花、连翘等灌木树种，或间作药用植物芍药、天南星、知母、射干、万寿菊、板蓝根等。

典型应用：2014—2016年，河北省平原地区84个试点县，实施地下水超采综合治理非农作物替代农作物项目52.3万亩，年节约地下水超过1亿m^3，对优化项目区林分结构，高质量增绿扩量，提高群众节水意识，促进农业产业结构调整和农民增收作出了较大贡献。

十三、退化林修复皆伐更新模式

适宜类型区：坝上地区退化林分小班内枯死木、濒死木株数占林木总株数 70% 以上的小班。

采伐要求：采伐强度：采伐株数强度不超过 80%。

采伐目标确定：伐除林内枯死木和部分濒死木。

采伐面积：面积小于 4hm² 的片林、林带，采取全面皆伐更新；面积大于 4hm² 的片林、林带进行带状采伐，连续采伐作业面积不得大于 4hm²。

更新要点：采伐后进行更新改造，主要采用樟子松+柠条（混交配比 6∶4）、云杉+柠条（混交配比 5∶5）、杨树（北京杨、小美旱杨）+柠条（混交配比 6∶4）等方式进行（图 3-27）。造林密度 1110 株/hm²，采取穴状整地、"品"字形栽植，整地规格为乔木 60cm×60cm×60cm、灌木 30cm×30cm×30cm。采用带状或块状栽植。樟子松、云杉采用苗高 100cm 的容器苗，杨树采用胸径 3cm 的裸根苗，柠条采用苗高 10cm 的容器苗。

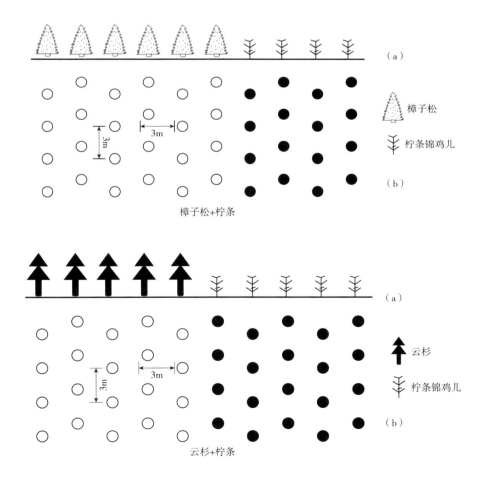

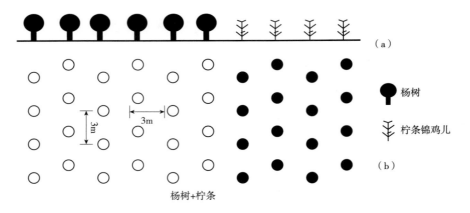

图 3-27 退化林修复择伐补造模式
(a)剖面图；(b)平面图

更新树种：云杉、柠条、樟子松、青甘杨、榆树、沙棘等树种。

典型应用：张北县张北镇庙滩村 2015 年实施退化林分改造试点项目，皆伐更新面积 273 亩，改造效果明显。

十四、退化林修复择伐补造模式

适宜类型区：坝上地区退化林分小班内枯死木、濒死木株数占林木总株数 30%~70% 的小班。

采伐强度：采伐株数强度不超过 40%。

采伐目标确定：根据林分状况确定采伐木，林分状况好的伐除濒死木和枯死木，林分状况较差的只伐除枯死木；分布不均匀的采用块状择伐或带状择伐。

更新要点：择伐后，根据小班内保留树木的分布状况，采取灵活的补造方式，连续面积超过 1 亩以上林间空地采取片状造林的方式，郁闭度达不到成林标准或株数稀疏的地块采取点状或带状补植。在林中空地或采伐后留出的空地，造林密度为 1110 株/hm^2；造林密度 < 1110 株/hm^2，补植至 1110 株/hm^2；1500 株/hm^2 > 造林密度 > 1110 株/hm^2 时，补植株数为 300 株/hm^2；造林密度 > 1500 株/hm^2，补植株数为 150 株/hm^2。补植配置采取不规则团装、带状、片状等方式进行。采取穴状整地、"品"字形栽植。整地规格为乔木 60cm×60cm×60cm、灌木 30cm×30cm×30cm。樟子松采用苗高 60cm 以上的容器苗，沙棘采用苗高 15cm 以上的容器苗。

更新树种：主要为樟子松、沙棘，也可选择柠条、榆树、云杉等。

典型应用：沽源县白土窑乡四道营村共实施退化林更新改造 1438.7 亩，

其中，择伐补造1102.5亩，通过择伐补造，树种更新，形成了混交林，改造效果良好。

十五、退化林修复抚育改造模式

适宜类型区：坝上地区退化林分小班内枯死木、濒死木株数占林木总株数小于30%的小班。

采伐强度：采伐株数强度不超过20%。

采伐目标确定：林内枯死木、濒死木和部分生长不良的林木可确定为采伐木。林木稀疏的小班伐除枯死木；林木密度中等的小班伐除枯死木和濒死木；林木密度较密的小班伐除枯死木、濒死木和部分生长不良的林木。

更新要点：抚育后，对林间空地、林木稀疏地块进行补造。补植苗木采取带状、点状、团状方式进行。采取穴状整地，整地规格为乔木60cm×60cm×60cm、灌木30cm×30cm×30cm。樟子松采用苗高50cm以上的容器苗，云杉采用苗高60cm以上的容器苗，柠条采用苗高15cm以上的容器苗，丁香采用苗高50cm以上、6头丛苗。

更新树种：主要为樟子松、沙棘、柠条，也可选择榆树、云杉等。

典型应用：康保县土城子乡谷丰村实施退化林分改造1356.5亩，其中，采取抚育改造502.8亩，通过清理枯立木、病弱木，适当补植，改善林木生长条件，促进保留木生长，效果良好。

第四章
林业生态工程发展策略和布局

第一节 林业生态工程发展策略

一、面临的形势

党的十九大开启了全面建设社会主义现代化国家新征程，生态文明建设成为中华民族永续发展的"千年大计"写入宪法。习近平生态文明思想为林业生态建设指明了方向。习近平总书记站在中华民族伟大复兴和永续发展的战略高度，高度重视林业草原事业，作出了一系列重要指示批示和论述。

中国向国际承诺2030年实现碳达峰、2060年实现碳中和，这为林草保护发展提供了重大机遇。要坚定不移走生态优先、绿色低碳的高质量发展道路，增加森林面积、提高森林质量，提升生态系统碳汇增量，建立健全生态产品价值实现机制，为实现碳达峰碳中和目标、维护生态安全作出更大贡献。

国务院办公厅出台了《关于科学绿化的指导意见》，指导各地牢固树立正确的绿化发展观政绩观，科学规范开展绿化工作。要坚持走科学、生态、节俭的绿化发展之路，在国土"三调"成果一张底图上落实绿化空间，宜封则封、宜造则造、宜乔则乔、宜灌则灌、宜草则草、宜沙则沙、宜荒则荒，因地制宜、分区施策，开展大规模国土绿化行动。

党的十九届五中全会通过的《中共中央关于制定国民经济和社会发展第十四个五年规划和2035年远景目标》，要求坚持山水林田湖草沙系统治理，科学推进荒漠化、石漠化、水土流失综合治理，开展大规模国土绿化行动。国家发展和改革委员会、自然资源部印发《全国重要生态系统保护和修复重大工程总体规划（2021—2035）》，统筹山、水、林、田、湖、草以及海洋等全部自然生态系统的保护和修复工作，为推进重要生态系统保护和修复重大工程建设提供了重要支撑。

2021年8月，习近平总书记在塞罕坝机械林场考察时强调，塞罕坝精神是中国共产党人精神谱系的组成部分。全党全国人民要发扬这种精神，把绿色经济和生态文明发展好。塞罕坝要更加深刻地理解生态文明理念，再接再厉，二次创业，在新征程上再建功立业。

林业草原建设是生态文明建设的重要举措，肩负着经济社会可持续发展、绿色发展、高质量发展的重任。立足新发展阶段，完整、准确、全面贯彻新发展理念，构建新发展格局，推动高质量发展，林业草原建设面临新发展机遇。

京津冀协同发展战略赋予河北省林草保护发展重要使命。按照京津冀生态环境支撑区和首都水源涵养功能区功能定位，统筹推进山水林田湖草沙系统治理，加快生态保护修复，为京津冀协同发展提供体系完备、功能稳定的生态保障。

全面推行林长制夯实了林草保护发展的制度基础。在全面建立省、市、县、乡、村五级林长制的基础上，进一步压实地方各级党委和政府保护发展林草资源的主体责任，建立党政同责、属地负责、部门协同、源头治理、全域覆盖的长效机制。

从河北省情况看，省委、省政府对林业重点生态工程建设提出了新的更高要求。省委书记、省长亲自研究谋划雄安郊野公园、冬奥绿化、"两区"建设、林长制等工作。省委、省人大、省政府、省政协相继出台了《河北省京津冀生态环境支撑区"十四五"规划》《河北省人民代表大会常务委员会关于加强太行山燕山绿化建设的决定》《河北省人民政府办公厅关于科学绿化的实施意见》等一系列政策文件和发展规划。河北聚焦燕山、太行山、三北地区、"三沿三旁"（沿路、沿河、沿湖及城旁、镇旁、村旁）等重点区域，大规模开展植树造林，不断提升森林覆盖率，全面提升首都"两区"（京津冀生态环境支撑区和首都水源涵养区）建设质量和水平，增加森林面积，提高森林质量，提升生态系统碳汇增量，为实现碳达峰碳中和目标做出河北贡献，为建设现代化经济强省、美丽河北提供生态支撑。

三北防护林体系建设工程、京津风沙源治理工程、退耕还林、太行山绿化、"再造三个塞罕坝林场"等项目均已实施多年，工程建设进入"啃骨头"阶段，在政策导向、需求引领、建设要求等方面都发生了深刻变化。工程建设方向正在由大规模推进向量质并重、以质为先转变；建设内容由以新造林为主向森林质量精准提升转变；建设方式上由粗放式造林向科学造林转变；推进形式由"撒芝麻盐"式分散治理向重点区域系统治理、综合治理转变；投资方式上由中央财政补助性资金向各级财政集中投入按成本实施转变。面对新形势、新变化，我们要把思想认识统一到党中央、国务院和省委、省政府的安排部署上来，充分认识工程建设的深刻变化。贯彻新发展理念、构建新发展格局，切实增强工程建设的责任感、使命感和紧迫感，全面推动林业生态工程建设再上新台阶。

二、指导思想

以习近平新时代中国特色社会主义思想为指导，全面贯彻党的十九大精神，深入贯彻习近平生态文明思想，牢固树立和践行"绿水青山就是金山银山"的理念，紧紧围绕京津冀生态环境支撑区和首都水源涵养功能区建设，以满足人民日益增长的优美生态环境需要为出发点，以推动林草高质量发展为主线，坚持生态优先、绿色发展，统筹山水林田湖草沙一体化保护和系统治理，突出坝上地区、燕山太行山区和雄安新区、冬奥赛区等重点区域，科学推进国土绿化，全面加强森林、草原、湿地和野生动植物资源保护，提升生态系统固碳能力，增强森林生态功能，构建以森林植被为主体的健康稳定、优质高效的国土生态安全体系，筑牢京津冀生态安全屏障。

三、发展策略

1. 坚持依法建设策略

要结合国土空间规划和第三次国土资源调查数据，完善国土空间自然保护地、森林草原、海洋环境等方面的法律制度，依法追究生态环境破坏的责任，加快构建"多规合一"的国土空间规划体系，强化用途管制，统筹划定生态保护红线、永久基本农田和城镇开发边界这三条控制线，确保生态空间面积不减少、性质不改变、功能不降低。推进自然资源资产产权改革，促进资源的节约集约开发利用，逐步建立健全源头预防、过程控制、损害赔偿、责任追究生态保护制度体系，坚决防止走"先破坏后治理"这条老路，要变被动的修复为主动的保护。

2. 坚持完善创新政策机制

一是创新资金投入政策。逐步改变中央财政按单位面积补助造林的传统方式，按项目投资，统筹山水林田湖草沙系统治理，集中连片、整体推进，提高绿化资金使用成效，带动地方政府资金和社会资本投入。积极探索实行差异化财政补助政策，因地制宜、分区施策，发挥好财政资金撬动引导作用。二是完善土地支持政策。通过政策激励，提高社会力量参与的积极性。对集中连片开展国土绿化、生态修复达到一定规模和预期目标的经营主体，在符合国土空间规划前提下，依法依规将一定的治理面积用于相关产业开发。三是完善采伐政策。优先保障森林抚育、退化林修复、林分更新改造等采伐需求，引导各地科学开展森林经营，通过抚育间伐调整优化森林结构，促进森林质量提升和灾害防控。

3. 坚持政府引导、市场参与的投入策略

林业生态工程公益性很强，目前在工程建设中因为盈利能力比较低，项目的风险比较大，加之缺少一些必要的激励机制，目前社会资本投入林业生态工程的意愿不强，比例也不是太高，仍然以政府财政投入为主，投资的渠道相对单一，总量有限。为了解决这个问题，在政府投入的同时，要通过释放政策红利，为民间资本、社会力量投入生态工程增加动力、激发活力、挖掘潜力，逐步打通"绿水青山"转为"金山银山"的通道。一是按照谁修复谁受益的原则，通过制定激励政策，赋予治理主体一定期限的自然资源资产使用权，鼓励社会投资主体从事生态保护和修复。二是要健全自然资源有偿使用制度，盘活各类自然生态资源。三是要争取将生态保护和修复纳入金融系统重点支持的领域。四是要结合有关重大工程的实施，积极推动生态旅游、林下经济、生态养老、生物能源等各种特色产业的发展。五是要健全耕地、草原、森林、河湖等休养生息的制度，要完善市场化、多元化的生态保护补偿机制。充分借鉴国内外的成功经验，综合各种案例和经验，探索更多激励社会主体、社会资本投入生态保护修复工作的政策措施，促进生态产品价值的实现，达到生态效益、经济效益和社会效益的有机统一。

4. 坚持科技兴林战略

林业生态工程建设要与增加科技要素投入、提高科技含量紧密结合起来，切实提高建设成效。一是科研和攻关要面向工程建设，主动为生产实践服务，加强生态重大问题研究。开展自然资源的调查、监测和评价。在气候变化的大背景下，分析潜在重大的生态风险，同时要努力研究应对的策略和办法。二是要围绕水源涵养、水土保持、防风固沙、生物多样性保护和海岸带保护等生态服务功能的提升，针对目前各类生态退化和破坏问题，以及它们的损害和破坏程度，分别研究确定保育保护、自然恢复、辅助修复、生态重塑等各种修复和保护模式。三是要注重对自然地理单元连续性和完整性，及物种栖息地的连通性研究，统筹各种自然生态系统及陆地海洋、山上山下、地上地下、上游下游等各方面的关系，推进山水林田湖草沙整体保护、系统修复和综合治理。四是根据不同类型区的自然条件，总结推广适宜的治理模式，加大新成果和实用技术推广力度。坚持以水而定、量水而行。充分考虑水资源的禀赋条件和承载能力，坚持宜林则林、宜灌则灌、宜草则草、宜湿则湿、宜荒则荒，尊重客观规律，提升生态功能。

第二节 优化林业生态工程发展布局

按照京津冀生态一体化协同发展，京津冀生态环境支撑区和首都水源涵养功能区的战略定位，对接全国重要生态系统生态保护和修复重大工程总体规划、北方防沙带生态保护和修复重大工程建设规划、国家"十四五"林业草原保护发展规划和河北省国土空间规划、河北省国土生态空间规划要求，结合国土生态空间格局和不同区域自然地理条件、主导生态需求、林草发展优势等因素，将河北省林业生态工程发展布局划分为五大区域。

一、京津保城市群生态空间核心保障功能区

包括雄安新区3县、保定市13个平原县（县级市、区）、廊坊市11个县（市、区）、沧州市任丘市和定州市，共计29个县（市、区）。主体功能为扩大生态空间，绿化美化环境，提高生态承载能力，为环京津核心区提供生态保障。该区域按照蓝绿交织、清新明亮、水城共融的建设理念，大力实施北方风沙带建设，高质量成片建设"千年秀林"，加强白洋淀等洼淀湿地保护恢复，扩大生态空间。实现森林环城、湿地入城、生态廊道、森林斑块、生物多样性有效保护与恢复的自然生态空间。构建以森林城市为核心，片、廊、网、环相连的和谐宜居森林城市群生态格局，为京津保都市群提供生态保障。

二、坝上高原防风固沙生态修复功能区

包括张家口市的张北县、沽源县、康保县、尚义县 4 县及察北、塞北 2 个管理区，承德的围场、丰宁 2 县，共计 8 个县(县级市、区)。主体功能为提高坝上地区林草湿地生态功能，涵养水源、防风固沙、生态观光，构筑防范风沙南侵的绿色生态屏障。该区域以防风固沙、保持水土为核心，统筹森林、草原、湿地、荒漠生态系统一体化治理修复，实施北方防沙带项目，增加林草植被，提高林草质量，完善坝上高原生态防护带。持续推进退化林分修复，加强抚育管护、补植补造和灌木林经营，推进森林质量精准提升。持续推进休耕种草，加强"三化"(沙化、碱化、退化)草原治理，完善草原天路生态带，繁荣生态旅游。加强坝上重要湿地生态系统保护恢复，持续推进国家和省级湿地公园建设，严禁围垦自然湿地。通过大尺度系统保护和山水林田湖草沙综合治理，构建防范风沙南侵的绿色生态屏障。

三、燕山-太行山水源涵养与水土保持功能区

包括张家口、承德 2 市的坝下各县(市、区)，保定市、石家庄市、邯郸市、邢台市 4 市下的太行山区，秦皇岛和唐山市及除沿海外的各县(市、区)，共计 8 市 73 个县(市、区)。主体功能为涵养水源、保持水土、生物多样性保护、特色经济林产品供给，示范引领山水林田湖草沙系统治理。该区域坚持治理与保护并重、增速与提质并重，提高自然生态系统质量和稳定性，增加林草资源和碳汇。加强重点公益林和天然林保护，积极发展木本粮油、名优果品、休闲观光基地，大力发展林下经济，促进生态旅游发展。加强生物多样性保护修复，推进自然保护地体系建设。加快森林城市创建，提升绿化美化水平。筑牢以涵养水源和保持水土功能为主、生态防护与绿色惠民相统一、拱卫京津护卫华北平原的生态安全屏障。

四、冀东沿海生态防护功能区

包括沧州、秦皇岛和唐山 3 市沿海 15 个县(市、区)。主体功能为防御风暴潮灾害、沿海生态休闲观光。该区域加快促进退化典型生境恢复，提升防护林体系完整性和稳定性。实施强化沿海岸滩涂工程和生物措施综合治理、近海基干林带补缺和退化林修复改造，完善纵深防护林体系。加强城镇村屯、绿美廊道、农田防护林、名优林果基地建设，加快乡村振兴步伐。加

强滨海湿地生态修复与治理，强化候鸟迁徙路径栖息地和生境保护。构建布局合理、结构稳定、减灾御灾能力强的沿海防护林和沿海湿地生态系统。

五、冀中南平原生态防护功能区

包括石家庄、沧州、衡水、邢台、邯郸5市部分平原县（市、区）和辛集市，共计73个县（市、区）。主体功能为拓展城乡生态空间，保育农田，保护地下水资源，增强绿色林产品供给。该区域通过加强沙化土地科学治理，修复生态环境，优化生态用地结构，充分挖潜城乡生态用地，增加森林植被，提升生态承载力。抓好高标准农田林网建设，打造绿美廊道网络，加强森林城市和森林乡村建设，促进乡村振兴。充分利用闲散荒地滩地，适度建设一定规模的游憩森林、河岸森林、滨河湿地，增加地下水的补给空间。保护和恢复衡水湖等重要洼淀湿地功能。稳步推进特色优势果品基地建设，积极发展林下经济。构建布局合理、结构优化、城乡一体、功能完备的生态防护体系。

第三节　贯彻科学绿化理念

2021年，国务院办公厅印发了《关于科学绿化的指导意见》，反映了国土绿化指导思想的重大转变。河北省人民政府出台了《关于科学绿化的实施意见》，要求统筹山水林田湖草沙系统治理，走科学、生态、节俭的绿化发展之路。重点解决造林绿化"在哪种""种什么""怎么种""怎么管"等问题，推动国土绿化高质量发展。

一、高质量编制绿化规划

编制绿化相关规划，要与区域国土空间规划体系相衔接，落实最严格的耕地保护制度，合理确定规划范围、绿化目标任务，实现多规合一。要围绕绿化目标任务，综合考虑土地利用结构、土地适宜性等因素，科学划定绿化用地，实行落地上图精细化管理，依法依规开展大规模国土绿化。把张家口市、承德市坝上地区和燕山太行山区等重点地区宜林荒山荒地、未利用地、荒废和受损山体、退化林地草地作为今后一段时期造林绿化主战场，集中力量实施绿化攻坚战，增加森林资源，提高生态承载力。

二、拓展造林绿化空间

严禁违规占用耕地绿化造林，确需占用的，必须依法依规严格履行审批手续。坚决遏制耕地"非农化"、防止耕地"非粮化"。结合高标准农田建设，因害设防，科学营造农田防护林。依法合规开展铁路、公路、河渠两侧和湖库周边绿化，禁止在河湖管理范围内种植阻碍行洪的林木。充分利用乡镇周边的废弃地、边角地等开展造林绿化，因地制宜开展房前屋后等四旁植树，打造生态宜居美丽乡村。拓宽城市绿化空间，采用拆违建绿、拆墙透绿、留白增绿、见缝插绿等方式，推进城市生态修复。

三、优化树种草种结构

加大乡土树种生产、种苗繁育基地建设力度，鼓励使用乡土树种进行绿化，提倡使用多样化树种营造混交林，审慎使用外来树种草种。按照植被生长特性、自然地理气候条件、生态生活生产需要，合理选择树种草种，不断优化树种草种结构。立地条件好的区域，按照区域主体功能需求，坚持绿化与美化相结合，生态林经济林并重，因地制宜栽植常绿树种、彩叶树种、经济树种和吸收二氧化碳能力强且自然寿命长的碳汇树种。在水土流失严重、河流、湖库周边等区域，因地制宜种植抗逆性强、根系发达等防护功能强的树种草种。干旱缺水、风沙严重地区要优先选用耐干旱、耐瘠薄、抗风沙的灌木树种和草种。海岸带要优先选用耐盐碱、耐水湿、抗风能力强的深根性树种。居民区周边要兼顾群众健康因素，避免选用易致人体过敏的树种草种。

四、高标准编制作业设计

以国家、省级投资为主的林业生态重点项目要科学编制作业设计，项目主管部门会同相关部门应对用地、用水、树种选择、技术路线等内容进行合理性评价，并严格监督实施。社会普遍关心且政府主导的重大绿化项目，必须经过科学论证，广泛听取意见。充分保护原生植被、野生动物栖息地、珍稀植物等，禁止毁坏表土、全垦整地等，避免造成水土流失或土地退化。

五、科学选择绿化方式

按照山水林田湖草沙系统治理修复的要求，遵循生态系统内在规律，宜造则造、宜封则封、宜飞则飞。深山远山区，特别是重要河流源头和湖库上游，以自然修复为主，大力实施封山育林、飞播造林，大面积恢复林草植被。浅山丘陵区，以人工造林为主，集中力量开展造林绿化攻坚战，实施大规模国土绿化，快速增加森林资源。张家口市坝上等干旱半干旱地区，因水定林，推广乔灌草结合绿化方式，提倡低密度造林育林，运用集水、节水造林种草技术，防止过度用水造成生态环境破坏。城区绿化坚持科学节俭绿化，推广抗逆性强、养护成本低的地被植物，不得使用地下水灌溉，减少种植高耗水草坪。选择适度规格的苗木，除必须截干栽植的树种外，应使用全冠苗，坚决反对"大树进城"等急功近利行为。

六、加强森林抚育经营

建立和完善绿化后期养护管护制度和投入机制，对新造幼林地进行封山禁牧，开展土、肥、水综合管理，加强抚育经营、补植补造，提高成活率、成林率。实施森林质量精准提升，采取引乔入灌、引针入阔、疏伐改造、灌木平茬复壮等措施，加强中幼林抚育经营，加大退化林修复力度，不断优化森林结构和功能，不断提高森林生态系统质量、稳定性和碳汇能力。国有林场要科学编制森林经营方案，认真执行森林抚育规程，科学、规范开展森林经营活动。

七、完善资源监测评价

实施精细化管理，从年度计划入手，将绿化任务计划和建设成果落到实地、落到图斑、落到数据库，提升国土绿化状况监测信息化精准化水平。运用自然资源调查、林草资源监测及年度更新成果，全面监测林草资源状况变化，构建天空地一体化综合监测评价体系。按照林草一体化要求因地制宜设定评价指标，制定国土绿化成效评价办法，科学评价国土绿化成效。

第四节　林业生态工程组织与申报

"双重"规划是当前和今后一段时期推进全国重要生态系统保护和修复重大工程的指导性规划。按照"双重"规划的分区，河北省主要实施北方防沙带生态保护和修复重大工程。

一、北方防沙带主要建设内容

国家林业和草原局组织编制的《重大工程建设规划》（以下简称"规划"）按照"精准识别、区域统筹、系统修复"的思路，在统筹研究北方防沙带生态状况和各区域主要生态问题的基础上，布局了6项重点工程和25个重点项目。其中涉及河北省的京津冀协同发展生态保护和修复重点工程，主要建设内容包括5项：一是全面保护森林、草原、湿地等生态资源，大力开展国土绿化，联通水系和恢复洼淀湖沼湿地，加强永定河、滦河、潮白河、大清河等河流生态治理；二是开展林分修复和退化草原修复，全面提升太行山、燕山和坝上等森林草原质量；三是加强森林抚育管护，提升自然生态系统的生态功能；四是加强水源地保护和风沙源治理；五是开展地下水超采和水土流失综合治理。到2035年，规划完成荒漠化土地综合治理3.5万hm^2，水土流失综合治理190.2万hm^2，造林种草98.4万hm^2，森林抚育60.64万hm^2，恢复湿地200hm^2。

二、规划重点建设项目

规划涉及河北省的是京津冀协同发展生态保护和修复重点工程，布局4个重点建设项目：分别是张家口市、承德市（简称张承）坝上地区生态综合治理项目、燕山山地生态综合治理项目、太行山生态综合治理项目、雄安新区森林城市建设及白洋淀生态综合治理项目。

1. 张承坝上地区生态综合治理项目

严格保护区内天然林和生态公益林，禁止商业性采伐活动；全面加强塞罕坝、冬奥赛区等重点区域森林草原植被保护修复；开展国土绿化、植被恢复，建设山地防护林体系和景观生态林；实施人工种草改良、禁牧封育、季节性休牧轮牧等措施，遏制坝上高原草原退化趋势；通过抚育间伐、补植补造等措施，加强退化防护林的修复；开展地下水超采综合治理，实施生态补水，恢复退化湿地；强化土地综合整治；加强小流域综合治理，保护和恢复林草植被，减少水土流失，加强节水灌溉工程建设。

2. 燕山山地生态综合治理项目

封育保护为主，严格保护区内天然林和生态公益林，禁止商业性采伐活动；开展封山育林、人工造林种草，在山地、河流、湿地营造乔灌草结合的复层水源涵养林和水土保持林；开展森林抚育、退化林分修复；开展退耕还湿、生态补水等措施，对退化湿地进行修复或重建；实施土地综合整治；推进小流域治理和节水灌溉工程建设，开展水土流失综合治理。

3. 太行山生态综合治理项目

封育保护为主，严格保护天然林草植被，禁止商业性采伐活动；加强原生暖温带落叶阔叶林生态系统保护；开展水源保护和节水灌溉工程建设，改造坡耕地，开展水土流失综合治理；科学开展人工造林种草，建设生态防护林和生态经济型防护林，推进规模化林场建设；开展补植补造、林下造林、抚育、修复退化林；实施退耕还湿、湿地植被恢复等综合治理。

4. 雄安新区森林城市建设及白洋淀生态综合治理项目

严格保护现有林草植被；严格水资源管理制度；开展地下水超采治理和节水灌溉，建立多水源补水机制，逐步恢复湿地面积；加强雄安新区周边和白洋淀水系连通治理；通过退耕还湿、水系疏浚、水生植被保护恢复等举措，扩大湿地面积，增强湿地功能；科学开展国土绿化、森林抚育、退化林修复，建设生态防护林、水源涵养林和景观生态林，建设比较完善的绿地体系。

三、项目组织与申报

按照规划，统筹推进山水林田湖草沙一体化保护和修复，是今后工程项目建设的方向。工程建设分为生态保护类和生态修复类两大类。其中：生态保护类投资包括沙化土地封禁、封山育林、退耕还林还草（补助）、天然林（公益林）管护、草原禁牧、草畜平衡6项内容。生态修复类投资包括沙化土地综合治理、草地综合治理、森林综合治理、退耕还林还草（种苗）、湿地综合治理、水土流失治理、矿山生态修复7项内容。

各地应根据所处区域特点和需求，对照规划确定的重点建设内容，按流域，本着综合治理、统筹推进的原则，做好工程项目的组织和申报工作。国家对重点区域的重点项目给予资金支持。2021年，国家发展和改革委员会印发的《重点区域生态保护和修复中央预算内投资专项管理办法》和《生态保护和修复支撑体系中央预算内投资专项管理办法》，规范了项目编报、资金申请、组织实施等建设程序和行为。国家林业和草原局印发了《重点区域生态保护和修复投资估算指南（试行）》和《重点区域生态保护和修复项目可行性研究报告编制指南（试行）》，为编制林草区域性系统治理项目提供了建设标准和技术支撑。各地应按照上述有关文件的规定的新特点和新要求组织项目的申报工作。

四、生态工程建设投资标准和构成

按照国家发展和改革委员会印发的《重点区域生态保护和修复中央预算内投资专项管理办法》（以下简称"办法"），重点区域生态保护和修复中央预算内投资按项目下达。河北省属中部地区，中央预算内投资支持标准为人工造乔木林800元/亩，人工造灌木林350元/亩，退化林修复为600元/亩，封山（沙）育林100元/亩，飞播造林160元/亩。人工草地和人工种草300元/亩，围栏种草18元/米，飞播种草50元/亩，草原改良90元/亩。湿地保护修复国家支持比例为80%。工程固沙500元/亩。

该办法明确提出各地要根据地方财政承受能力和政府投资能力，创新多元化投入和建管模式，拓宽投融资渠道，保障项目建设需求。按照国家林业和草原局的解读，不硬性规定地方配套项目建设资金，但要保证项目建设能够顺利实施和保质保量完成。因此，各地申报项目，做可行性研究报告要充分考虑地方的投融资能力，明确投资标准、构成，确保项目能够落地实施。

第五章

典型案例

第一节 三北防护林工程典型案例

案例一 绿染燕赵四十年，科学治理谱新篇

河北省内环京津、外沿渤海，是京津两市的生态屏障。自1978年，启动实施三北防护林体系建设工程，至今历经了2个阶段5期工程建设。建设范围先后涉及张家口、承德、秦皇岛、唐山、保定、廊坊、石家庄、衡水、沧州等9个市的84个县（市、区）。1978年至今，河北省坚持大工程带动大发展，把三北防护林体系建设作为推进国土绿化、建设绿色河北的重点工作来抓，全党动员、全社会参与，为京津冀协同发展、建设"经济强省、美丽河北"作出突出贡献。截至2020年年底，工程累计完成造林面积272.5万hm^2，包括人工造林183.7万hm^2，封山育林72.5万hm^2，飞播造林15.8万hm^2，退化林修复0.5万hm^2。工程建设以"为京津阻沙源、保水源，为河北增资源、拓财源"为宗旨，因地制宜，因害设防，环卫京津的生态防护体系框架初步形成，发挥了巨大的生态、经济和社会效益。

坚持山水林田湖草沙相统筹，构筑京津绿色生态屏障。遵循"山水林田湖草沙是一个生命共同体"理念，以流域为单元，坡、沟、谷、川统筹推进、全面治理，努力建设高效稳定的生态防护林体系和森林生态系统。一是实现了土地沙化的逆转。根据国家发布的沙化土地监测报告，2004—2019年，京津周围地区沙化土地面积减少34.94万hm^2。张家口、承德地区由沙尘暴加强区变为阻滞区。二是提高了山地水土保持能力。完成山地造林绿化面积

180万hm²，全区水土流失面积由工程初期的6万km²减少到3.9万km²，重点治理区土壤侵蚀模数下降70%，缓洪拦沙效益达60%~80%。三是为农、牧业的高产稳产提供了保证。工程区163万hm²农田和33万hm²草场实现了林网保护。据观测，在同样条件下，有林网保护比无林网保护的农作物产量增加10%~30%。

坚持兴林与富民相统一，拓展群众增收致富途径。河北省项目区自然条件优越，是北方落叶果树的最佳适生区域之一。三北工程建设认真践行"绿水青山就是金山银山"的理念，立足项目区资源禀赋，大力发展具有区域优势和较强竞争力的名特优果品。其中，太行山、燕山区以核桃、板栗为主，桑洋河谷、滨海地区以葡萄为主，冀中平原以梨、枣为主，城市周边以桃、樱桃等时令杂果为主。累计建设4大优势果品基地近50万hm²，推进了全省特色果品的区域化布局、基地化生产、集约化经营，拓宽了农民增收途径。在浅山丘陵区还大力推广了"围山转"造林模式，实施"山顶松槐戴帽，山间板栗缠腰，山脚苹果梨桃，畦梗紫穗槐护坡"综合治理，建设以林为主、长短结合、循环利用、多级生产、稳定高效的可持续发展的生态经济系统，其经济收益是一般山地造林的10多倍。迁西县农民每年从"围山转"获得粮油收入8000万元，干鲜果品收入10亿元，人均增收3600元。

坚持工程与产业相促进，实现二者互动式发展。各地因地制宜、因势利导，以林业带产业，以产业促林业，聚龙头、建基地、连农户，生态建设与林果产业良性互动发展。据统计，2020年全省林业总产值1401.8亿元，较2000年增长了12.5倍。工程区涉林工商企业发展到9200多家，木材及产品经营单位达到7979家，建成果品专业批发（交易）市场175个，各种果品贮藏库223座，果品经纪人2.15万人。近年来，各地将造林绿化与林果产业园区建设相结合，将林业与旅游、文化、康养等产业相结合，建设了一批"生产、生态、生活"一体经营、一二三产业融合发展的观光采摘园、森林休闲旅游园区。全省已建成省级观光采摘园1000多个，以林果为主的农家乐、观光采摘、乡村旅游收入超过100亿元。

坚持绿化与美化相结合，不断优化环京津区域的发展环境。在人口聚居区、生态旅游区、交通干线两侧等重点区域，营造以旅游观光、休闲憩游、保健疗养为目标的生态景观林12万hm²。张家口、石家庄、承德等9市获得"国家森林城市"称号，廊坊、秦皇岛2市获得"全国绿化模范城市"称号。环京津地区紧紧围绕京津冀协同发展战略，主动与京津绿化规划相衔接，以京津绿化水平为标尺，加速了与京津两市生态体系的对接融合。如廊坊市实施生态廊道绿化、重要交节点绿化、村庄绿化、城镇绿化等十大重点绿化工程，全市森林覆盖率已达30.7%。优美的生态景观已成为环京津城市群最具影响力的城市名片，为当地发展创造了良好的外部环境。世界500强的华为、富士康等众多知名企业在廊坊市投资办厂，廊坊市连续承办了10多届包括东北亚暨环渤海国际商务节、河北省经济贸易洽谈会等在内的国内大型经济贸易会。"环境也是生产力"正在生态建设中悄然实现。

三北防护林建设40年，是弘扬生态文化、践行生态文明的40年，生态文明发展理念已深深扎根在人们心中，全党动员、全民动手、全社会办林业的良好氛围正在形成。河北省将以习近平新时代中国特色社会主义思想为指导，大力弘扬塞罕坝精神，紧紧围绕京津冀协同发展，大规模开展国土绿化，强力打造京津冀生态环境支撑区，推动三北防护林体系建设工程再上新台阶，推进河北绿色发展步入新境界。

案例二 承德市三北防护林建设成效斐然

承德市地处四河之源（滦河、潮河、辽河、大凌河），两库上游（密云水库、潘家口水库），沙区前沿（内蒙古浑善达克和科尔沁沙地）的关键区位，既是京津冀水源涵养区，也是阻挡风沙入侵首都的生态屏障。1978年，承德市被列入三北防护林体系工程建设范围之际，便确定了"发挥区位优势，为京津保水源、为首都阻沙源、为河北增资源、为群众拓财源，服务京津、致富当地"作为工程建设的指导思想，经过全市人民多年来的艰苦努力，通过采取一系列行之有效的治理措施，圆满完成了三北防护林体系建设1~5期及其他国家重点生态工程建设任务。今天的承德市，与三北防护林体系建设工程之初相比，有林地面积由92.15万hm^2发展到237.07万hm^2，森林覆盖率由23.3%提高到60.03%，增长36.73个百分点，初步建成了以沿边沿坝防风固沙林、滦潮河上游水源涵养林、低山丘陵水保经济林、川地河岸防护林和环城镇村庄绿化美化风景林等五大防护林为主的森林生态安全体系。丰富的森林资源，正在为改善当地环境和维护京津生态安全发挥作用。据测算，承德全市森林资源所产生的生态服务功能价值8940亿元，每年为京津供水22亿m^3，全市5个国家考核点位和城市集中式饮用水源地水质达标率连续多年保持100%。市区空气质量达标天数为322天，空气质量始终保持在京津冀城市前列。

党政齐抓共管，严格履行责任。承德市委、市政府坚持把林业建设列入重要议事日程，制定长远发展规划，不断深化林业改革，先后作出了《关于建设林业强市的决定》《关于建设环京津绿色屏障的决定》《关于全面推进林业建设的决定》《关于创建国家森林城市的决定》等重大决策和部署，提出了建设山水园林城市、创建国家园林城市、创建国家森林城市和建设国际旅游城市的奋斗目标。各级党委、政府强化考核，狠抓落实，一任接着一任干，一张蓝图绘到底，坚持发展与保护并重，兴林与富民结合，扎实推进造林绿化、严格保护森林资源、积极发展林果产业，在努力改善人居环境的基础上，实现了生态环境改善、林果产业发展和生态文化繁荣多赢目标。

深化林业改革，激发建设活力。本着"谁造林谁所有，谁投入谁受益"的原则，大力推行"四荒"拍卖、大户承包等造林绿化模式，鼓励社会团体、企业和个人从事造林绿化。借助全国公益林、商品林分类经营改革试点和森林综合效益改革试验区契机，积极探索开展集体林权制度改革，进一步明晰林业产权，把发展经营林业的主导权交给农民，增强了集体林业内在活力。积极推进国有林场改革工作，理顺了国有林场管理体制，明确了人员编制，创新了发展经营机制，进一步夯实了国有林业发展基础。此外，积极推进林业对外开放，广泛开展对外合作和交流，学习借鉴世行贷款造林、中德财政合作造林等项目建设的森林经营理念和实用技术，为林业发展提供了动力和活力。

拓宽投资渠道，提供强力支撑。紧紧抓住三北防护林体系建设的机遇，借鉴工程建设积累的经验，相继实施了京津风沙源治理、退耕还林、京冀水源林、世行贷款造林、中德财政合作造林、国家公益林、森林防火基础设施建设、林业有害生物综合防控体系建设等一批国家重点生态建设项目。从转换经营机制入手，制定优惠政策，采取股份合作制、拍卖"四荒"、联营、租赁、承包等形式造林，广泛吸引资金用于工程建设，为全市造林绿化和林果产业建设提供了强有力的支撑和保障。据统计，三北防护林体系建设工程总投入120573.75万元，其中：国家资金19100.45万元，省、市、县配套7260.9万元，群众投资及投劳折款79610.4万元。

坚持科技兴林，创新建设模式。坚持科学造林、综合治理，大力推广容器苗、种子包衣、地膜覆盖、果树"三优"栽培、生物防治、"3S"监测等新技术，广泛应用生根粉、保水剂等新材料，推广"新工程上质量，老工程上效益，新老连片上规模"的建设模式，建成了北曼甸、骆驼峰、凤凰岭、转山岭、九龙山等集中连片达10万亩以上工程，提高了生态治理成效。充分发挥科技的支撑、引领和带动作用，全面加强与大专院校、科研院所间的战略合作，借鉴世行贷款造林、中德财政合作造林经验，大力推进科技交流，建立新技术、新成果引进和人才培养新机制，推动发展理念、造林模式的创新。

抢抓发展机遇，明确目标任务。承德市被国家定位为京津冀水源涵养区，为三北防护林体系建设工程提供了更多的政策支持和更加广阔的发展空间。承德市将全面树立"绿水青山就是金山银山"的发展理念，以改善生态、改善民生为目标，以"四大林区"（坝上防风固沙林区、北部水源涵养林区、中部水保经济林区、南部经济林区）功能区为骨架，突出"两河（滦河、潮河流域）、六路（京承高速、承唐高速、承秦高速、承朝高速、承赤高速、张承高速）、四区（坝上生态脆弱区、干旱阳坡裸露区、市县建成区、美丽乡村片区）"生态建设，依法保护，科学经营，全力构建完善的林业生态体系、发达的林业产业体系和繁荣的生态文化体系，为京津冀协同发展和承德市绿色崛起提供生态及产业支撑。到2035年，森林覆盖率稳定在60%以上，森林质量进一步提升，生态效能得到更好发挥，生态保护和区域经济发展协调推进，力争把承德建成天蓝、山绿、水清、地洁，社会繁荣稳定的国家级生态文明示范区。

案例三　三北工程显成效，助力建设新唐山

唐山市地处环渤海中心地带，南临渤海，北依燕山，毗邻京津，是首都的东大门，是京津东部重要生态屏障。唐山市自1986年被列入三北防护林体系建设工程区，牢固树立和践行"绿水青山就是金山银山"理念，认真贯彻落实国家三北防护林体系建设工程各期规划，高标准高质量完成工程建设任务，实现了生态效益、社会效益、经济效益有机统一。2010年唐山市被全国绿化委员会授予"全国绿化模范城市"称号，2019年被全国绿化委员会、国家林业和草原局授予"国家森林城市"。唐山市林业局先后获得"全国造林绿化先进单位""三北防护林体系工程建设先进单位""全国森林资源管理先进单位"等荣誉。

着力实施绿化攻坚工程，林业生态体系日趋完善。全市三北防护林体系建设工程累计完成人工造林506.75万亩，封山育林105.5万亩，截至2021年全市

有林地面积751.05万亩，森林覆盖率从1986年的12.7%提高到了39%。380万亩山地得到有效治理，山区土壤侵蚀模数由1000~1300t/km²·年下降到的30~200t/km²·年，水土流失得到有效控制；建成了100余万亩的多林种综合沙地防护体系，260万亩沙耕地得到有效庇护；14个县城周边都建有2~3个2000亩以上的郊野大型生态公园，5405个行政村林木覆盖率达到30%以上，3976条通道全部高标准绿化，形成了"千里公路千里绿"的景观，构建起了比较完善的森林生态体系。特别是"围山转"造林模式闻名全国，解决了山区水土流失的难题，呈现出"小雨中雨不下山，大雨暴雨缓出川"的自然景观，成为片麻岩山区植绿栽果成效显著的典型。针对"围山转"模式也先后制订了林业地方标准、省级标准以及部颁标准，在全国范围内推广。

着力实施林业增效工程，林业生态经济发展壮大。依托三北防护林体系建设工程，大力发展林果富民产业，先后出台了《建设果品产业强市的意见》《促进木本粮油发展的意见》《加快林木种苗发展的意见》《推进山区综合开发的意见》《促进林下经济发展的意见》《支持新型经营主体发展林果产业的实施办法》等系列文件，建设了京东板栗、绿色鲜桃、优质苹果、名优杂果、鲜食葡萄和沙地梨设施果树六大果品经济带，发展了特色经济林、果品加工、木材加工、生态旅游、森林康养等8大林业主导产业。目前，全市果树总面积达到267.1万亩，干鲜果品总产量169.5万t，果品产值98.7亿元，产量和产值分别比1986年提高了35倍和180倍；全市林果类国家级龙头企业达到了7家，栗源、美客多、燕滦等8个品牌被认定为中国驰名商标，"迁西板栗"等3个产品被认定为地理标志产品，"迁西栗蘑"等4个商标被认定为地理标志证明商标；年均育苗8.5万亩，花卉总面积6.2万亩，林下经济总面积73万亩。特别是板栗产业驰名中外，全市板栗基地达到了119万亩，年产量9.1万t，市级以上加工龙头企业22家，加工能力5.2万t，板栗产品销往国内170多个大中城市和日本、韩国等20多个国家和地区，年出口创汇7千万美元，全市板栗产业产值达到50.4亿元。全市森林旅游蓬勃兴起，涌现了迁西县国家板栗公园、迁西县花乡果巷、遵化市亚太观光园、玉田县玉泉山生态园、滦州市鸡冠山农业生态产业园、迁安市金岭矿山公园等一大批现代林业产业园区，规划了迁安市森林绿道、长城保护与旅游观光规划，2016年在唐山市南湖中央生态公园承办了第五届世界园艺博览会、2021年在唐山市东湖花海承办了河北省第五届园林博览会，全市生态旅游年接待游客900多万人次。

着力实施林业生态管护工程，三北防护林体系建设成果更加巩固。随着三北防护林体系建设工程的推进，森林面积不断扩大，森林资源保护的任务越来越重。唐山市在大规模推进造林绿化的同时，不断加强森林资源管护，强化依法治林，严格林木采伐和林地占用审批，狠抓森林防火、森林病虫害防治等工作，有效保护了全市森林资源安全。先后成立了森林公安局、林业综合执法大队，提高执法能力，集中开展打击违法野外用火、破坏林地等专项行动，涉林案件查处率达到95%以上。全面落实了森林防火责制，森林防火信息化系统全面建成并投入使用，全市建设森林防火指挥平台65个，森林防火监控点位611个，实现了森林防火重点林区、重要点位视频监控无盲区、全覆盖，建立了1500多人的森林防火队伍，严格实行网格化管理，实现了"三个确保"目标；全市设立虫情监测点500多个，森林病虫害监测面积392.5万亩，做到联防联治、群防群治，多年来没有出现严重虫灾；率先在全省建立健全了野生动物保护10项长效机制，野保工作更加严格规范，省委常委、市委书记张古江作出批示肯定，省林草局在全省推广唐山市野保工作经验。黄渤海候鸟栖息地自然遗产申报工作全面展开，滦南县南堡嘴东省级湿地公园建设完成扎实推进，乐亭县滦河口省级湿地公园获得批复建设。

着力实施科技兴林工程，林业科技水平显著提高。把科技作为提高三北防护林体系建设工程水平和成效的关键，与中国科学院、中国林业科学研究院、北京市农林科学院、河北农业大学等科研院所建立了长期合作关系，启动实施了林果专家对接新型经营主体计划，引进了板栗、核桃、苹果、梨等一批首席专家。与中国经济林协会合作在丰润区建立了核桃工作站，与河北农业大学联合在玉田县成立了燕山果业试验站、在滦州市鸡冠山建立了实习基地。推广国家、省级果品生产标准27项，制定并推广板栗、核桃、苹果、鲜桃等干鲜果品地方生产标准24项，果品标准化生产面积175万亩。全市筛选引进推广林果新品种、新技术、新模式200多项，认定省级无公害果品产地470个、120万亩，建成省级观光采摘园84个、省级现代农业（林果）园区3个，省级现代林果业示范园区5个。

着力实施林业典型示范工程，林业产业发展实现突破。实施项目带动战略，用重点项目带动三北防护林体系建设和林果产业发展。近年来，三北防护林体系建设工程区新上规模以上涉林项目120多个，先后涌现出迁西县国家板栗公园、滦州市卧龙谷、鸡冠山、玉田县玉泉山、遵化市亚太等一大批三北防护林体系建设和山区综合开发先进典型。迁西县花乡果巷田园综合体项目成为全省唯一的国家田园综合体试点项目，获得中央和省支持资金2.1亿元。曹妃甸区依托文丰木材码头，打造世界级木材集散中心，逐步发展形成了木材进口、物流、加工等一条龙的木材加工集散基地，被原国家林业局认定为"国家林业产业示范园区"。

案例四　廊坊市依托三北工程打造平原森林城

廊坊市位于河北省中部，介于北京市和天津市之间，属于京津保生态屏障圈和京津冀生态环境支撑区。1986年，所辖10个县(市、区)全部列入三北防护林体系建设工程项目区，开启了以防沙治沙为主的平原造林工作。截至2017年年底，全市有林地面积达到294.3万亩，森林覆盖率由工程实施前的9.7%增加到30.66%，居河北平原市之首。全市森林资源中三北防护林体系建设工程造林达到210多万亩，贡献率为71.4%。依托工程建设，构建了以绿色通道为框架，以农田林网为脉络，以速丰林建设为基地，以城镇村屯绿化为亮点的比较完备的森林生态体系。

一、建设成效

廊道绿化全覆盖。廊坊市大部分县(市、区)都与京津水土相连、道路相通。以环京津边界绿化为牵引，全面建设与京津零梯度的绿廊、绿道、河道，加快实现生态协同发展。道路绿化上，对京秦、京九等7条铁路两侧，京哈、京台等7条高速两侧，102、106、112等5条国道两侧，廊泊线等19条省道两侧界内边坡、护坡沟、沟外平台及中央分隔带实现全部绿化。河岸绿化上，对20条主要河流，沿河堤向外扩展，建设滨河公园、采摘园、产业园，形成了纵横交错的水网绿景。绿化标准上，在高速、铁路、国道和主要河道每侧不低于100m，省道不低于50m，建设了高标准的生态带、景观带、经济带，县级以下道路、河渠实施了综合绿化。

高标准农田林网全覆盖。结合农村土地有序流转，依托规模经营主体，建设网格面积300亩左右，以高大乔木为主，主林带不低于3行，副林带不低于2行的高标准农田林网。全市农田林网控制面积已发展到500万亩，占应防护面积的90%，实现了全市所有农田四周、田间道路、河渠两侧的全覆盖。

城镇林带全线贯通。着眼改善城镇生态环境、提升人居质量，在廊坊主城区、县(市)城区、38个园区(开发区)和乡镇所在地,加快建设环城(镇)林、郊野公园。在每个县打造一条20km以上,有厚度、有层次、有色调变化、有重要节点、高质量的精品绿化线。在此基础上,推进县域内、县与县之间的连通,形成闭合线路。截至2017年年底,全市建成园林式重要交节点38个,精品线路总长度达到456.7km,大厂回族自治县旅游环线三千亩郊野公园,安次区南三通道绿化,固安县8600亩法桐林,香河县千亩牡丹园等一大批精品亮点工程,吸引了30多个域外团组参观学习。

村庄绿化全面提升。结合农村面貌改造提升,以环村林建设为重点,以乡土树种为主,大力开展村庄"四旁"植树,实施村庄街道、庭院、隙地绿化,全力打造有影响力的示范村、示范街、示范户和环村示范带。截至2017年年底,全市已完成村庄绿化21万亩,绿化率30%以上的村庄达到2500个,其中,绿化率达到40%以上的高标准绿化村达到700多个,全市四分之三的村街基本达到或超过了国家森林城市绿化标准。

二、主要措施

做实顶层设计,高频高位推动。多年来全市各级党政领导将造林绿化作为首要政治任务,作为当前工作的重中之重来抓,以高度的责任感和使命感,推动造林绿化各项工作。市委、市政府每年造林期间多次召开造林绿化工作调度会,对造林绿化工作进行全面部署。全市形成了以上率下,一级做给一级看,一级带着一级干的良好氛围。为了确保造林绿化高效、优质、科学化发展,以服务北京市、天津市和雄安新区的顶层设计理念谋划布局全市造林绿化方案,把全市总体规划与京津雄专项规划对接,高起点规划,做到"与京津雄林业发展一张图、生态保护一张网、生态建设一盘棋"。同时,严格执行制定出台的创森实施方案和造林绿化实施方案。

精准机制创新,拓宽林业投入渠道。以政府引导为牵引,按照机制创新、多元投入的原则,充分动员社会力量。由政府统一集中流转土地为主导,落实补贴政策,保障群众、公司利益。签订流转合同,通过招投标的方式,将绿化用地承包给有实力、有责任心的绿化公司来造林经营。创新14种造林利益联结机制,做到责、权、利的高度统一,有效破解了用地难、资金少和主体缺位等瓶颈。一是大户流转,政府补贴模式。公司大户统一流转用地,政府按亩每年补贴400~800元,8~15年不变,收益归企业大户。二是群众造林、政府补助模式。政府按亩每年补助500~800元标准，3～16年不等。三是规模造林、政府奖励模式。政府对集中连片造林地块，一次性给予每亩300～1000元奖励。四是无偿供苗、资金补助模式。对村庄造林验收后，分树种给予农户5～50元补助，或对于达标村一次性补助2～5万元。同时，还创新提出了财政补贴、规模奖励；公司招标、分期付款；龙头带动、农户参与等不同模式。通过机制创新，实现了责、权、利的高度统一。2014年以来，全市共撬动社会资金260亿元，全市已有430家公司、企业、大户参与造林，已与华夏集团、福成公司、河北燕青建工集团、德仁园林等80多家公司、企业签订了绿化协议，企业、大户造林占比达到了60%以上。有效破解了用地难、资金少、管护难、主体缺位等瓶颈，形成了政府引导、社会多元投资、群众广泛参与的造林气象，使廊坊林业呈现出勃勃生机。

追求高质高效，提高绿化档次和水平。造林质量是造林绿化的硬指标。在保证造林进度的同时，把施工质量放在更重要的位置来抓，争取栽一棵活一棵，造一片成一片，绿一片美一片。按照"革命性、史无前例"的要求，努力打造高起点、高品位的生态景观。一是注重规划设计。为了提高造林质量，重点工程均聘请专业绿化公司设计施工。聘请原国家林业局调查规划院为全市生态规划主研单位，完善顶层设计，科学规划近期林业发展蓝图。二是选用优良树种。对接京津雄绿化标准，科学选用树种，大量选用槐树、银杏、'金叶'槐、栾树、椴树、白皮松、白蜡等树种，不断提高绿化档次和水平。永清县在廊霸路韩村段打造万亩银杏林；大厂回族自治县在高新区打造1万亩银杏林；香河县在大香线打造百亩松林；霸州市打造了"千亩樱花海"，栽植6万株日本晚樱；广阳区在采留线打造19.6km高标准绿化带，栽植槐树、三球悬铃木（法国梧桐）等树种；文安县打造10km世纪大道，绿化以国槐、法桐为主，搭配新疆杨、白蜡、'金叶'槐等树种。三是制定营造林技术规范。为了使造林标准化，廊坊市林业和草原局制定了《廊坊市造林绿化技术指导规范》，分工程对苗木规格、配置标准、栽植密度、抚育管理、补植补造等方面提出了统一标准，可操作性强，要求各县（市、区）按照技术规范进行造林。四是实行精细化管理。造林小班地块全部上图上表，建立电子档案，造林主体、方位坐标、树种林种、所属工程等基本情况一目了然；造林中，实行动态监测，按图表督战，每日标注每个小班地块实时进展情况。造林后，按照考核指标对各县（市、区）进行严格考核，落实奖惩。

案例五　保定市三北防护林体系建设工程绿染京南大地

保定位于河北中部，太行山北部东麓，毗邻北京市、天津市，与北京市、天津市构成黄金三角，素有"京畿重地""首都南大门"之称，是京南第一道绿色屏障。1978年至今，三北防护林体系建设工程在保定市森林生态建设、林业惠民富民中发挥着重要支撑作用，实现了生态效益、社会效益、经济效益有机统一，成为保定林业生态建设的主要依托。全市森林覆盖率由10%提高到33.5%，以城镇、村庄为点，以河流水系、交通廊道为线，建设了西部山区水源涵养、中部浅山丘陵名优果品、东部平原森林三大生态板块，绘就了保定生态蓝图，在维护首都生态安全，改善河北省生态环境方面发挥了越来越重要的作用，被国家林业和草原局授予"全国造林绿化先进集体""全国生态建设突出贡献先进集体"等称号。

抓项目促发展，生态支撑迈上新台阶。以项目引领发展，紧抓三北防护林建设不放松，全力推进太行山绿化攻坚和平原区生态改善，1986年首先在涿州启动后迅速争取扩展到易县、涞水、涞源3个县，2011年全市平原区均纳入工程区。累计完成三北防护林体系建设工程630万亩，其中，人工造林322万亩，封山育林243万亩，飞播造林59万亩，退化林修复6万亩，占全市工程造林总面积的75%。尤其是最早列入三北防护林体系建设工程项目区的涞源、涞水、易县和涿州4县（市）森林覆盖率由1986年的平均14%提高到现在的37%，成为保定市最绿、最美的区域。

抓产业促致富，一草一木惠民生。保定紧紧围绕"增林扩绿，林果并重，改善生态环境，推动经济发展"的总体思路，实现了生态效益和经济效益双丰收。林地面积不断增长的同时，果品基地总面积达到285万亩，年产果品达到167万t，形成了以苹果、梨、磨盘柿、红枣、桃、核桃为主的六大特色名优果品基地，打造了顺平县神南三优富士苹果基地、易县牛岗乡万亩优质苹果基地、涞源县万亩核桃基地等200余个技术含量高、经济效益好、带动能力强的现代林业产业园区，500亩以上标准化果品生产基地达到300多个，速生丰木面积28万亩。林业产业年总产值达到176.1亿元，林业产业扶贫惠及了千家万户，农民们的收入年年增加。

抓示范促整体，重点工程展规模。按照集中连片、规模发展、突出亮点、全面提质的工作思路，保定市整合涉林资金，加大单位投入，连片开发、整体推进，以典范带动推进不同立地条件造林，在石灰岩地区，高规格整地，大苗木栽植，水、电、路配套，规模化推进；在片麻岩地区，连片开发、整体推进，大规模营造水土保持林和水源涵养林；在平原地区围绕城镇周边、道路、水系做文章。林网、片林相结合，聚少成多，做到县县有精品、乡乡有示范，点上出精品、线上出风景、面上见成效，达到栽一片，活一片，绿一片，每年完成千亩以上的规模示范林数十个，逐步建成了涞水县万亩环北京人工林基地、涞源县万亩绿色廊道工程、易县石家统生态家园建设、定兴县万亩森林、蠡县明月湿地森林等一大批具有较大生态影响力绿化示范工程。

抓创新活机制，三北防护林体系建设工程注入新动能。保定市积极探索造林新模式，采取一县一统筹、一乡一政策的方法积极推进，打造绿化"精品工程"和"精品线路"。从创新"土地流转、投入保障、责任落实"三个机制入手，实行市、县、乡三级"图、表、账"管理，做到了植树责任人、植树地段和植树任务"三明确"，坚持城乡同步、突出重点，规划设计、土地流转、施工建设同步推进，争取绿化时间；采取政策保障、财政补贴、市场运作等多项机制，切实解决造林绿化中存在的用地、资金、技术等难题；通过优惠政策的实施和造林形式的扩展，吸引了正道森林、长白山森工、天津创世等一批上市公司企业、社会团体和企业参与绿化；实行县领导分包乡镇，县直单位分包重点村，乡镇副科级干部包村包片的工作机制，保证了三北防护林体系建设工程的面积、质量和进度；不断深化集体林权制度改革，完成集体林明晰产权面积1225万亩，完成确权发证面积1148万亩，流转林地144宗，面积33万亩，流转金额4321万元，办理林权抵押贷款88宗，面积4万亩，贷款金额11943万元，森林保险投保面积1.09万亩，保险金额4339万元，夯实了工程建设基础。

抓保障护资源，森林不断增长。保定一手抓建设，一手抓保护，在不断推进三北防护林体系建设的同时，不断加强森林资源管护，强化依法治林，严格林木采伐和林地占用审批，通过层层签订责任状，不断强化"党政同责、一岗双责、失职追责"意识，强化地方政府主体责任不断完善涉及安全生产管理工作应急预案，加强安全生产预防。坚持从源头抓起，坚持防火和森防责任传导到位、专业队伍建设到位、难点抓到位、严打整治抓到位，在资源保护上实现新突破，有效控制林业病虫害、火灾和毁林事件数量，巩固了三北防护林体系建设工程成果。

抓机遇快发展，生态续写新未来。随着京津冀协同发展和雄安新区成立，保定市生态建设有了新任务，三北防护林体系建设工程赋予了新使命。为实现生态率先突破和保障雄安新区生态安全要求，在雄安新区上游水源地构建成连片规模化森林，成为三北防护林体系建设工程的又一重点建设内容。保定市抓住这一历史机遇，河北雄安新区白洋淀上游规模化林场被列入国家首批新建规模化林场试点，规划利用2018—2025年8年时间，在涞源县、涞水县、易县、曲阳县、唐县5县实施营造林工程337万亩，其中，人工造林111万亩，封山育林86万亩，飞播造林22万亩，精准提升118万亩。2018—2021年，河北省雄安新区白洋淀上游规模化林场试点完成人工造林66万亩，封山育林7万亩，飞播造林6万亩，退化林修复7.5万亩，努力将河北省雄安新区白洋淀上游规模化林场建设成为人与自然和谐相处、经济社会与生态协调发展的全国规模化林场建设典范。

案例六 三北防护林体系建设工程促兴隆县林业辉煌

承德市兴隆县地处河北省西北部，位于潘家口水库和密云水库的上游，燕山山脉东段，处于北京、天津、唐山、承德4市结合部，是典型"九山半水半分田"的深山区。辖15镇5乡289个行政村，总人口27.8万人，总面积30余万hm^2。兴隆县曾是清东陵的"后龙"风水禁地，封禁长达254年，当年野生动植物资源丰富。随着清王朝的灭亡，特别是日本帝国主义的入侵，战争频发及人为活动的激增，兴隆的生态环境遭到了毁灭性的破坏。新中国成立后，兴隆县封山育林和植树栽果，到二十世纪七十年代末，兴隆县的有林地面积为158.5万亩，森林覆盖率恢复到35.14%。

随着党和国家对环境提升的日益重视，1978年，国家启动实施了三北防护林体系建设工程，兴隆县被列入第一期实施范围，兴隆县林业也适时进入了大建设时期。以此为契机，拉开了兴隆林业大建设的序幕。

三北防护林体系建设工程为依托，兴隆县林业开启了大建设。1978年，兴隆县开启了三北防护林体系建设工程，工程涵盖全县20个乡镇和6个国营林场，截至2000年，共完成工程造林面积226.2万亩，其中，人工植苗造林113万亩，人工播种造林4.2万亩，封山育林69万亩，飞播造林40万亩，国家累计投资1100.9万元，地方配套392.6万元，群众投工折劳7820万元。三北防护林体系建设一期造林面积44.9万亩，三北重点项目"京津周围绿化工程"造林面积181.3万亩。工程建设坚持高标准整地，精细栽植，连续3年进行补植、割灌、除草等幼林抚育措施，短短22年使全县森林覆盖率由1978年的35.14%激增到2000年的54.6%。三北防护林体系建设工程的实施，不仅增加了林木资源，而且强力带动了兴隆县第二、三产业的发展，促进了农村产业结构的调整和生产方式的转变，果品加工业成为农村经济和山区开发的主导产业，形成了以林为主，多种经营协调发展，实现了粗放经营向集约经营的转化；工程建设为农村剩余劳动力提供了就业机会，通过绿证培训和科技推广提高了农民科技文化素质，培养了一批懂技术、会管理的人才，促进了农村经济持续健康发展；三北防护林体系建设工程的实施为兴隆县培养了一大批林业建设人才，在工程设计、施工指导和抚育管理以及科技推广等工程管理方面积累了丰富的经验，整整培养了两代建设者，为兴隆林业的大发展储备了大量人才，为兴隆县林业生态项目建设打下了坚实的基础。三北防护林体系建设工程的成功实施，使兴隆县生态环境得到彻底改变。走进兴隆县，再也看不到黄沙漫天的景象，郁郁葱葱的山峦仿佛绿色长龙绵延于首都东部，成为首都北京的"绿色东大门"。

三北防护林体系建设工程总带动，兴隆县林业迎来了大发展。兴隆县提出了"林果立县"发展战略。2000年以来，依托国家重点生态工程建设，大力实施造林绿化，截至2020年年底，共完成治理面积135.85万亩，森林覆盖率达到71.25%，位居华北县级之首。全县果树面积达到98.7万亩，其中主要果品板栗57万亩、山楂22万亩、苹果5万亩，山楂、板栗的栽培面积和产量均居全国县级首位。持续的林业工程建设让兴隆县生态环境质量得到迅速提升，野生动植物资源迅速恢复，现有高等植物168科665属1870种，有国家一类保护植物人参等，列入中国植物红皮书《中国珍稀濒危保护植物》的物种10个；有野生动物55科112属173种，其中有国家一类保护动物金雕、金钱豹，二类保护动物秃鹫、斑羚等国家保护动物18种，其他级别重点保护动物121种。兴隆县是华北地区植物资源丰富的地区之一，有"天然植物园""绿色宝库"和"天然物种基因库"之称。在生态林建设快速发展的同时，全县经济林建设也得到飞速发展，兴隆县人民的生活水平也大幅提高。走进兴隆县的乡村，闻到的是阵阵果香，听到的是农民丰收的谈笑声，与青山绿水相得益彰，融成一幅人与自然和谐相处的画卷。

三北防护林体系建设工程见成效，兴隆县林业获得了大荣誉。三北防护林体系建设工程以来，兴隆县先后荣获"全国科技兴林示范县""全国造林绿化百佳县""全国经济林建设先进县"和"全国农业科技推广先进县",并荣获"河北省高标准甲级绿化县""承德市绿化先进县"等称号。1998 年度被国务院确定为"全国山区综合开发示范县""首都周围绿化示范县"。兴隆是全国经济林建设示范县,是林业部命名的"中国山楂之乡"和"中国板栗之乡"。由于良好的生态环境,2014 年以来,兴隆县连续五年入选"全国深呼吸小城 100 佳"。连续 3 年被评为"中国避暑休闲百佳县",先后获得"全国森林旅游示范县""中国最美丽县""中国最具原生态景区""京津冀重点生态旅游目的地""国家生态建设示范区""省级森林城市"等多项殊荣,兴隆林业开始走向辉煌。

　　三北防护林体系建设工程精神永发扬,兴隆县林业铸就未来大辉煌。国家重点生态工程建设为兴隆县增加了丰富的林果资源,今后,兴隆县仍将以生态建设为重点,以资源保护为基础,以林果产业化为突破,坚持"生态立县、工业强县、旅游兴县、开放活县"的发展战略,依法治林、积极发展、科学经营、持续利用、全面推进林业生态体系和产业体系建设,努力发挥兴隆县为京津地区阻沙源、保水源的生态功能,实现富民强县。遵循因地制宜、科技兴林和生态优先的原则,重点实施基础设施建设、造林绿化、果品深加工、基地建设、生态休闲旅游、资源保护等林业发展项目,力争到 2035 年,全县有林地面积增加到 330 万亩,林木蓄积增加到 700 万 m^3;果品年产量达到 70 万 t;全县农民实现人均 4 亩果、10 亩林;林业产业总产值达到 25 亿元,农民年人均林果收入达 9000 元;建成环京津休闲强县。

　　改革开放四十周年,也是三北防护林体系建设工程四十周年,同时也是兴隆林业大建设、大发展四十周年。三北防护林工程建设对兴隆县调整农村产业结构,振兴兴隆县社会经济发展起到了巨大的助推作用。在三北防护林体系建设工程的带动下,兴隆县林业建设取得了辉煌的成就,获得了巨大的荣誉,兴隆县的社会经济发展获得了长足进步,兴隆县的生态环境取得了翻天覆地的变化,兴隆县的百姓拥有了丰衣足食的生活。兴隆县林业的发展印证了三北防护林体系建设工程是涵养水源、抵御自然灾害的有益工程;三北防护林体系建设工程是改善生态环境、延伸发展空间的推进工程;三北防护林体系建设工程是加快小康社会建设步伐、造福子孙后代的伟大工程,也恰是对习总书记提出的"绿水青山就是金山银山"的最佳诠释。

正所谓:

九山半水旧梦长,皇苑禁地话凄凉。

三北工程高站位,兴隆林业铸辉煌。

休闲游乐揽胜地,绿色有机瓜果香。

绿水青山蕴宝藏,子孙万代美名扬(享福荫)。

案例七　筑起绿色屏障,打造美丽青龙

秦皇岛市青龙满族自治县自1986年开始实施三北防护林体系建设工程以来,本着科学规划、重点突出、先易后难、注重实效、分区治理的原则,累计完成人工造林118.8万亩,封山育林170.27万亩,飞播造林45.3万亩,森林覆盖率由1985年末的34.4%提高到2020年的72.75%,位居河北省第二位,实现了荒山变绿、河水变清、农民变富,工程建设取得了显著的生态、社会和经济效益。特别是三北防护林体系建设四、五期工程实施以来,水源涵养林基地、水土保持林基地、干鲜果品基地、速生丰产基地建设取得了令人瞩目的成就。

一、建设成效

一是造林绿化取得了突破性进展。实现了森林面积持续扩大、森林蓄积稳定增长、造林质量显著提高。全县有林地面积达382.94万亩,森林覆盖率比1985年末34.4%提高了38.35个百分点,年均增长1.09个百分点。

二是生态环境显著改善。全县森林植被茂盛,植物种类和数量明显增多,野生动物种群日渐繁多,全年空气质量优良天数达到298天以上,连续5年获得"全国百佳深呼吸小城"称号,人民生产生活环境明显改善,幸福指数显著提升。

三是群众经济收入稳步增长。本着适地适树的原则,建成一批速生丰产林基地,青龙满族自治县板栗基地、苹果基地、核桃基地等特色果品基地。林业产值由1985年的1585万元提高到2020年的20.46亿元,增长了128倍。2020年,青龙满族自治县人均果品收入达到3403元,占农民人均可支配收入12791元的26.6%,已成为群众脱贫致富的主导产业。

四是乡村旅游产业迅猛发展。自然生态环境的改善,吸引着大量游客前来体验大自然的美景。青龙满族自治县官场的梨花园、花果山景区、冷口温

泉小镇、七彩青龙观光园、神石沟景区已成为县域独具特色的乡村旅游景点，拓宽了农民增收渠道。

二、主要措施

青龙满族自治县三北防护林体系工程建设之所以取得令人瞩目的成就，关键在于立足当地实际情况，不断探索总结实践经验，进一步推动工程建设。

行政强力推动是工程建设的保障。青龙满族自治县实施三北防护林体系建设工程以来，历届县委、县政府都给予了高度的支持和强有力的领导，县委、县政府主要领导亲自过问和指导工程建设，并成立县长任组长、主管副县长为副组长，林业、水利、财政、审计等单位主要领导为成员的工程领导小组，协调县直各部门和乡镇政府联动，为三北防护林体系建设工程的顺利实施保驾护航。县委、县政府每年都下发年度三北地区造林绿化方案，分解造林任务，召开动员会议。造林季节县委、县政府主要领导带头到所包乡镇督导造林绿化工作。所有副县级以上领导也都分别深入所包乡镇督导检查。县委县政府督查室、林业和草原局组成联合督导组，经常深入各乡镇跟踪督查督办，定期通报进度，提出改进意见和建议。县林业和草原局成立由副科级以上领导带队的造林绿化督导检查组，抽调25名工作人员分包25个乡镇，驻乡镇检查指导三北防护林体系工程建设。

科学规划布局是工程建设的前提。为保证"绿色青龙"的整体效应，在空间规划上，一是在30°以下荒山坡地建设特色果品基地；二是在宜林荒山建造以山杏为主的水保经济林基地；三是在人工造林困难的深山远山疏林地、无林地实施封山育林工程。在工程规划上，重点对县境内的五大河系、主要公路两侧、水库周围、生态脆弱区域、荒山荒地等区域优先安排，实现减少水土流失危害、生态景观美化的目标。通过"飞、封、退"并举，"造、管、育"结合，实现全方位治理，形成了贯穿全县东西南北的绿色长廊。

生态经济并重是工程建设的根本。三北防护林体系建设工程以来，在人工造林方面，坚持生态效益与经济效益并重的原则，充分尊重群众意愿，兼顾生态的前提下大力发展板栗、核桃、山杏等特色果品基地，生态经济林占整个工程造林的比重在60%以上。当前特色果品基地已进入结果期，群众经济收入显著提高，板栗、核桃、山杏等树种已形成当地主导产业的经济树种，全县果品总产量28.01万t，产值16.89亿元。青龙满族自治县板栗大部分出口日本，取得了生态效益与群众致富的双赢，极大地调动了群众建设三北防护林体系工程的积极性，使得工程造林造得上、管得住、保存好。

严格质量管理是工程建设的关键。在工程建设中，青龙满族自治县大力推行和严格执行国家、地方建设标准，严格按照《工程造林设计规程》《造林技术规程》和《重点工程检查验收办法》执行。每年都制定三北防护林体系建设工程造林年度计划，并按计划组织实施完成工程任务。三北防护林体系建设工程实施前统一进行规划设计，确定造林树种，凡是未经规划设计的一律不予工程验收。在工程实施中，全体工程技术人员全部下乡蹲点，进行技术服务和指导，严把整地关、苗木关、栽植关、管护关，确保造林质量。造林后，严格按照《造林技术规程》和《重点工程检查验收办法》由乡镇政府组织自查，在乡镇自查的基础上县林业局聘请第三方进行验收，严格依据验收结果兑现奖补政策。

推广适用技术是工程建设的重点。在工程建设中，大力推广和使用地膜覆盖、ABT生根粉、抗旱保水剂等技术措施，在荒山造林上大力推广使用容器苗造林，把容器苗造林作为荒山造林的主要措施，并开创性地提出造林之前先割灌，割灌带宽1.5m，在割灌带内栽植容器苗。针对青龙满族自治县春季"十年九旱"的现状，山杏造林在上一年秋季播种加植苗的基础上，在第二年雨季组织造林人利用营养杯苗木进行补植补造，大大提高了造林成活率和保存率。

创新管理机制是工程建设的动力。进一步推进林木所有权、林地使用权的合理流转，稳定所有权，完善承包权，放活经营权，优化发展环境，使社会各类投资主体积极参与工程建设。坚持"谁造谁有，合造共有"的原则，在造林形式上实行"统一组织造林、联户成片造林、大户承包造林"三位一体的造林模式，鼓励造林公司、专业队、大户造林的方式推进三北防护林体系建设工程。板栗、核桃等特色果品基地建设主要由专业大户流转土地山场和群众联户进行造林。油松、山杏等生态林则由专业大户通过与山场经营者签订造林协议的方式进行施工建设。

案例八　迁西县"围山转"造林，绿了荒山富了人民

迁西县地处河北省唐山市北部，燕山南麓，长城脚下，滦水之滨，总面积1439km²，山地面积158万亩，山场资源十分丰富，是"七山一水分半田，

半分道路和庄园"的纯山区县。总人口40.7万，辖17个乡镇、1个街道办事处，417个行政村、11个居委会。

该县早在1971年，京东板栗的故乡——汉儿庄乡杨家峪村，就出现了"围山转"整地造林的雏形。为解决山地缺土少水而新植林木成活困难的问题，该村群众在山上开挖水平沟，收集表土回填，建成窄幅水平梯田，然后在沟内打埯栽植栗树，收到了蓄水保土促成活的效果。1973年，该经验在汉儿庄乡开始推广，因为造林成活率提高显著，推广范围很快扩大至全市片麻岩山区。由于这种沿等高线开挖的水平沟，随山就势，环山而建，每条长达几百米，且整个山体整体开发，所以群众起名"围山转"。随着"围山转"工程的大面积实践，该技术日臻完善成熟，对山区的生态建设、经济发展发挥了强劲的推动作用。目前，唐山市有119万亩的板栗森林横亘在长城沿线，片麻岩山地绿化率在90%以上，先后出台《"围山转"及配套工程建设技术规范》地方标准、《燕山低山丘陵围山转造林技术规程》林业部颁标准，指导山区林业开发建设。

1986年，该县被列入三北防护林体系建设二期工程，县委、县政府立足山区优势，大搞以"围山转"模式为主的三北防护林体系建设工程造林，全县有林地面积持续增加。特别是党的十八大以来，该县积极践行"绿水青山就是金山银山"理念，以绿色崛起、绿色发展为目标，以在省市争当生态建设样板为己任，坚持植绿、护绿相结合，开发、保护相促进，狠抓工程造林，实现了生态效益、社会效益与经济效益相统一。

一、建设成效

一是生态大改善。依托1971年首创的"围山转"整地造林模式，累计新增造林70多万亩，森林覆盖率由1986年的不足30%增长到2020年的63.5%，年均增长1个百分点，有林地面积达到138万亩，林业总蓄积量突破146万立方米，全县80%的村达到了开门见山、推窗见绿。全县土壤侵蚀模数由原来的$1000\sim1300 t/km^2 \cdot$年，下降到现在的$30\sim200 t/km^2 \cdot$年，解决了山区水土流失的难题，呈现出"小雨中雨不下山，大雨暴雨缓出川"的自然景观。

二是群众大增收。围山转树上结果，树下种粮，经济效益明显。目前，全县农民每年从"围山转"获得粮油收入8000万元，干鲜果品收入10亿元，合计年收入10.8亿元，人均增收3600元，靠林果收入达小康生活水平的村超过55%。以板栗为例，全县板栗种植面积达到75万亩，常年产量8万t，板栗产业综合产值达到18亿元。以汉儿庄乡杨家峪村为例，人均6亩"围山转"、480株板栗树，年人均板栗产量达1t，仅此一项收入就突破12000元，开辟了山区农民致富新门路。

三是产业大发展。工程实施以来，全县林业产业化进程明显加快，形成了以林业强一产、促二产、带三产的产业格局，林业产业化率达65%。依托板栗产业，发展远洋、尚禾谷等收储、加工企业35家，培育了紫玉、栗之花等四枚中国驰名商标，"迁西板栗"成为中国板栗产业唯一地理标志驰名商标。依托林木资源，发展了加工企业24家，建成了华北地区首家人造板材加工大型企业"福春林"木业，原本没有经济价值的"枝材"变成了现在供不应求的"板材"，年产值达到1.3亿元。依托森林景观资源，建成了景忠山、青山关、花香果巷3个4A级景区和房车露营小镇、雨花谷等一批知名旅游目的地，发展乡村旅游经营户1000多家，2020年接待游客500万人次，旅游综合收入23亿元。

四是名气大提升。在国家林业和草原局西北华北东北防护林建设局（简称三北局）和省市的关心指导下，该县的三北防护林体系建设工程造林工作得到了社会各界的充分认可。先后被授予全国"三北防护林体系建设先进单位""全国造林绿化先进县""全国经济林建设先进县""全国造林绿化百佳县"等荣誉称号，被评为"中国板栗之乡""中国栗蘑之乡"，连续2年入选全国"百佳深呼吸小城"，被确定为"首批国家全域旅游示范区创建单位"。迁西国家板栗公园是全国唯一的板栗林木类公园，"迁西板栗复合栽培系统"成功申报国家重要农业文化遗产，"迁西栗蘑"成为迁西县首个国家原产地地理标志保护产品。同时，也为该县项目建设带来了看得见、摸得着的成效，花乡果巷田园综合体项目代表京津冀成为国家级试点，国家板栗公园获批建设，滦河湿地公园项目正在申报国家级、省级湿地公园。

五是观念大转变。自该县列入三北工程以来，全县上下三十余年挖山不止、造林不停，以往的荒山已经变成了如今群众手中的聚宝盆。越来越多的农民从造林上得到了实惠，群众观念从"要我造林"变成了"我要造林"，自主造林、参与护林、科学管林的热情空前高涨，投资山场、开发林果资源成为农民投资的热门行业。

二、主要措施

紧扣一张蓝图，做到班子接力不断档。为把三北防护林体系建设引向深入，自1986年以来，迁西县委、县政府一直把该项工作放在突出位置，作为发展农村经济的首要任务，一任接着一任干，一任干给一任看，换人不换岗，一抓30年。建立了以主管县长为组长，各个涉林部门主要负责人为成员的三北防护林体系建设工程领导小组，全程监控此项工作的开展。将各乡镇造林任务列入目标管理，签订责任状，实行分包机制，进行跟踪考核，做到了工程造林工作有部署、有调度、有奖惩。

搞好结合配套，做到立体开发不断档。在三北防护林体系建设工程中，该县充分利用"围山转"这一造林模式，依据地形条件，做到"三结合、一配套"。第一，顶、坡、沟综合治理结合，采取"山顶封、山腰挖、沟里闸"的治理措施，在25°以上的山顶部位开展人工造林和封山育林，山腰挖围山转，沟谷闸沟垒坝。第二，林种、树种结合，突出物种多样性，高山陡坡以松槐为主，山腰缓坡以板栗为主，山脚平地以水杂果为主，河系两岸以速生丰产林为主。第三，长、短效益结合，长期效益是板栗，板栗500多年仍有结果能力，短期效益是杂粮，当年开发，当年效益。第四，水、电、路配套，累计铺设输电线路3万m，建设集雨水窖5万多个，新修果园道路350km，新增灌溉面积20万亩。"三结合、一配套"使全县林种布局形成了"山顶松槐戴帽，山间板栗缠腰，山脚苹果梨桃"的立体格局。

强化政策引导，做到鼓励扶持不断档。自1987年起，县委、县政府就做出明确规定，按人头下放到户的荒山，凡在规定期限内绿化的，经营权谁植谁有、允许继承、稳定不变；在规定期限内没有绿化的，由集体无偿收回，依靠集体力量统一组织开发。这些政策的出台，充分调动了农民发展林果生产的积极性。据统计，仅1987—1997年，全县三北防护林体系建设工程以"围山转"模式为主的百亩以上果园就达720个，其中，集中连片5000~10000亩以板栗为主的经济林生产区13处，500~5000亩的35处，300~500亩的78处。1997年以后，为推三北防护林体系建设工程的开展，该县进一步完善林业责任制。推行股份制营林，集体按个人在建园中投资、投劳多少入股，收入按股分红，股东有股份继承权、转让权。鼓励农民在承包的山坡地内营建家庭果园，地树使用权延长至50~70年不变。对"四荒"及围山转果园实行使用权拍卖。到目前，全县已有30余万亩工程造林及边远"四荒"被拍卖到户，村集体共收回拍卖金 8000 多万元，取得了较好效果。

严把工程质量，做到科技服务不断档。第一，开展技术培训。每年组织送技术下乡活动 40 次以上，举办科技培训班 110 场次以上，召开技术观摩会 30 余场次，培训农民 6.5 万人次以上，培训农民技术骨干 5000 余人。第二，整地坚持高标准。根据境内多山的自然特点和地理优势，按 3~4m 的行距，沿等高线开挖环山水平梯田，按此标准，梯田一昼夜可承受 300mm 降水量。第三，落实技术承包责任制。实施林果科技人员一线指导，全县工程造林直接管理 3.7 万亩、辐射带动 30 余万亩。第四，严把苗木关。严格执行公开招投标制度，杜绝不合格苗木造林，提高了成活率，保证了造林质量。

多方筹措资金，做到造林投入不断档。第一，用好国家拨付资金。按照资金管理办法，选好资金扶助对象，采取先施工验收、后兑现资金的方法，避免资金流失。第二，劳动积累转移。制定了以劳折资入股的方法，有钱投钱，无钱投劳，按资按劳入股，利益共享，呈现"人人参与抓林果，户户关心抓造林"的新局面。第三，吸引社会资本。鼓励引导乡镇企业、矿山资本进军林果产业，累计吸引资金 27 亿元，果农形象地称之为"用黑色工厂建设绿色银行"。

案例九　林果引领致富，推进绿色遵化发展

遵化市位于河北省东北部燕山南麓，境内地貌呈"三山两川"之势，平原、丘陵、山地各占三分之一，总面积 1521km^2。1986 年纳入三北防护林体系建设工程建设范围以来，遵化市紧紧围绕"兴林强果保植被、建设生态靓丽新遵化"的目标，大力推进造林绿化。经过 30 多年艰辛耕耘，工程建设取得了明显成效，为改善区域生态环境、调整农村产业结构、促进农民增收、推动地方经济社会更好更快发展作出了重要贡献。先后获得全国山区开发、经济林建设先进市，全国"三北林业工程绿林杯"奖，"全国绿化模范单位"及"全国绿化先进集体"等多项荣誉称号。

建设三北防护林体系，打造生态宜居的美丽遵化。截至 2020 年，遵化市累计完成三北防护林体系建设工程任务 98.2 万亩，完成投资 2.56 亿元，其中，中央预算内资金 7174.12 万元，自筹资金 8520 万元，群众投工投劳折合资金 8480 万元，其他投资 1426 万元。依托三北防护林体系建设工程，遵化市林地总面积由 1986 年的 64.9 万亩，增加到现在的 148.2 万亩，森林覆盖

率提升了 36 个百分点，达到了 65%。林业产值由 1986 年的 5500 万元增加到现在的 28 亿多元。森林生态旅游业也得到了长足的发展，工程建设发挥了巨大的综合效益。通过实施人工造林、封山育林，山区形成了"山顶松柏戴帽，山间果树缠腰，山脚田园环绕"的山地景观；通过实施通道绿化、美丽乡村建设，形成"村在林中、房在绿中、人在景中"的农村新景观；坚持"把森林引入城市，把城市建在林中"的发展思路，深入实施城市生态环境提升工程，实施了沙河、小河、护城河"三河"治理，完成了人民公园、胜利公园、沙河森林公园、黎河公园"四园"工程建设，全市共建城区园林绿化面积达到 1079.19hm²，绿化覆盖率为 45.68%，公园绿地面积 378.14hm²，绿地率达到 38.91%，人均公共绿地面积 14.6m²。

建设四大特色果品产业带，培植农民增收支柱产业。工程建设带动了全市林果产业的大发展，在北部长城沿线的 10 镇乡 213 个行政村，建成了东西长百华里总面积 40 万亩的板栗水保经济林带；在南部石灰岩山区建成优种核桃产业带 10 万亩；以中道山为主，建设优质苹果产业带 7 万亩；在局部地区发展优质杂果及加工专用果品基地 14 万亩。截至 2020 年年底，全市经济林面积 70.60 万亩，年产干鲜果品 27 万 t，果品业产值 28.8 亿元。遵化市成为"全国经济林产业化示范市(县)""中国板栗之乡""中国绿色生态板栗示范市"、河北省"优质苹果、优质板栗和优质核桃生产基地""河北省无公害果品生产基地市(县)"。遵化市有近 280 个行政村、5 万农户、约 18 万农民以果品业为主要经济来源，人均果品纯收入超 5000 元。西下营乡东沟村共 756 人，山场及坡地均已栽植板栗，现有板栗面积 3500 亩，年产板栗 680t，产值 680 万元，建有板栗贮藏加工厂 1 个，年贮藏加工能力 1000t，全村人均纯收入达 8500 元，其中板栗收入占总收入的 80%，是名副其实的板栗专业村。东陵满族乡新立村共 836 户，3600 人，山场及坡地栽种主要是苹果、板栗、核桃，2020 年产苹果 20 千克、板栗 30 千克、核桃 1 千克，产值 5000 万元，人均果品收入近万元。

培育知名果品品牌，靠品牌效应带动产业发展。遵化市借助三北防护林体系建设工程的契机，依托林果基地，积极发展后续产业，按照优化资源配置、相对集中发展、形成规模经济的原则，积极扶持引导，培育建设了一批产品加工型龙头企业，通过"引、育、扩、建"，使小企业上规模、大企业上品牌，先后培植起果品品牌 30 个，其中"栗源""蓝猫""美客多"等 3 个被评为"中国驰名商标"。遵化市所产京东板栗、香白杏、磨盘柿、苹果、核桃分别在全国林业名特优果品博览会上被评为"全国林业名特优果品博览会"金奖、"中国国际博览会名牌产品""中国国际农业博览会"金奖；遵化市栗源生产的小包装栗仁及鲜板栗获"中国国际农业博览会"金奖和"奥运推荐果品"一等奖；遵化市优质'红富士'苹果获"中国优质苹果"金奖。以板栗深加工为主业的河北栗源食品有限公司成立于1999年，坚持实行"市场连公司、公司带基地"的经营模式，在唐山市周边建设板栗基地30万亩，带动栗农6万多户，年收购鲜板栗3万t，交易额3亿多元，成为国内"最大的专业板栗深加工企业""国家农业产业化重点龙头企业"，"栗源"被评为河北省十大农产品企业品牌。

以林果业为载体，推动乡村振兴。为进一步提升果品产业整体效益，遵化市适时引导果品产业逐渐步入多元化发展阶段，由单一果品生产转向农业生态休闲旅游。先后建成观光采摘园等16个集旅游、观光、休闲、度假为一体的综合性特色果品产业园，被定为"省级观光采摘园"，为该市经济林产业的发展注入了新的元素。园区的建立也是实施乡村振兴战略的主要载体。以新型经营主体为纽带，增强自主创新能力。支持新型经营主体发展壮大，重点扶持林业种养大户、家庭林场和联户经营。支持和引导农民合作社以林产品和产业为纽带组建联合社，推动农民合作社实现由数量扩展向质量提升转变。支持林业龙头企业加强联合，加大品牌建设，提高自主创新能力；鼓励其与合作社、家庭农场、专业大户等经营主体深入融合，发展特色林业和林下经济，建立以市场为主体，合作组织、村集体和农户的利益联结机制。

案例十　永清县永定河沙地综合治理成效显著

廊坊市永清县地处冀中平原，位于京津之间，永定河故道自西北向东南纵贯全境。历史上永定河曾多次决堤改道，形成了连绵起伏的永定河故道沙区，沙区占地面积72万亩，是河北省六大风沙源之一。"出门沙挡路，闭门土满屋"，是历史上永清地瘠多沙、生态脆弱的真实写照。

1986年，永清县列入三北防护林体系建设工程实施范围以来，围绕永定河故道沙区治理，提出了"依托三北、防沙治沙、改善环境、林果富民"的林业发展思路，以工程建设为依托，以"打造绿色永清"为目标，连年开展大规模的植树造林活动，林地总面积增加到51万亩。实现了东部沙区森林化、西部农田林网化，构筑了独具永清县特色的林业发展格局。先后获得"全国绿化模范县""全国绿色小康县""河北省绿色通道建设先进县""河北省林业生态建设十佳县""河北省绿化先进单位""廊坊市造林绿化先进县"等多项荣誉。

工程的实施,有效带动了造林绿化的深入开展,彻底消灭了宜林沙荒地,全县林木覆盖率达到40%,永定河故道沙区林木覆盖率达到70%,永定河风沙危害得到有效控制,生态环境明显改善,成为崛起于京津之间的"绿色明珠"。同时,也大大提高了土地利用率,带动了相关产业的快速发展,为农民增收提供了新途径,取得了显著的生态效益、经济效益和社会效益。

绿色生态体系初步建成,生态环境明显改善。在永定河故道沙区建成了三个集中连片的万亩速生丰产林基地,沿永定河河套建起总长7km的防护林带;沿廊霸路建起总长3.5km的人工片林;沿永定河右堤建起总长10km的防风固沙林。千亩以上片林共有26块,永定河风沙危害得到了根本性的扼制。以廊霸路、廊大路、廊涿路为重点的通道绿化,建成了总长62km、总面积1.6万亩的高标准绿色通道;以永定河右堤、引青渠、永固界沟为重点的河渠堤防绿化,建成了总长154km、面积1.2万亩的骨干防护林带;以东部8个乡镇为重点的沙荒地绿化,建成了防风固沙林20万亩,形成了平原森林景观;以西南部粮菜区为重点的农田林网绿化,建设农田防护林4246km,农田林网控制率达97%;以环村林、环乡(镇)林、环城林为重点的"三环"绿化,环县城建设了总长14.8km、总面积3000亩的绿化带,14个乡镇建设了50m宽的环乡林,全县386个行政村周围50m范围内的宜林地全部实现绿化。全县形成了以村庄绿化为点,以通道绿化、堤防绿化、农田林网绿化为线,以防风固沙林、优质果园和苗木基地为面,"点、线、面"相结合,乔、灌、果相搭配的比较完善的林业生态体系,彻底消灭了荒渠秃路。通过建设完善的防护林体系,改善了农田小气候,有效地防止了干热风等灾害性天气,保证了农作物的稳产增产。

推进林业产业化,为农民增收拓宽渠道。2020年,全县林业总产值达62411万元,林业总产值占农业总产值的37%。全县共有专业村162个,市级优质果品生产基地村25个,重点专业户1.2万户,建成了速生丰产林、热杂果和优质苗木三大基地,形成了林木生产、果品生产、种苗生产和林产品销售及加工四大主导产业,林业逐步成为立县、富民的主导产业。全县活立木蓄积量达82万m^3,年蓄积量增长20万m^3,年商品果产量24万t,年产各类苗木600万株,已经成为京津周围最大的原料林生产基地。位居中国500强企业第53位的吉森爱丽思木业有限公司投资2亿元建设刨花板生产项目,生产的"露水河"牌刨花板产品畅销全国20多个省份。全县共有人造板、家具、木材加工等涉林企业900多家，年创产值26781万元。发展果树成为当地农民主要的经济来源，后奕镇石各庄村种植桃树，农民年均亩收益达6000元以上，比种植粮食作物效益更高，为农民增收提供了有效途径。

生态优势凸显，开辟了绿色发展新途径。依托良好的生态环境，永清县开辟了以民俗风情、生态观光、绿色采摘、农家接待为内容的特色农村旅游，先后发展农家院80余家，杨家营村获得"省级旅游示范村"称号。2020年，游客数316.1万人次，综合收入91670万元；2021年，游客数350.33万元，综合收入115485万元。目前，永清县林栖谷定向运动小镇、燕南春酒文化博览园、核雕小镇、月亮海马世界中心、"京南桃源美丽永清"胜境桃花节等多个特色旅游景点已经相继建成并接待游客，森林旅游成为永清县发展的助推器。

案例十一　实施生态立县战略，打造涞源生态之韵

素有"凉城"美誉的保定市涞源县，是一个"八山一水一分田"的山区县。全县总面积365.11万亩，林业用地面积289.2675万亩，其中，有林地169.776万亩、灌木林地48.663万亩、疏林地14.001万亩、未成林地4.073万亩、苗圃地0.018万亩、无立木林地0.798万亩、宜林地51.939万亩，森林覆盖率46.5%。

从1987年列入三北防护林体系工程建设范围以来，县委、县政府始终坚持生态立县，围绕"经济强县、生态强县、和谐强县"的战略目标不动摇，按照"以林增绿、以林富民、兴林强县"的工作思路，以科技兴林，依法治林为举措，以三北防护林体系建设工程等国家重点林业生态工程为抓手，举全县之力，强势推进造林绿化，全力构建"京西夏都、生态涞源"，生态建设取得了显著成效。先后荣获"河北省三北防护林体系建设先进集体""河北省造林绿化先进集体""河北省林业工作先进县""河北省容器苗造林先进单位""保定市造林绿化先进集体""保定市森林防火先进县"等荣誉称号。2009年，涞源县造林绿化工作纪实短片在9月23日联合国气候变化峰会上进行了播放，得到了联合国环境规划署官员的认可，涞源县林业开创了林业发展史上辉煌业绩，是林业投入最大、林业发展速度最快、生态状况改善最明显、林业工作成绩最显著的时期。

科学规划，全面打造生态涞源。作为山区县，最大的优势是山，最好的发展是绿，大搞生态建设是实现涞源县可持续发展的根本途径。涞源县始终将生态建设放在首要地位，把造林绿化作为涞源立县之本、强县之基。县委、政府按照"工作上力度，发展上速度，干劲上热度"的造林理念，大手笔描绘绿化蓝图。结合实际，科学编制了《涞源县林业发展规划》，总的思路是：围绕打造"京西夏都、生态涞源"品牌，以三北防护林体系工程建设等重点生态工程为依托，以县城及周边、景区、国省干道两侧荒山、矿区为绿化重点，以每年绿化10万亩荒山的速度，全面构建防护林、经济林、景观林三大生态屏障，形成"通道绿化贯穿全县、荒山绿化集中连片、村矿绿化分布其间、产业林区辐射周边"的绿网格局。一是建设深山区封育结合的生态防护林。大力实施以乡村周围及乡村公路两侧荒山、荒滩为重点的绿化工程，防风固沙，涵养水源，加快涞源县生态旅游及森林城市建设步伐。强力推动"绿色矿山"工程，实行"一企一矿绿化一山一沟"机制，划定区域，限期绿化，全面打造"村在林中、房在树中、矿在绿中"的生态环境。二是建设近山人工生态经济林。按照"城南核桃城北杏"的产业发展格局，大力发展以县城以北等乡村为重点的杏扁基地和县城以南等乡村为重点的核桃基地，努力将这一绿色富民产业做大做强，实现了经济效益与生态效益的双赢。三是建设重点区域生态景观林。以县城周边旗山等四座山为主，建设重点区域人工植造的森林公园。以国省干道两侧、旅游景区周围宜林荒山为重点，实施城乡植绿、身边增绿、景区添绿三大工程；在唐河、拒马河沿岸实施"绿色护坝"工程，全力打造"天然氧吧"和"绿色家园"。通过不懈努力，真正实现山川秀美、碧水蓝天、鸟语花香。

创新机制，全面掀起生态建设浪潮。涞源县山高坡陡、土地贫瘠、山多岩石，春旱、夏雹、秋早霜，造林难度极大。为把林业规划落到实处，确保三北防护林体系建设工程等重点生态工程成效，县委、县政府从创新体制机制入手，全党动员，全民动手，大力弘扬"艰苦拼搏"县魂，以战天斗地的精神，使一座座荒山披上了绿装，一片片荒地变成了绿色田园。一是创新领导机制。成立了以政府县长为组长的造林绿化工程领导小组，建立了县、乡、村三级组织领导体系。实行县领导包乡、乡干部包村、村干部包户、县直部门和企业包工程的"四包"责任制。县四大班子主要领导各自打造"责任山"造林示范点，其他县级领导和有关单位在所包乡镇也都建立造林示范工程。同时，实施"高坡填土"主体政策，优先扶持积极性高的造林大户，以点带面，整体推进。全县涌现出1000亩以上造林大户120户，500亩以上造林大户663户。二是创新育苗机制。根据每年造林任务，定点定量繁育优质容器苗木。实行"农户育苗—林业补助—收益自得"方式，鼓励农户开展容器育苗和造林。每年定点繁育容器苗木近1000万株，保证全县造林之用苗。三是创新造林模式。示范造林工程主要以专业造林队施工为主，林业局与造林施工队签订《三北防护林工程造林施工合同》，施工队严格按照造林技术规程进行施工，实行"五统一"标准（统一规划，统一整地，统一调苗，统一栽植，统一管护）造林，提高了造林成活率，确保造林质量。四是创新投入机制。为充分发挥三北防护林体系建设等国家重点生态工程的资金效率，积极筹措资金，提高工程建设的补助标准。县财政每年拿出500万元作为三北防护林体系建设工程的配套资金；分包县直单位、厂矿企业对分包工程在资金上给予大力支持；整合发改、水务、扶贫等部门专项资金，集中捆绑使用；乡、村以劳代资，积极开展社会造林。通过多方筹资，确保了造林投入。据统计，每年县直单位、企业对所包乡镇造林绿化工程投入资金达600万元以上。五是创新考核机制。将造林绿化工作作为乡镇和有关部门的重要考核指标，对按质按量完成造林任务的单位进行表彰奖励，对完不成任务的单位实行"一票否决"，有效促进了造林绿化工作。六是发扬群团会战精神。号召县直各单位和县内各企业集资搞绿化，群团组织充分发挥作用，栽植"青年林""三八林""民兵林"等。敢于向恶劣的自然条件挑战，发扬"愚公移山"精神，开展"万人植树大会战"活动，出动义务工3万多个，硬是靠"人背肩扛、挑水上山"，筑起了一道道绿色的屏障，形成了"男女老幼齐上阵，千军万马大会战"的动人局面，形成了新时期涞源人民"不畏艰险、艰苦奋斗、再造秀美山川"的造林绿化精神。

发展特色产业建设，促进农民增收。涞源县山多地少，自然条件差，干旱缺水，发展干果是涞源县林果业发展的必由之路。三北防护林体系建设工程实施以来，把林业产业作为改善结构，促进农民增收的重要举措来抓，大力发展特色产业建设。充分利用山场广阔、沟谷纵横、自然隔离条件好、温差大等自然优势和"中国核桃之乡"等品牌优势，按照"城南核桃城北杏"的发展格局，大规模在县城中、北部乡镇建设杏扁基地，在县城中、南部乡镇建设核桃基地。建成核桃基地8万亩，杏扁基地8万亩。产业基地每年创造可观的经济收益，年产值达9000万元。三北防护林体系建设等国家重点生态工程带动了育苗产业的迅速发展。全县培植了近500多户育苗户，4家育苗企业，育苗面积达到3000多亩，育苗量超过2000万株。走马驿镇泉厂背、花园成为核桃育苗专业村，苗木除满足本县需求外，还销往其他地区，仅苗木收入一项，农户纯收入增加100万元以上。

强化管护举措，为生态建设保驾护航。山区造林不易，管护更难。涞源县坚持生态建设与资源保护并重的原则，在管护上下大力、出实招。一是严格栽后管护。强化对造林地的抚育管护，实行专业队管护和工程承包管护相结合，县林业和草原局与荒山承包户签订《三北防护林工程管护协议》，明确管护责任和义务，栽植管护、抚育责任到户到人。并建立健全封山禁牧、森林火灾、病虫害防范机制，建立县、乡、村三级护林队伍体系，管护任务落实到乡、村、户，管护责任落实到人，确保造林成效，保证一次造林一次成功。二是加强林政执法。建立健全森林公安、林业综合执法大队、森林病虫害防治检疫站等林业执法机构，紧密配合，协同作战，积极开展打击盗伐滥伐林木、非法运输木材、乱采滥挖、非法征占用林地等各类破坏森林资源专项执法行动，加大森林案件查处力度。近年来，查处林政案件400多起，挽回经济损失1亿多元，使生态建设成果得到了有效保护。

第二节　退耕还林工程典型案例

案例一　20年退耕还林谱就邯郸绿色太行

地处河北最南端的邯郸市，以京广铁路为界，将全市分为西部太行山区和东部平原。太行山区包括涉县、武安市、峰峰矿区及磁县、永年区、邯郸县（2016年划归邯山区和丛台区）的一部分，共73个乡（镇），1421个行政村，总面积898.8万亩，占全市国土总面积的49.6%。历史上太行山树木茂盛，生态环境优美。近代，战争、自然灾害破坏，加之毁林开垦、过樵过牧等人为破坏，造成生态环境恶化，水土流失严重，严重影响了人民群众正常的生产和生活。2002年，西部山区水土流失面积达409.8万亩，占山区总面积的45.6%。

2002年，邯郸市被国家列入退耕还林工程实施范围，开展了大规模生态环境治理。西部山区73个乡镇，1024个行政村纳入工程治理区，20多年来，35.24万亩坡耕地实施了退耕还林，70.65万亩荒山得到绿化，西部山区森林覆盖率增加了11.8个百分点，生态环境得到明显改观。

  水土流失得以有效遏制。工程建设中，各县区科学布局，突出重点，分类施策，精心组织，科学推进工程建设。坚持"三注重、一把握"，注重重要水源地营造生态林；注重三园两区（地质公园、湿地公园、森林公园；自然保护区、名胜风景区）周边荒山荒地造林绿化；注重坡耕地及立地条件较好的缓坡荒山发展优势经济林树种。水土流失面积从2002年的409.8万亩，减少到2018年的277.5万亩，减少了132.4万亩，年水土流失减少300万t。工程的生态效益逐步开始显现。

  涵养水源功能得到充分体现。在各级政府大力推动下，大面积的坡耕地退出农业耕种实施造林，大面积荒山荒地实施绿化。为解决山区放牧与退耕还林实施封山禁牧的矛盾，确保工程造林成果，山区各县积极调整种养殖业结构，实施全域封山禁牧，为退耕还林工程营造了良好的环境。经过多年治理，裸露的山体被茂密生长的乔灌木覆盖，荒山秃岭如今已是郁郁葱葱，生态环境得到明显改善，实现了小雨不出山，大雨缓出川，东西贯穿太行山的清漳河，由持续几十年的季节河，近年实现了全年无断流。邯郸市充分利用岳城水库、东武仕水库等上游水库，建立了生态水网，为东部13县（区）农业灌区年供水3亿多m^3，改善灌溉面积200万亩，占东部耕地总面积的36%左右，实现了林茂粮丰的繁荣景象。

  林业产业得以不断壮大。工程建设促进了生态产业的发展，工程建设与兴林富民达到统一。一是促进了核桃产业的发展壮大。在工程带动下，全市核桃由传统的零星种植，转向大面积集中连片发展，武安市、涉县、磁县涌现出许多核桃乡、核桃村、核桃种植大户。截至2020年，全市核桃种植面积达到62万亩，年总产量达到1.98万t，年产值3.17亿元，核桃已经成为山区农村的主导产业。核桃种植面积和产量的迅猛增加，加快了核桃加工产业的发展，涉县富华食品有限公司、宜维尔食品有限公司、"三珍"农产品贸易有限公司、三利食品有限公司等一批省级龙头企业兴起壮大，年加工利润突破3亿元。二是促进了林下经济的发展。依托巩固退耕还林成果项目，发展林下间作牧草0.92万亩，林下种植中药材0.9万亩，发展种植食用菌1441万袋；扶持建设养殖圈舍13.8万m^2，设施农业27.9万m^2，培育了一批特色林下经济产业，改善了区域经济结构。三是生态旅游产业方兴未艾。结合区域自然历史优势发展生态旅游，邯郸市一到四届旅游产业发展大会分别在涉县、峰峰矿区、武安市等山区召开，生态旅游年接待国内外游客超1000万人次，旅游综合收入超过50亿元。生态旅游促进了山区农村经济的发展，绿色产业拉动了农民增收。

案例二 保定推进退耕还林工程，打造生态强市

自2002年以来，保定市抓住国家实施退耕还林工程的大好机遇，围绕"打造生态强市，建设绿色保定"目标，大力推进退耕还林工程建设。全市累计完成退耕还林工程238.7万亩，其中，退耕地造林49.2万亩，匹配荒山造林189.6万亩。取得显著的生态效益、经济效益和社会效益。

一、建设成效

生态效益。一是水源供应得到改善。在管护好的地区，水土流失得到控制，水土流失面积减少，水源得到涵养，水源供应持续改善。如唐县唐河、通天河泥沙量减少23.5%，控制水土流失面积12.3万亩。二是小气候发生变化。全市沙尘天气明显减少，雨量增多。退耕还林项目区气温平均降低1.6℃，相对湿度增加6%，平均风速降低0.04m/s。三是森林植被增加。通过实施退耕还林工程增加有林地面积156.7万亩，全市有林地面积达到987万亩，森林覆盖率达到34%，退耕还林工程贡献5.4个百分点。

经济效益。项目的实施促进了农民增收。全市21.8万退耕户、81万人累计得到国家退耕还林补助资金5.6亿元。退耕还林不仅直接增加了退耕农户收入，还促进了林果产业的发展。保定市依托退耕还林工程，建设经济林及生态经济兼用林50多万亩，亩均林果收益达3000多元，每年给退耕农户带来15亿多元收益。经过多年退耕还林政策的扶持，保定市逐渐形成了满城区和易县磨盘柿，顺平县桃、苹果，唐县和阜平县大枣，涞源县核桃等地区优势林果产业。退耕后剩余劳动力和剩余时间明显增多，退耕农民大力发展林下养殖和林下种植，实行林粮、林药、林菌、林禽（畜）等多种发展模式，实现了退耕农户短期利益与长期利益的结合，促进了退耕农户的增收。退耕还林工程的实施，大大提高当地的退耕农户的收入，带动了当地农民脱贫致富。

社会效益。退耕还林工程的实施产生了广泛的社会影响，该市在退耕还林工程实施过程中，加快了农业产业结构调整，带动了生态旅游业、运输业、餐饮业等二、三产业的发展，围绕退耕还林工程，该市还重点培植了一批有资源

优势、有市场潜力并能联结一定数量农户的农林牧产品加工企业,易县圣霖板业集团公司、功成杏仁加工厂、狼牙山果脯厂、涞水县方圆木业发展有限公司、高碑店同兴公司等一批涉林企业,成为拉动县域经济发展的龙头企业。增加了农民就业途径,对当地社会稳定和经济持续发展起到积极推动作用。

二、主要措施

针对当前内外环境的变化和不断涌现的新问题,该市积极倡导生态建设的主旋律,坚持"绿水青山就是金山银山"理论,始终坚持把推进退耕还林工程建设放在林业工作的突出地位来抓,将退耕还林工作纳入重要议事日程,认真研究,精心组织,强化举措,狠抓落实,确保工作扎实推进。

各级高度重视,工作推动有力。 退耕还林工程占该市国土面积的5.4%,不仅在保定市生态建设中具有举足轻重的作用,还在建设社会主义新农村、调整农村产业结构、增加农民收入、促进农民脱贫致富等方面发挥重要作用。退耕还林工程是一项富民工程、形象工程,功在当代,利在千秋。各级政府高度重视,将退耕还林工程列入了政府重要考核目标,成立了退耕还林领导小组,明确了政府主要领导是第一责任人、主管领导是具体负责人,明确了专人专责,落实了行政领导责任制。在退耕还林实施过程中,各级领导深入一线,宣传政策,加强引导,实地调查了解工程进展情况,现场解决工程中的实际问题,推动了退耕还林工程的顺利开展。为巩固退耕还林成果,针对用材林价格低迷,效益底下的情况,利用巩固退耕还林成果专项资金,通过嫁接改造、低质低产林改造、新造特色经果林,大力发展林果业。2013年,保定市政府出台了《加快推进果品产业发展的意见》,各县也制定了实施意见,有力推动了成果巩固。

广泛宣传发动,营造浓厚氛围。 各县(市)把宣传发动作为退耕还林任务建设的第一道工序,全市共举办培训班1000多场次,培训10万多人,发放明白纸50多万份,充分利用电视、电台播放植树造林专题1000多条次,极大地增强了广大干部群众植树造林的主动性和积极性。

依靠科技推广,助力产业发展。 各县(市)充分利用河北农业大学的地域优势,聘请孙建设、徐继忠等专家教授定期开展技术培训、指导和技术攻关,大力推广无公害果品生产、树体改造和常规管理技术的应用,及优良栽培体系建设。如唐县在红枣发展上,以提质增效为主,摸索出枣树树体改造简化技术,并大力推广应用,建成羊角、木兰、黄金峪、黄岩4个千亩红枣

提质增效示范基地,产量明显增加,平均每亩收入达4000多元,使老百姓增加了收入,得到了实惠,发挥很好示范引领作用。顺平县与河北农业大学充分合作,建立了"三优"红富士苹果基地,实现生产、教学、科研一体化发展模式,使退耕农户每亩收益达2万元以上,示范带动作用明显。"三优"红富士苹果代表了世界上先进的栽培技术,具有病虫害轻,果品质量好,果个大,果形端正,果面光洁,着色好等特点。目前,顺平县"三优"红富士基地达6千亩以上。

转变经营机制,提升管理效率。农村青壮年多数进城打工,留守妇女、60岁以上的老人居多。靠一家一户经营有限责任田来发展林果业的思路已经过时。该市注重引导各县(市、区)实现由分户分散造林向林果专业合作社规模专业化管理转变,引导退耕农户以土地和现有资源入股,成立林果专业合作组织,实行统一管理、统一销售、按股分红的经营管理模式,解决退耕地区和困难退耕农户分散经营、想管无人管、放任生长的问题。积极引导鼓励扶持大户、合作社、公司等新型农业经营主体通过土地流转的方式,整合土地资源,实行规模化集约管理。据不完全统计,近年来,该市成立林果专业合作社(公司)300多家,入社农户达8万余户,培养了核桃嫁接专业队、剪枝队,建立了多个果品烘干房、冷藏室等。经营方式的转变,提升了管理效率,提高了果品质量,促进了果农增收。

明晰产权主体,优化发展环境。市政府出台了《关于大力发展非公有制林业鼓励民营大户造林的意见》,各县也相继出台了相关政策,积极鼓励和支持各种社会主体以独资、合资等多种形式跨区域、跨行业、跨所有制参与林业产业开发,加大了荒山、荒坡、荒滩、荒地以及河、沟、渠、路等宜林地的拍卖、承包力度,明晰所有权,放活使用权,明确受益权。同时,对民营造林实行投资直接到户,将民营林的绿化项目按不同规模分别申报列入省、市、县林业工程建设规划和年度投资计划,予以重点扶持,涌现出了一大批百亩以上造林大户,进一步优化了林业发展环境。

加强统筹规划,调动社会力量。坚持"全社会办林业、全社会搞绿化"的方针,实行统一规划,统一治理,集中连片,多渠道、多层次、多形式筹措建设资金。采取承包、拍卖、招标、股份制等形式将宜林荒山承包到户,不栽一棵无主树,不造一片无主林,责权利相统一,造与管相协调。加快林业产权改革,保障非公有制林业健康发展。出台促进林业发展的优惠政策,支持鼓励社会资金、人才、技术和生产要素投向工程建设。

案例三　承德市退耕还林工程措施得力，效果好

承德市 2002 年实施退耕还林工程以来，一直以改善生态环境、促进经济发展和农民增收为目标，扎实推进工程建设，取得了良好成效。全市累计完成退耕还林 570 万亩，其中，退耕地造林 230.4 万亩，匹配荒山荒地造林 339.6 万亩。巩固退耕还林成果专项规划项目累计完成林业产业基地任务 81.95 万亩，抚育经营项目 131.3 万亩，补植补造任务 259.92 万亩。

一、建设成效

经过多年治理，全市基本建成了沿边沿坝防风固沙林、滦潮河上游水源涵养林、低山丘陵水保经济林、川地河岸防护林和环城沿路绿化美化风景林五大防护林为主体的国土生态安全体系。2018 年，全市森林覆盖率达到 57.67%。全市沙化土地面积从 2000 年的 1129 万亩减少到 590.8 万亩，大风、沙尘等灾害性天气减少，农业生产条件得到明显改善。进一步提高了森林涵养水源能力，全市出境断面水质全部达到地表水三类以上标准。2018 年，市区空气质量达标天数为 278 天，市区 $PM_{2.5}$ 浓度年均值为 $32\mu g/m^3$，空气质量始终保持在京津冀城市前列。经中国林业科学院评估，2013 年承德市森林每年产生的生态服务价值为 7502 亿元。承德市被誉为"华北绿肺"。2017 年，承德市获得"国家森林城市"称号。实施退耕还林工程促进了农村产业结构调整和农民增收，逐步形成了长城沿线板栗、兴隆山楂、中北部山杏仁、中南部国光苹果等优势产品。全市建成板栗、苹果、山楂、仁用杏等八大经济林基地 953.9 万亩（其中，干鲜果树 357.8 万亩），年产果品 148.7 万 t。建成林果加工企业 356 家，林产工业产值 2.74 亿元，果品经营加工产值 57.31 亿元，林果产业已经成为富民增收的支柱产业之一。广大退耕户直接得到国家钱粮补助金 40 亿元，并解放出许多劳动力，通过从事劳务输出等第三产业增加了农民收入。

二、主要措施

领导重视，落实责任。承德市各级党委、政府始终把退耕还林（草）工作作为改善生态环境、加快农业产业结构调整、促进区域经济发展、带动农民增收的重要举措，明确各级政府"一把手"是工程建设管理第一责任人，主管

领导为直接责任人，全程负责工程建设的各项工作，按照年度建设任务逐级签订目标责任状，逐年对目标完成情况进行量化考核。

科学规划，合理布局。承德市从生态与经济可持续发展的高度出发，坚持生态建设与调整农业产业结构、加快区域经济发展相结合，工程建设紧紧围绕全市生态建设总体规划实施。即：完善"五大体系"、突出"六个百里"、治理千条流域，建设五个百万亩（山杏、板栗、刺槐、速生杨、沙棘）和五个十万亩[苹果、山楂、特色果（梨、桃、李等）、桑蚕、花卉]林果基地，大力发展山杏、果品、木材、森林旅游四个主导产业，突出发展食用菌、桑蚕两个区域优势产业，着力开发沙棘、花卉和林下三个新兴产业。

创新机制，完善政策。按照"谁退谁有，谁经营谁受益"的原则，不栽无主树，不造无主林，探索总结出承包、租赁、拍卖、股份合作、反租倒包、联户经营等多种适合承德实际的造林绿化机制，并根据国家和省有关林业的政策法规，结合承德实际，制定出台了《关于全面推进林业建设的决定》《关于加快经济林发展的决定》《关于创建国家森林城市的决定》《关于加快推进生态文明建设的实施意见》等一系列政策文件，调动了群众退耕还林积极性，促进了民营林业发展。

创新科技，规模治理。积极探索容器苗繁育及整地造林技术。在使用乡土树种的基础上，引入丰富造林树种，加大容器苗繁育力度，提高苗木繁育技术水平；试验研究不同整地方式、不同树种、不同规格、不同时间容器苗造林技术，提高造林成效。探索总结出林草、林药、林苗、林花、林禽养殖等生态经济治理模式，在全市乃至全省推广。

严格管理，确保质量。坚持目标责任管理。将工程建设任务落实到技术人员，签订《技术承包责任书》，与评选先进、评聘职称、晋级挂钩。坚持按规划设计、按设计施工、按标准验收、按验收结果兑现政策，严把设计、种苗、栽植、验收四关，确保工程建设质量。严格资金管理和档案管理。严格按照国家工程建设资金进行管理，退耕补助资金全部采取"一卡通"的方式直接兑现给退耕户。县、区都配备人员和微机管理档案。落实公示制度。把退耕还林项目实施情况，包括分户的退耕面积、补助资金等列入村务公开内容。市、县、区政府公开举报电话，接受群众监督。严格抚育管护。新造林地全面实行封禁，创建专职管护与自我管护相结合的管护模式，把管护责任落实到责任主体和具体人员，明确责权利，做到有人管、管得住、管得好。

巩固成果，提高效益。为确保退耕还林工程建设成效，借助国家巩固退耕还林成果专项规划项目的实施，加大了对退耕还林地的补植补造、抚育管护和新建林业产业基地力度，完成林业产业基地81.95万亩，抚育经营118.6万亩，补植补造259.7万亩。通过扩穴、修枝、病虫害的防治、割灌等措施来提高退耕地的经济效益，努力促进农民增收。

案例四　井陉县扎实高效推进退耕还林工程

井陉县地处石家庄西部太行山深山区，自2002年实施退耕还林工程以来，规范工程管理，严格规划施工，高标准完成退耕还林任务8.1万亩，其中，退耕地还林1.7万亩，匹配荒山造林4.4万亩，封山育林2万亩。工程涉及全县16个乡镇、167个行政村、3038户。退耕还林工程的实施，使井陉大地生态面貌显著改善，农业种植结构进一步优化，以苹果、核桃为主的经济林和杨树为主的速生丰产林面积不断增加，农民收入稳定增长，取得了良好的社会效益和经济效益。

规范工程管理。自2002年开始，井陉县严格按照国家政策及省、市有关要求，切实做好规划设计、检查验收及林权证的发放、档案管理、优惠政策兑现等管理工作。一是规范档案管理。按照《退耕还林工程档案管理办法》的要求，建立健全了退耕还林档案管理制度，做到了专人、专机、专柜、专室管理。退耕还林工程所涉及的地块的勘验、小班调查卡、作业设计、变更报告、承包合同、小班验收卡片、检查验收报告、兑现台账等，按照档案管理要求，全部及时进行了归档、保存。二是规范林权落实。该站对所有退耕户的合同手续(土地"四荒"承包合同、退耕还林合同)进行了全面审核，审核合格的予以发放林权证，不合格的指出存在的问题，待退耕户全面完善合同后再予发放。目前，全县有1942户填写林权证，1132户已发林权证。三是规范政策兑现。退耕还林补助政策包括钱粮补助、种苗补助等，涉及林业、粮食、财政、乡(镇)政府等有关部门。县林业部门负责全面检查验收，并根据公示后的验收结果编制兑现台账，向财政提供验收及兑现结果，审查合格后，直接把资金打入退耕户专用账户，保证及时准确将退耕还林资金兑现给每个退耕农户。

严格规划施工。一是精心设计。对全县退耕还林工程进行精细设计，针对县域地形特点和立地条件，重点推广应用了太行山低山丘陵区坡地水土保持林造林模式，沟谷、滩地防护用材兼用造林模式，荒山水土保持林造封模式等3种生态效益好、经济效益高的造林模式。施工工程中，严把整地、栽植等关键环节，加强苗木调控，坚持以本地育苗为主，确保工程造林全部为优质的一级苗木。二是强化管护。对集中连片的林地，实行分片承包管理，并要求技术人员及时指导退耕农户。三是培育产业。为确保退耕还林"退得出、稳得住、不反弹、能致富"，该县坚持长短结合、以短养长，种植养殖相结合的模式，林果畜牧相结合，积极组织动员各有关单位，向项目区倾斜资金和技术。坚持产、加、销一体化生产，产业化经营原则，大力发展核桃、柿子、花椒、香椿等林产品加工业，创出特色品牌，充分占领市场，走生产集约化、经营规模化、管理现代化之路。

扎实宣传培训。退耕还林工程实施以来，该县林业总站成立了专门的技术队伍，负责工程的技术培训、政策宣传及其他服务工作。结合工程建设之需，适时对基层广大干部群众进行培训。一是利用下乡的机会，深入田间地头为广大林果农现场讲解林果知识，手把手地教，面对面地讲，据统计，累计入户指导1500人次。二是各相关部门通过电视、广播、报纸、办培训班等各种形式和途径，大张旗鼓地宣传退耕还林的有关政策措施和技术要求，增强各级领导和广大群众参与项目建设的积极性，同时宣传先进典型，让退耕户现身说法，讲退耕还林的好处。工程实施期间，开展各类专题讲座25次，培训人员达1万人次。三是印发技术资料，编写经济林种植、管护的专题资料，使农户看得懂、学得会，累计发放各类技术资料明白纸2万多份。四是带领农户走出去，到邯郸市和山西省等地参观学习退耕还林经验。

认真监测评估。井陉县对退耕还林进行了长达13年的效益监测，监测评估结果表明，退耕还林工程是非常成功的一项林业工程。一是生态环境明显改善。国家持续的补助政策为农户精心管护提供了保障，退耕还林的林木平均保存率达到90%以上，实现造一片成一片，使全县森林覆盖率提高5个百分点。二是经济效益明显提高。以核桃、枣、杏为主要树种的经济林，亩收入达2500~3000元，苹果、桃亩收入达到了4000元。一些农户通过退耕还林建起了种养结合的生态园、采摘园，经济效益更加可观。三是社会效益逐步显现。工程的实施，优化了产业结构，农村林果专业户增多，农业集约化专业化程度不断提高，一部分农民通过经营林果实现了就业。

案例五　实施退耕还林，建设生态易县

易县位于保定市西北部，是一个山区大县，全县共辖28个乡镇处，469个行政村，总人口57万，总面积2534km^2。自2002年实施退耕还林工程以来，累计完成退耕还林29万亩，其中，退耕地还林8.4万亩、匹配荒山荒地造林12.5万亩、封山育林8.1万亩。

通过实施退耕还林工程，昔日的荒山荒沟变成了绿色长廊，使得山更青、水更绿、天更蓝，易县生态环境明显改善，先后荣获"全国退耕还林先进单位""河北省退耕还林工程建设先进单位"等荣誉称号。

一、建设成效

促进生态环境明显改善。易县通过实施退耕还林工程，增加有林地面积29万亩，林草植被盖度明显增加，全县森林覆盖率比实施退耕还林前增加7个百分点。随着林木的不断生长，生物多样性得到有效恢复，野生动植物资源种类、数量明显增加；保持水土、涵养水源能力不断增强，水土流失程度不断减轻，生态环境明显改善。

促进退耕农户增收致富。易县退耕还林工程国家累计投资2.5亿元，工程涉及27个乡镇、340多个行政村，受益农户达3.4万多户，受益群众达12万人，户均增收达7350元，人均增收达2080元。退耕还林不仅直接增加了农户收入，还促进了林业产业基地快速发展，形成了以狼牙山、独乐、西山北等乡镇为主的柿树、苹果基地，以塘湖、梁格庄、西陵、安格庄、牛岗等乡镇为主的苹果、核桃基地等。新发展经济林及经济生态兼用林14万亩，总面积达到37万亩，林果产值逐年增长，亩均收益达5000元；同时，通过加强对农户的政策引导和技能培训，鼓励农户发展后续产业，积极推广林下种植、养殖技术，实行林草、林药、林菌等模式，实现短期利益和长远利益相结合，促进了农民增收致富，提高了生活水平。

促进社会效益充分发挥。退耕还林工程的实施，改变了农户广种薄收的耕作传统，提高了改善生态环境的意识，激发了植树造林的积极性，有效地带动了农村产业结构的调整，大批农村劳力从单一的农耕劳动中解放出来，逐步转向养殖、加工、服务等行业，促进了第二、三产业的发展，拓宽了农户增收致富的渠道，加快了县域经济的发展。

二、主要经验和做法

强化责任，狠抓落实。林业局积极与县委、县政府领导沟通，得到县"四大班子"积极参与、支持。县委、县政府每年多次召开乡镇书记、乡镇长及县直相关部门主要领导参加的全县退耕还林工作会议，对退耕还林及巩固退耕还林成果相关工作进行研究部署，狠抓落实，将任务、责任落实到乡镇、部门、人头、地块。

培育典型，示范带动。在工程建设过程中，培育典型，建设示范工程，把调整结构基础好的村作为"领头雁"来培养。如石家统村退耕还林发展柿树特色经济果木林基地4000多亩，人均收入上万元；东豹泉村发展柿树基地1000多亩，仁义庄村发展优质核桃基地500亩，每亩收入都在5000元以上。通过宣传典型，推广示范工程建设，抓点带面，有力推动了全县退耕还林工程的开展。

创新机制，加快发展。在项目实施过程中，不断探索、创新管理机制，发展优质高效林果模式，加快工程发展。一是运行模式创新。积极扶持农村经合组织、引入公司企业等多种形式参与，如：经济合作组织+农户、公司+基地+农户、业主+农户等经营模式，带动项目实施，提升工程管理水平。以经济合作组织形式，口头村发展"三优"富士苹果基地1000亩，北淇村发展山东大樱桃基地500亩。引入河北大风车农业有限公司发展杨树原料林基地1000亩，易县绿泽农林果种植有限责任公司在下黄蒿村通过土地流转形式发展优质高效苹果基地1000亩等。二是资金投入创新。拓宽融资渠道，在吸收社会资金基础上，将林业、农业、水利、扶贫、交通等部门资金捆绑使用，发展高效林果种植模式，促进林业产业基地的发展。西陵镇、牛岗乡、安格庄乡等乡镇发展核桃等特色经果林基地5000亩。三是科技创新。以河北农业大学为技术依托，下黄蒿村、台底村、七峪村等发展优质高产苹果基地5000亩。

加强管理，保证成效。一是严格验收。林业局每年组成验收组，按照验收方案，在乡镇、村的密切配合下，实行"谁检查、谁验收、谁签字、谁负责"的验收制度，确保检查验收结果真实、准确、可靠。坚决做到按标准验收，按验收结果兑现政策。财政部门按验收结果将退耕还林补助资金打入退耕户"一卡通"，确保退耕农户利益。二是加强林木管理。对退耕还林地块加强补植补造和后期抚育管护，促进林木正常生长；强化执法，严厉打击乱砍滥伐和破坏退耕还林林木资源行为；有序改造更新，对于立地条件较差形成的低质林和进入成熟期林木，严格履行改造更新程序，保证退耕还林成效。三是加强档案管理。为适应退耕还林工程实施年限长，信息量大的需要，安排两人专职负责档案管理，及时将文件、方案、施工设计、图、表、文字材料、影像等资料整理、归档、保存，并配备电脑和档案室，保存好相关资料，实现科学化、标准化、系统化管理。

案例六　兴隆县退耕还林退出一片新天地

兴隆县位于河北省东北部，地处长城沿线，燕山深山区，毗邻北京、天津、唐山。兴隆县是个"九山半水半分田"的石质山区，山高坡陡，土层瘠薄，耕作困难，群众收入微薄。面对严峻的现实，兴隆县借助退耕还林工程转变发展思路，走出一条"以林为本，果业先行，三产紧跟，绿色振兴"的生态发展路径。退耕20年，兴隆县森林覆盖率从48.1%增加到71.2%，位居河北各县之首，不仅实现了山川秀美，更壮大了林果产业，为一方百姓退出了一片新天地。

一是依托工程建基地。兴隆县依托工程建设和巩退项目，按照统一规划、统一配套设施、统一生产标准、统一技术管理"四统一"管理方法，集中连片新建或改造山楂、板栗、苹果、梨、桃、核桃等六大林果基地。全县培育了10个有机果品生产基地、10个百亩新建或改造提升标准化示范果园。每个乡镇抓出了2个以上老果园提质增效示范园，每个村培养示范户2户。全县山楂面积达到25万亩，其中形成有机、绿色、无公害基地生产面积达到18.5万亩。

二是依托产业创品牌。按照"典型带动、重点扶持"的原则，大力培育"雾灵""澳然""紫瑜珠""栗利福"等品牌，提升市场竞争力。加大对"兴隆山楂""兴隆板栗"地理标志证明商标的宣传力度，鼓励企业、合作社使用"兴隆山楂""兴隆板栗"地理商标，扩大市场影响力，提高兴隆县农产品及加工品的知名度。目前，该县"妈妈煮"牌山楂制品饮料、"燕山"牌水果罐头等8个系列产品被评为全省著名商标或名牌产品。

三是依托科技增效益。兴隆县在工程管理中不断加强技术培训，优化管理模式，打响品牌效应。以板栗、山楂标准化栽培管理技术为重点，培训2万人次，培养农民技术能手300名；该县每年安排200万元作为"产学研"一体化财政专项资金,强化优良品种引进、示范和推广。先后研发了山楂果胶胶囊系列保健品、"仙灵泉"牌山楂红酒系列产品。并与中国科学院、河北农业大学签订科技合作协议,与南京大学生命科学院共同研发新产品。目前,该县已与11所合作单位共同研发出科技成果40多项,提升了兴隆县食品加工业的可持续发展能力,增加了退耕地的附加价值。

兴隆县自2002年实施退耕还林工程以来,大力培育以板栗、山楂为主的林果业,大力发展林果产业基地。兴隆县完成前一轮退耕还林任务19.5亩,其中,栽植板栗8.8万亩,山楂7.2万亩,通过示范带动,全县山楂规模发展到25万亩,板栗发展到52.7万亩,成为全国闻名的"板栗、山楂之乡"。板栗、山楂产业成为兴隆县的主打产业,同时也成为富民产业,农民的林果收入占总收入的60%以上,在板栗产区,户均收入达到5万元。小小板栗、山楂形成规模,形成产业,带动12.7万农户实现家庭收入稳步增收,3.43万人脱贫致富,群众日子更加红红火火。退耕还林使兴隆县旧貌换新颜,荒山变金山,退出一片新天地。

案例七 宽城满族自治县西岔沟村退耕还林结硕果

从宽城县城出发,沿承秦公路向西9km,就到了化皮六子镇的西岔沟村。来到村里,给人的第一印象是浓浓的色彩,放眼望去,全村漫山遍野的果树,栽满大小地块,红红的果实挂满枝头,散发出一阵阵诱人的芳香,让人大有置身花果山的感觉。第二个印象是便利,宽宽的水泥路连接各个自然村,到了傍晚,明亮的路灯把网格式的公路照得如同白昼,便利的交通条件保证了丰收的果实的外运,也保证能把村民所需的各种物资及时运回。第三个印象是富裕,一排排宽敞的大瓦房,一辆辆崭新的小轿车标志着村民步入了小康生活,公园式的群众活动广场娱乐设备齐全,每到晚上,人们载歌载舞,来到这里休闲娱乐,抒发对美好生活的满足。

西岔沟村自2002年开始实施退耕还林工程以来,把造林栽果发展林果作为本村脱贫致富的突破口,坚持抓栽果抓管理,抓质量抓效益,通过退耕还林等工程完成栽果5000余亩,2020年,仅果品人均收入就达5651元。

西岔沟村距县城较远,一无矿产可以开发,二无水利资源可以利用,唯一依靠的只能是山,坡度缓、山沟长、光照好是该村的唯一优势。村民们曾经栽过桑养过蚕,种植过药材等经济作物,也养过牛、羊等,但都没有成功。2002年，宽城满族自治县开始实施退耕还林工程，西岔沟村干部认识到这是脱贫致富千载难逢的好机遇，他们充分利用广播、办学习班、开会等多种形式广泛宣传发动，同时要求村干部带头退耕还林，带头管好自家的果树，给群众做出榜样，他们请来工程技术人员进行设计，适时推进造林栽果进度，村班子一届接着一届坚持十几年，终于取得了今天的成绩。

一个好的项目要想被群众接受，就必须树立典型。西岔沟村充分认识到了这一点，他们确定一名班子成员重点负责退耕还林和果树管理工作，在村里选择不同生长阶段的果园做样板园，供村民观摩学习。什么树，处在什么生长阶段，在什么季节，应该如何管理，群众一目了然，一学就会，同时他们从每个村民小组中选出几名有文化的村民对其进行林果管理技术培训，极大地调动了全村造林栽果的积极性。

为了让退耕后的果树发挥更大的经济效益，西岔沟村在注重培养技术人才的同时，每年都请县林业局技术人员到本村讲解果树管理新技术，邀请省果树研究所、河北农业大学专家们来村讲学授课，进果园进行指导。十几年来，该村培养出一大批果树技术骨干，现已辐射到其他乡村。村民张春江在管好自己果树的同时，由于管理技术过硬，经常被青龙满族自治县、平泉市等地请去传授果树管理技术，推动了其他乡村果树事业的发展。西岔沟村强化技术引领，使退耕还林成果不断扩大，实施了果树品种更新，使该村的果品在市场上更具竞争力；推广了配方施肥、生物防治病虫害、疏花疏果、果实套袋等新技术，应用了密植栽培丰产技术，为果树的丰产优质打下了坚实的基础。同时，搞好基础设施建设，把水泥路修进了果园，实现了果园滴灌，西岔沟的果树生产走在了全县的前列。西岔沟注册的"西富苹果"品牌，受到了消费者广泛认可，苹果收获季节，外地客商纷至沓来，果农们劳动成果收到了应有的回报。

案例八　板栗小镇"艾峪口"

"长城长，板栗鲜，长城脚下神仙湾"，艾峪口村位于宽城满族自治县碾子峪镇最南端，与唐山市迁西县交界，距县城45km，依山傍水，环境优美，宏伟壮观的万里长城东起山海关，途经青山关，从这里的群山巅峰中穿过，蜿蜒跨越全村4.5km，整个村子被紧紧地拥抱着。因此，艾峪口村又被称为"长城村"，艾峪口人被称为"长城人"。这个村板栗种植历史悠久，近年来，艾峪口村从板栗提质增效入手，朝着打造板栗小镇的目标迈进。

2002—2006年依托退耕还林工程，全村种植板栗面积达到1.5万亩，立地条件好的地方已经种满了树。在县林业和草原局帮助下与河北省农林科学院昌黎县果树研究所积极对接，专家定期来村实地传授板栗轮替更新修剪技术，有效地解决了板栗密植造成的树势减弱、病虫害严重等难题，促进了以板栗为主的经济林产业发展。

在艾峪口村，"严禁在板栗园使用除草剂"这样的标语随处可见，村委还利用广播、微信等多种形式加大宣传普及力度，力求做到家喻户晓，人人皆知。现在村民人人监督，除草剂基本弃用了。原来，村民们到自家板栗园里除草，都在使用一种叫做"背负式割灌机"的机械进行除草，既方便又快捷。同时，把清除掉的杂草堆放在板栗树下，还能增加板栗的有机肥料。

艾峪口村是宽城满族自治县京东板栗主产区之一，为了实现板栗提质增效，宽城满族自治县林业和草原局为这个村免费发放背负式割灌机64台（套），同时为栗农提供板栗专用肥130t。在村民的板栗园里，栗农会定期向板栗树喷洒富含锌和硒的植物营养液，科学精细化的管理，使板栗品质明显提升。作为全县有名的板栗专业村，艾峪口村通过举办板栗采摘节，扩大宽城板栗知名度，全村成立板栗专业合作社10个，围绕"产、供、销"各环节，实施品牌战略，推进生产与市场的对接，提高生产经营组织化程度，使"艾峪口板栗"远销全国各省市并出口世界多个国家和地区。

不仅如此，艾峪口村大力发展乡村旅游和休闲农业，依托艾峪口村良好的生态、优质的板栗、古老的长城等优势，开办旅游休闲项目，大力发展乡村旅游和休闲农业，特别是在举办宽城满族自治县首届板栗采摘节期间，艾峪口村与北京致远旅行社等企业完成了签约。目前，板栗数量80万株，年产值2000余万元，人均收入10905元，板栗树已经成为村民脱贫致富的摇钱树。昔日的荒山变成了村民的生态银行。

第三节 京津风沙源治理工程典型案例

案例一 承德市久久为功筑屏障，涵水阻沙惠京津

承德市北接内蒙古自治区，南连北京、天津，地处四河之源（滦河、潮河、辽河、大凌河），两库上游（密云水库、潘家口水库），沙区前沿（浑善达

克沙地、科尔沁沙地)的关键区位。辖7县1市3区，总面积3.95万km²，人口382.5万。承德市既是京津冀水源涵养区，也是京津冀协同发展生态支撑区。因此，承德市坚持为京津保水源、为首都阻沙源、为河北省增资源、为群众拓财源，服务京津、致富当地的指导思想，采取造林绿化、草地治理、水土保持等一系列行之有效的措施，京津风沙源治理工程取得了阶段性成果。

一、建设成效

到2019年底，完成造林绿化1011.39万亩。其中，人工造林277.09万亩，封山育林442.55万亩，飞播造林280.5万亩，完成农田林网和工程固沙11.25万亩。这一时期是资金劳动力投入最多，工程建设规模最大，生态、经济、社会效益最好的时期。

一是生态效益。全市森林覆盖率从1999年底的42.5%提高到了59.41%，承德已经成为华北最绿的地区，被誉为"华北绿肺"。全市沙化土地面积从1999年的1129万亩减少到590.8万亩。大风、沙尘等灾害性天气减少，农业生产条件得到明显改善。2019年，市区空气质量达标天数为308天，市区$PM_{2.5}$浓度年均值为29.3μg/m³，空气质量始终保持在京津冀城市前列。进一步提高了森林涵养水源能力，全市地表水国、省考断面水质达到或好于Ⅲ类比例达100%。

二是经济效益。工程建设坚持生态建设与经济建设相结合，农、林、牧协调发展，建设生态经济型防护林。全市经济林规模达到1011.2万亩，形成了长城沿线板栗、兴隆县山楂、中北部山杏仁、中南部'国光'苹果等优势产品，促进了农村产业结构调整。现有果品加工企业356家，林果合作经济组织达550个，林业已经成为承德农村经济的支柱产业。

三是社会效益。通过京津风沙源治理工程建设，进一步拓展了人民绿色福利空间，树立了绿色发展的理念，形成了"爱绿、植绿、护绿"的良好社会氛围。通过技术培训和科技推广，提高了农民文化素质，培养了大批懂技术、会管理的人才。凭借宜居、宜业、宜游的"金字招牌"，密切了与京津发达地区经济技术合作关系。

二、主要措施

承德市人民始终发扬"牢记使命、艰苦创业、绿色发展"的塞罕坝精神，抓住京津风沙源治理工程的重要契机，以"四源"林业（为首都阻沙源，为京津保水源，为河北增资源，为群众招财源）为己任，运用政策调动、效益驱动、机制推动，极大地促进生产力的发展，推动了生态环境建设与三大效益的发挥。

一是坚持党政齐抓共管，严格履行责任和义务。各级党委、政府充分认识到林业建设是功在当代、利在千秋的大事，京津风沙源治理工程是服务京津、致富当地的重大工程。承德市委、市政府把林业建设列入重要议事日程，坚持实事求是，与时俱进，制定长远发展规划，不断深化林业改革，先后做出了《关于建设环京津绿色屏障的决定》《关于全面推进林业建设的决定》《关于创建国家森林城市的决定》等重大决策和部署，提出了建设山水园林城市、创建国家园林城市、创建国家森林城市和建设国际旅游城市的奋斗目标。各级党委、政府强化考核，狠抓落实，班子换届，绿色接力棒传递，一任接着一任干，一张蓝图绘到底。坚持"发展与保护并重，兴林与富民结合"的理念，扎实推进工程造林、严格保护森林资源、积极发展林果产业。坚持"以人为本，执政为民"，突出抓城镇绿化和乡村绿化，努力改善人居环境，形成了生态环境改善、林果产业发展和生态文化繁荣的局面。

二是深化林业改革，激发工程建设动力和活力。积极采用"四荒"（荒山、荒地、荒水面、荒滩）拍卖、大户承包等方式，鼓励团体、企业和个人造林绿化。在全国率先设立公益林、商品林分类经营改革试点，率先设立森林综合效益改革试验区。积极开展集体林权制度改革，进一步明晰林业产权，把发展经营林业的主导权交给农民，增强了集体林业内在活力。积极推进国有林场改革工作，理顺了国有林场管理体制，明确了人员编制，创新了发展经营机制，进一步夯实了国有林业发展基础。积极推进林业对外开放，广泛开展对外合作和交流，学习借鉴世行贷款造林、中德财政合作造林等项目建设的森林经营理念和实用技术，为林业发展提供了动力和活力。

三是拓宽投资渠道，为生态工程建设提供强有力的支撑。承德市各级党委、政府和林业部门，紧紧抓住京津风沙源治理工程机遇，千方百计争取生态建设项目，实施了退耕还林、京冀水源林、世行贷款造林、中德财政合作造林、新增国家公益林、森林防火基础设施建设、林业有害生物综合防控体系建设等一批新项目。从转换经营机制，制定优惠政策，采取股份合作制、拍卖"四荒"、联营、租赁、承包等形式造林，广泛吸引资金用于生态工程建设，为全市造林绿化和林果产业建设提供了强有力的支撑和保障。

四是坚持科技兴林，不断创新工程建设理念和模式。坚持科学造林、综合治理，大力推广容器苗、种子包衣、地膜覆盖、果树"三优"栽培、生物防治、"3S"（地理信息系统、遥感、全球定位系统）监测等新技术，广泛应用生根粉、保水剂等新材料，推广"新工程上质量，老工程上效益，新老连片上规模"的建设模式，建成了北曼甸、骆驼峰、凤凰岭、转山岭、九龙山等集中连片达10万亩以上工程，提高了生态治理成效。充分发挥科技的支撑、引领和带动作用，全面加强与大专院校、科研院所间的战略合作，大力推进科技交流，建立新技术、新成果引进和人才培养新机制，推动发展理念、发展模式的创新。

案例二　张家口市实施京津风沙源治理，助力两区建设

一、基本情况

张家口市地处河北省西北部，总面积3.7万km^2，辖10县6区2个管理区和1个经济开发区，总人口469万。全市分为坝上坝下两个自然地貌单元，坝上地区属蒙古高原南缘，北邻浑善达克沙地，属农牧交错带，是典型的高原地貌和气候类型，年平均降水量320~390mm，年平均气温1~2℃，气候冷凉，干旱多风，土壤沙化、盐渍化严重；坝下处于内蒙古高原到华北平原的过渡带，属山地地貌，分属燕山、太行山脉、阴山余脉，土层干旱瘠薄，水土流失严重，年平均降水量400mm，年均气温6~9℃。张家口市地处官厅水库、密云水库上游，是潮白河、滦河的发源地和桑干河、洋河重要集水区，是首都重要水源涵养区，又是护卫京津的最后一道生态防线。

近年来，张家口市认真贯彻落实习近平生态文明思想和习近平总书记视察张家口时做出的"张家口市要树立生态优先意识，建成首都水源涵养功能区和生态环境支撑区，做到以水定市、以水定产，探索一条欠发达地区生态兴市、生态强市的新路子"重要指示精神，坚决贯彻落实党中央、国务院重大决策部署和省委、省政府各项工作要求，按照"严格保护、积极发展、科学经营、持续利用"的原则，遵循"资源管理与培育并重"的发展思路，以落实保护发展森林资源目标责任制为抓手，持续推进大规模国土绿化，不断完善森林资源管理，扩展了规模，巩固了存量，提升了质量，取得了明显成效。截至2019年年底，全市林木绿化面积2760万亩，林木绿化率达到50%

以上。2013年张家口市被列为"全国首批生态文明先行示范区",2014年张家口市成功创建"国家森林城市",张家口市2015年被列为"全国首批全国生态保护和建设示范区",2016年被评为"全国绿化模范城市",2019年获全国"关注森林活动"20周年突出贡献单位,入围人民日报官方微博发布的"16座洗肺城市"。张家口市林草局先后荣获"全国林业系统先进集体""全国绿化先进单位""全国防沙治沙先进集体""京津风沙源治理工程先进集体"等称号。

二、建设成效

1. 全面推进造林绿化

近年来,全市上下把国土绿化作为建成首都水源涵养功能区和生态环境支撑区的重大战略工程、作为打造冬奥良好生态环境、实现张家口绿色发展的基础工程,以"功成不必在我、功成必须有我"的政治责任担当,坚持"党委统筹、政府主导、市场运作、社会参与"的原则,围绕"一核(冬奥核心赛区)、两沿(沿河、沿路)、三环(环城、环镇、环村)、四带(防风固沙带、水土保持带、水源涵养带、生态经济带)"整体布局,积极推进"工程化、公司化、市场化、项目化、林场化"建设模式,统筹生态建设、脱贫攻坚、城镇化建设、绿色产业发展,采取"新旧对接、集中连片、规模推进、综合治理"的措施,举全市之力大规模推进国土绿化,打造城市绿核、山体绿带、乡村绿廊,努力改善人居生产生活环境。2000—2017年,全市完成京津风沙源治理工程1229.98万亩,退耕还林工程911.3万亩(其中耕地退耕还林还草435万亩),京冀生态水源保护林工程40.5万亩,国家储备林基地建设工程237万亩,巩固退耕还林成果专项规划项目777.31万亩。特别是2018—2019年,全市克服自然条件差、资金严重不足等困难,不折不扣落实省委"三年任务一年完成"的目标要求,完成营造林任务786万亩,形成百万亩塞北林场沿坝工程区1处,创造了张家口市造林绿化的绿色传奇。目前,以沿冀蒙边界防风阻沙防护林、沿坝水源涵养防护林、农田牧场防护林网、沿河沿路防护林、浅山丘陵水保经济林以及深山区水源涵养防护林等为骨干的生态防护体系框架基本形成,为建成首都水源涵养功能区和生态环境支撑区提供了坚实的生态基础。工程实施中,严格执行国家项目管理相关规定,所有营造林工程全部实行招投标制、全过程监理制、工程决算验收制,与施工、监理单位签订3~5年施工管护合同。全面加强工程全过程监督管理,在施工季节全过程跟踪指导,及时开展"回头看",全面查漏补缺,及时整改发现问题,确保工程建设质量。根据国家林业和草原局、省政府等上级部门对各项营造林工程核查,近年来全市林木成活率85%以上,全部达到或超过国家相关工程建设标准,建设成效明显提高。

2. 稳步开展草原生态治理

为进一步加强草原生态治理工作,张家口市委、市政府先后编制印发了《张家口坝上草原牧区恢复规划(2019—2025)》《张家口坝上地区草原生态修复方案》《张家口市坝上地区退耕种草实施方案》《加强草原生态保护构筑生态安全屏障工作方案》等规划方案,为全市草原生态建设扎实推进提供指导。一是实施了退化草原生态修复治理项目49.57万亩,其中,张北县2.27万亩,尚义县1.3万亩,康保县16万亩,沽源县16万亩,赤城县11万亩,察北管理区2万亩,塞北管理区1万亩。二是实施了京津风沙源二期工程。建设人工饲草基地、暖棚、青贮窖、贮草棚等,天然牧草得到休养生息,项目区内的植被盖度、牧草产量、草群高度、草群优良牧草比例等全部有了明显的提高。三是启动实施了180万亩休耕种草任务。通过与君乐宝、草都等47家草牧业、药业公司合作,燕麦、苜蓿等一年或多年生牧草、饲草混播等方式种植饲料饲草作物140.63万亩,种植水飞蓟、黄芪、防风、黄芩、柴胡等中草药28.12万亩,打造万亩燕麦基地6个、万亩饲草基地10个、万亩中草药基地3个、国家示范牧场23个、草原公园10处。

三、主要措施

1. 领导重视,形成林业建设强大合力

一是强化认识。市委、市政府始终把生态建设放在优先发展的战略地位,坚持"绿色发展、生态强市"的发展思路,大力度、高规格、不间断地推进造林绿化工作,使林业建设工作得以有效开展。二是高位推动。市委、市政府成立了造林绿化指挥部,协调推动造林绿化工作。市、县、区四大班子领导全部包县区、包乡镇、包山头、包工程,形成强大领导推动力;市委、市政府主要领导深入县区实地考察督导,并组织全市观摩拉练活动,比进度、比质量、推经验、促效果。市委、市政府督查室和市林业局组成联合督导组定期开展督导,同时建立了日统计、周通报制度,形成了"比、学、赶、超"的氛围,有效保证了全市造林进度。三是积极跑办。抢抓首都两区建设有利契机,积极向国家申报项目和政策支持。国家发展和改革委员会、国家林业和草原局印发的《河北省张家口市及承德市坝上地区植树造林实施方案》，在建设标准和投资来源上实现了重大突破，人工造林由500元/亩提高到2600~2900元/亩，投资来源全部为国家、北京市和省级投资，成为首个由国家和省级以上资金全额投入的生态治理项目。

2. 真抓实干，打赢林业建设攻坚战

一是重点工程抓精品。按照"新旧对接、集中连片、综合治理"的建设思路，加快构筑坝上及沿坝防风固沙防护林区、坝下浅山丘陵水保经济林区和水源涵养林区三大生态主体功能区。全市建成1万~5万亩集中连片工程区26处；5万~10万亩集中连片工程区4处；10万亩以上集中连片工程区10处，形成百万亩塞北林场沿坝工程区1处，创造了张家口市造林绿化的绿色传奇。二是城乡绿化抓统筹。按照"城乡绿化一体化、京张生态一体化"建设思路，以"三沿（沿路、沿河、沿湖）、三旁（城旁、镇旁、村旁）"绿化为重点，构建"城区园林化、城郊森林化、道路林荫化、水系林带化、乡村林果化"体系，形成"森林进城、公园下乡、生态文化入户"的城乡绿化格局。三是林业产业抓增效。坚持以工业化理念指导林业、以产业化模式经营林业、以企业化方式组织林业，按照"基地做大、特色做优、产业做强"的发展要求，逐渐实现以资源带产业、以产业促生态的良性发展。四是资源安全抓保护。出台了《森林防火工作责任追究暂行办法》《森林防火重点管理乡镇实施办法》《林地保护利用规划》等政策法规，强化森林防火、病虫害防治、信息监测等基础设施建设，积极开展"金盾、金剑、金钺、金网"专项行动，有效打击违法行为，保护森林资源。

3. 创新机制，注入林业发展新活力

一是创新造林机制。按照"市场化运作、公司化经营"模式，探索总结出租地造林、合作造林、社会造林、承包造林等10种造林模式，并在全国进行推广。二是创新融资模式。坚持"政府引导、社会参与、市场运作、资金整合、各方联创"建设原则，在利用贷款、企业和个体投资、社会捐资和碳汇融资等资金筹集的基础上，从政府购绿和PPP项目（政府和社会资本合作模式）继续探索多元化投融资机制，完善激励政策，形成多渠道、多层次、多元化的建设格局。三是创新管护机制。按照"谁建设、谁管理、谁受益"的原则，继续实行施工单位管护、造林业主管护和护林员管护模式，探索市县乡村四级生态林场长效管护体系，实现资源、资产和收益一体化。四是建立造林与扶贫联结机制。按照"短期扶贫靠造林、中期扶贫靠管护、长期扶贫靠产业"的生态扶贫工作思路，优先流转贫困户土地、优先雇用有劳动能力贫困人口参与造林、优先选用有劳动能力贫困人口从事护林,将生态扶贫贯穿造林绿化全过程,努力实现"政府要绿、企业要利、群众受益"多赢目标。五是创新考核机制。市委、市政府成立生态环境改善考核领导小组,把林业建设的各项任务指标纳入考核范围,做到责任目标、责任单位、责任人员和问责措施"四落实"。

4. 持之以恒,巩固提升建设成果

为使京津风沙源治理工程建设成果得到全面巩固提升,该市在全面分析造林实际的基础上,科学规划,先后编制了《张家口市多种树工作方案》《张家口市绿化彩化香化总体规划》《张家口市冬奥会城乡绿化规划》《张家口市重点区域及重要廊道统筹方案》等一系列工作方案,明确了建设目标,分解了任务,落实了责任,为建设首都水源涵养功能区和生态环境支撑区提供了重要保障。一是持续推进国土绿化。2016年至今,以每年完成200万亩以上造林绿化任务的速度,跨越式推进国土绿化;2020—2022年以精准提升为主,保证造林成效。二是持续壮大林业产业。通过扩基地、建园区、扶龙头等措施,壮大林业产业,大力发展以葡萄、杏扁、特色杂果、木本油料为主的经济林,提高林业产业效益。三是持续强化森林资源管护。通过健全工作机制、创新管护机制,集中开展"金剑、金钺、金网、金盾"专项行动,全市有害生物逐步实现综合防治,森林火灾逐步由人防转变为技防,全市森林资源管护工作稳步推进。四是科学立法,资源保护有法可依。市人大颁布了《张家口市禁牧条例》,2017年12月1日起实施,为建设首都水源涵养功能区和生态环境支撑区提供了法律支撑,通过禁牧措施在重点林业生态建设工程区的严格实施,森林植被得到有效保护。

案例三　张家口市崇礼区推动国土绿化,助力冬奥

崇礼区地处张家口市北部,总面积2334km^2,属阴山山脉东段到大马群山支系和燕山余脉交接地带。地貌属坝上坝下过渡型山区。山势陡峻,山峰海拔多在1500~2000m。北京市联合张家口市举办的2022年冬季奥运会,雪上项目的滑雪、冬季两项两个大项、单板滑雪等6个分项、50个小项的比赛将在崇礼赛区举办。

申奥成功以来,崇礼区全面贯彻落实习近平总书记生态文明思想和"坚持绿色办奥、共享办奥、开放办奥、廉洁办奥"的指示精神,全面践行"两

山"理论，紧紧围绕首都"两区"建设，加大造林绿化和生态修复力度，实施以奥运核心区为重点辐射崇礼区全域的生态绿化工程109.23万亩。截至2021年，崇礼区森林面积达到250.8万亩，森林覆盖率从2015年年底的52.38%提高到71.53%，奥运核心区森林覆盖率达到81.02%。

一是坚持规划引领。为确保举办一届精彩、非凡、卓越的冬奥盛会，崇礼区十分重视绿化和美化工作，编制了《张家口市崇礼区承办2022年冬奥会城乡绿化规划》，规划以建设生态良好、环境优美、人与自然和谐相处的绿色奥运为目标，通过3年(2016—2018年)时间实施冬奥绿化工程45万亩，重点推进崇礼区域内张承高速公路、延崇高速、京张高铁崇礼区支线和长城岭赛事区、万龙赛事区、密苑赛事区等"四线六区"进行高标准绿化，同时对崇礼其他区域按照由近及远原则，开展规模化拓展绿化，为2022年成功举办冬奥会奠定坚实的生态环境基础，建成向世界展示"美丽中国、生态城市"的绿色窗口。

二是打造森林生态景观。崇礼区始终把造林绿化作为一项特殊的政治任务，坚持高标准推进、规模化建设，与北京林业大学建立战略合作关系，冬奥核心区景观绿化全部由北京林业大学精心设计和统筹把控，实施冬奥绿化项目45万亩。2019—2021年，该区重点在奥运赛事核心区实施景观提升、见缝插绿，完成绿化面积2300亩，栽植云杉、桦树、银中杨等乔木12.5万株，同时，完成铺草皮8.6万m^2，栽植各类灌木337.8万株，播种草籽22.9万m^2。尤其是在冬奥赛事核心区及主要交通干线两侧绿化设计时，提出了"以奥运核心区生态景观整体营造为核心，以打造冬奥会核心大林相生态景观为目标"的设计思路，在确保做到全面绿化的同时，着重选择了16个景观节点进行重点打造。在树种选择上，打破了以往绿化品种单一、景观单调的模式，提出了以常绿树种为基调，搭配一定量的彩叶树种和花灌木的原则，选取了26种造林树种，着力打造"春花烂漫、夏日青葱、秋色斑斓、冬浸水墨"的四季景观效果，常绿树种使用比例达到了70%以上，确保了冬奥会举办期间的景观效果。

三是实施全域造林绿化。围绕把崇礼区"建成首都水源涵养功能区和生态环境支撑区"的总体目标，在对重点区域进行重点打造、提升景观的同时，不断加大造林绿化和生态修复力度，先后实施了国家京津风沙源治理、京冀水源林保护合作造林、国家储备林建设、重点区域绿化、冬奥赛事核心区生态廊道绿化、永定河综合治理、张家口市、承德市两地造林等一大批以奥运核心区为重点辐射崇礼区全域的生态绿化工程，完成营造林工程109.23万亩。实现了全区现有宜林荒山荒地全覆盖，使全区生态环境和森林植被发生了根本性转变，生态更加优美丰富。

四是广泛发动，全民参与。近年来，崇礼区在实施生态建设工程的基础上，广泛开展全民义务植树活动，力争为举办冬奥会创造良好的生态环境。该区先后组织了团中央、部队、中央国家机关、首都师范大学实验小学义务植树活动。同时，中国绿色基金会、碳汇林基金会投入1.3亿元在赛事核心区周边实施了造林绿化工程2.7万亩。结合创建森林城市和农村人居环境整治行动，实施村庄绿化美化187个村，栽植各类苗木120多万株，使乡村生态面貌发生了质的改变。

五是运用科技造林。为了全面提升赛事核心区造林质量，提高苗木成活率，确保冬奥会举办时的景观效果，该区组织相关技术人员多次赴内蒙古自治区包头市大青山、河北省阜平县等地进行学习考察，在总结以往造林经验的基础上，引入了中国林业科学研究院兰再平研究团体的科研成果，在奥运赛事核心区实施了智能滴灌控制系统，通过对林地的气象、土壤等环境因子进行自动监测和数据采集，制定和执行科学的灌溉制度和施肥制度，实现对林木的节水、高效栽培，有效破解了立地条件差的地块苗木成活率低、生长慢等难题。

六是实施重点区域生态修复。崇礼区在推进场馆及相关基础设施建设过程中，注重对生态环境的保护和修复工作，对奥运核心区周边的受破坏山体、裸露边坡、重要交通连接线廊道的生态环境进行了系统性、整体性的修复治理，进一步恢复了自然生态环境。累计完成边坡生态修复面积143.7万 m^2，其中，赛事核心区完成边坡生态修复面积8.8万 m^2。

案例四　丰宁小坝子变了模样

2000年春季，沙尘天气多次侵袭北京，引起国内外强烈关注。5月12日，国务院原总理朱镕基带领国家有关部委领导亲临丰宁满族自治县小坝子乡视察防沙治沙工作，并做出"治沙止漠刻不容缓，绿色屏障势在必建"和"退耕还林还草，恢复生态环境"等重要指示，国家紧急启动了京津风沙源治理工程。多年来，丰宁满族自治县把小坝子作为防沙治沙重点治理区，以中国科学院石家庄农业现代化研究所、北京林业大学、中国林业科学院等为技术支撑单位，以小流域为单元，科学规划，多方筹资，综合治理，经过2000年至今的不懈努力，昔日的风沙通道建成今日的"绿色长廊"。

一、自然概况

小坝子乡位于丰宁满族自治县中北部，有 6 个行政村，总土地面积 31115hm^2，其中，耕地面积 2666hm^2，林地面积 212.66hm^2，荒草地 7343hm^2。年平均降水量为 409.3mm，年均径流总量 0.228 亿立方米，多年平均气温 2.8℃，≥10℃积温 2258℃，年平均日照时数 2820h，无霜期 105 天。小坝子地处接坝地区，海拔高度从沟里分水岭至沟口在逾 30km 距离内从 2000m 急剧降为 720m，流域内上游地区较为开阔，近似于坝上；下游地区则峰峦叠嶂，奇峰怪石，沟道狭窄，天然形成狭管风道。全乡风大沙多，全年 4 级以上大风日数 210 天左右，其中，8 级以上大风日数 65 天。小坝子乡土壤多为风沙土，高山远山多为裸岩峭壁，山脚、缓坡及低山阴坡有少量棕壤土、褐土，但土层较薄。2000 年前，全乡的经济收入主要靠传统的粗放型农业和畜牧业为主，其中，畜牧业收入占 73%，农作物广种薄收，而且交通不便，文化教育落后。

二、相关背景

小坝子乡处于接坝地区，是典型的农牧交错区。在水土流失类型上，以水力、风力侵蚀并重，同时兼有冻融侵蚀和人为活动引发的土壤侵蚀。全流域总土地面积 315.6km^2，有轻度以上水土流失面积 205.14km^2，占流域总面积的 65%，其中，轻度侵蚀 63.1km^2，中度侵蚀 116.7km^2，强度侵蚀 25.34km^2，每年平均侵蚀模数为 3380t/km^2，年侵蚀总量 69.5 万 t。严重的水土流失导致了林草植被退化、土地沙化、生态环境恶化，水、旱灾害严重，生产力衰退，造成一方水土难以养活一方人的困境。

历史上小坝子所在的区域曾森林茂密、草地广阔、水源丰富，生态优美。由于时代的变迁，该流域的生态环境经历了两次严重浩劫，造成植被退化、土地沙化和生态恶化。二十世纪六七十年代，在以粮为纲政策驱动下，全乡大面积毁林开荒，使逾 30km 河川近千公顷的沙棘、杨树混交林几乎全被砍光种粮。进入 80 年代后，养牛、养羊成为农民的快速脱贫的支柱产业，牛羊等牲畜从集体经济时的 1.5 万个羊单位迅速猛增到 6 万多个羊单位，使本已退化的林草植被不堪重负，以至把树根草根几乎啃光。全乡沙化土地 11466hm^2，其中，重度沙化区 4533hm^2，形成大小流动沙丘 82 处。最为典型的椰头沟自然村，沙丘竟漫过农户房后的挡墙或篱笆，埋住后墙，跃上屋顶，屋顶院落农田草场全被积沙覆盖，"猪上炕，羊跳墙，孩子坐到房檐上"曾是当时生态极度恶化的真实写照。河床被流沙抬高，耕地被黄沙掩埋，农民生产生活难以为继。严重的水旱灾害与贫困造成生态环境进一步破坏。

三、主要措施

本着"预防为主，全面规划，综合防治，因地制宜，加强管理，注重效益"的工作方针，以小流域为单元，构建工程体系，实施生态富民工程。根据风蚀沙化成因及程度，和降水气候等自然条件，通过实行"坡面生态修复，河流生态治理，小型水利建设，生态产业开发"四大工程框架，构建完整的综合防治体系。

在技术路线上，坚持以小流域为单元，实行山、水、林、田、路、沙统一规划，综合治理。以四大工程体系为框架，采取工程、生物、农耕措施因地制宜，合理布局，因害设防，适地适树，示范引导，逐步推进。

1. 坡面生态修复与治理

根据立地条件与植被现状，依靠自然修复能力加速林草植被建设。一是对立地条件较差和远山深沟，实行禁牧封育 $6000hm^2$；二是对近村和公路沿线两岸坡面实行金属围栏，封造结合，根据生态、经济和景观需要，选择的树种以油松、山杏为主，共建金属围栏 6 万 m，封育 $1367hm^2$，营造山杏、油松为主的工程林 $3839hm^2$，工程固沙 $400hm^2$；三是强力推行舍饲禁牧，实行舍饲圈养；四是实行退耕还林工程；五是治理沙坡，采用人工编织网格沙障 100.3 万 m，治理沙坡 4 处共 $90hm^2$，网格沙障内种草植树，固定流沙，建设植被。

2. 河道治理与生态修复

流域河川主河道及沿岸既是人为活动密集区，又是风沙肆虐和洪水泛滥区。采取疏通河床，固定河床，修建护村护地坝，坝后进行土地开发，岸边营造护岸林，河滩营造河川防护林，防风固沙。采取杨树沙棘混交、杨树山杏混交，杨树油松混交等不同形式，营造防护林，结合河道综合整治，从喇嘛山口至乡政府实现公路路面硬化，改善交通条件。

3. 造林技术及管护措施

从树种选择到施工管理各环节，都采取了多种有效的技术和管护措施：一是客土栽植造林。基于造林地点的干涸河滩石质沙地，从而采取了大苗客土栽植的方法，应用了生根粉、保水剂、容器育苗等多种抗旱保活造林技术手段，使造林保存率达到90%以上。二是多树种混交、乔灌草相结合。为增加川地植被盖度，治理裸露石沙，在河滩石质沙地采取了多树种混交，乔灌草相结合的治理方法。栽植了多种乡土树种，有杨树、柳树、油松、云杉、榆树、山杏和沙棘，并播种了柠条，达到了很好的治理效果。三是人工造林与封山育林相结合。在坡地造林中，坚持人工造林和封山育林相结合的原则，进行封补，在近山栽植了容器袋油松和蒙古栎，在远山植被较好的地块进行封山禁牧，自然恢复。四是及时浇灌、长期管护。根据工程区的降水量，对树木进行及时的浇灌，同时对工程区采取了围栏、专人管护和森林公安护林队巡查的管护机制，使治理成果得到很好的保护。

四、建设成效

通过2000年至今的治理，小坝子乡按照山水林田路综合治理的原则，累计完成工程面积10.6万亩，其中，人工造林4.1万亩，封山育林2.5万亩，草地治理4万亩。森林覆盖率由工程实施前的16.6%提高到40.6%，植被盖度由35%提高到90%以上，全年7级及以上大风天气降到10天以下，沙尘暴灾害强度、次数明显减弱减少。项目区流动沙地得到有效治理，生态环境得到改善。农民通过参与项目建设增加了收入，实现了生态建设与农民增收的双赢。

案例五　宣化区黄羊滩生态治理成效显著

张家口市宣化区黄羊滩地处北京西北部，总面积14.6万亩，20世纪末，全部由流动沙丘、半固定和固定沙地组成，其中，流动沙丘占40%，居张家口市五大沙滩之首。黄羊滩地形地貌复杂，立地条件极差，加上恶劣的气候因素，冬春季滩内风蚀严重，沙尘暴肆虐；夏秋季暴雨冲刷，洪水频发，侵蚀沟发育强烈，生态环境非常脆弱，风沙危害和水土流失严重影响首都空气质量和官厅水库及永定河生态安全。2000年京津风沙源治理工程启动实施以来，黄羊滩沙地治理遇到前所未有的大好机遇。在中信集团等社会资本大力支持下，黄羊滩流动沙地得到有效治理。

一、建设成效

一是生态环境明显改善。通过采取防护林带建设、封沙育林草等措施，一望无际的流动沙丘生长出茁壮的森林和茂密的灌草，目前黄羊滩造林保存总数1200万余株，封育种草10万余亩，林草覆盖率超过97%。形成乔、灌、草相结合，多组团、多材料、多层次，令人赏心悦目的京西生态屏障。

二是生产生活条件明显改善。工程启动后，黄羊滩林场职工积极参与整地造林、浇水管护，有了稳定的收入。同时，为提高工程质量，提高造林成活率和保存率，针对需求，林场苗圃培育出几乎工程区需要的所有沙生性苗木。凭借工程，林场一举走出困境，扭亏为盈。期间，在黄羊滩新打机井4眼，建蓄水池3座，铺设输水管道25500m，修通作业道43290m；翻建了办公、住宿和集体食堂用房，添置了防火指挥车及其他工具车，林场的基础设施、干部职工办公条件和生活环境有了很大改善。

三是生态产业开发扬帆起航。黄羊滩林场坚持开放开发、以林养林的思想，尝试走以生态效益推动经济效益，以经济效益保护生态效益的良性发展之路。造林工程坚持绿化美化相结合，注重了景点景区建设。工程区内，主辅道路纵横贯通，各景点景区相连而融为一体；林种设计上要求合理布局，乔灌草结合，针阔林混交，经济林和生态林兼顾；树种的选择上坚持沙生优质与多样化多色彩相兼顾，如胡杨、沙柳、沙枣、樟子松以及优质李、枣、杏等均为首次落户黄羊滩，形成了很好的景观效应和开发与发展潜力。此外，为丰富黄羊滩绿色资源，在整个工程安排上坚持以乔木为框架，以灌草覆盖，实现了高密度立体化治理。2005年起，在中信集团支持下，先后建起了养马驯马基地、淡水鱼养殖场、特种禽类养殖场、野猪和波尔山羊养殖场等，经济林管理进一步规范化。这些都为黄羊滩后续产业发展奠定了良好物质基础。

二、主要措施

工程实施中，采取以下4种模式，确保治理效果。

1. 采取了"三位一体"管理模式

工程从一开始，创造性地采取了政企联手、密切合作、各司其职的运行管理模式，即以投资方中信集团为主导、以实施方宣化区人民政府为主体、以督导方北京绿化基金会为指导的"三位一体"的模式。这一模式的创新和应用，保证了工程建设资金的足额到位，技术指导的科学有力，工程难题的及时解决和工程整体的稳步推进，在较短时期内取得了前所未有的治沙成果。

2. 实施了"综合治理"施工模式

工程建设中，按照"堵口子、划格子、盖被子"的治理思路，在沿河区进行了防风宽林带、林网建设，在流动沙丘进行了人工网格状生物沙障建设，工程区沿路行道树建设，以及纪念碑小区的绿化、美化，沙生植物小区的品种多样化建设等。这些分区建设，点、线、面结合，布局合理，重点突出，体现出很好的景观效应，大大增强了万亩工程区的整体建设效果。我们总结到：治沙两条腿，植树与治水；有水没有树，沙荒压不住，有树没有水，沙荒治不美。经多方协调，按照工程总体方案的要求，林、水、电、路统一推进，对黄羊滩实施综合治理。在工程区内，完成新打机井4眼及配套输电线路与作业道路的修建。

3. 采用了"科学治沙"的治理模式

积极寻求科技支撑，短期内实现规模绿化。与国家林业和草原局科技司、北京林业大学、河北省林业科学院、德国德累斯顿大学等科研单位建立了广泛联系和合作。在具体实施中，积极引进、应用科技手段，着重在治理模式、技术措施、沙生物种引进、抗旱保水材料引进等方面进行了积极探索。在治理模式上，坚持了适地适树、乔灌结合、针阔混交；坚持了"堵口子、划格子、盖被子"的综合治理方案；坚持水利先行，治沙与配水结合。在树种选择上，优选乡土树种侧柏、榆树、槐树等，同时积极引进外地树种丰富本地生物资源，相继引进了新疆的胡杨、内蒙古的沙柳和沙枣、东北的樟子松等30多个治沙物种。在技术措施上，采用了贴壁深栽、大容器苗、地膜覆盖及套袋防日灼等技术。在抗旱节水材料上，引进了可溶解营养钵、固体水、生根粉等新材料，特别是流动沙丘治理上尝试或引进了人工植被、人工生物沙障以及马来西亚生态垫覆盖等3种治沙技术，在提高治理质量，加快植被恢复等方面均取得较好实效。先后有来自全国9个省份的26个单位和两个国外单位在工程区内共进行了20多项科学试验。使用由北京绿化基金会直接引进推广的"四子相依""治沙与治水相结合水利先行"的综合治理技术以及生态垫打沙障压盖流动沙丘技术，营造混交林，使用营养钵技术，引进沙柳、沙枣等沙生植物，在保证治沙效果、提高造林成活率等方面，均起到了关键性作用。

坚持了"造管并重"的治理方针。黄羊滩恶劣的立地条件和近几年的严重干旱，给治理工作带来了多方面的影响。在工程建设中，我们紧紧围绕"造管并重、造封并重、强化科技"的总体思路和建设目标，克服重重困难，千方百计保成活，超常规地精心加以管护。部分工程区每一棵树苗每年都要数次浇水，最多的达 8 次之多。夏季沙地地表温度逾 60℃，当年为防止沿河杨树林带栽植的几万株杨树遭受日灼危害，林场干部职工为每株树基部套上保护袋，创造了在黄羊滩这样干旱的沙地内，造林成活率达到 90% 以上的奇迹。为巩固工程建设成果，林场积极宣传取得属地政府的支持，每年在黄羊滩实行封禁，严令禁止在黄羊滩放牧、割草、砍柴等一切破坏植被的行为。戒严期内林区一律实行了全封山管理，加强对关键地段、关键时期的巡查和对关键人的重点监管；主要进、出口要设置临时防火检查卡，对所有进入戒严区的人和车辆一律严格检查，收缴火种。建护林防火监测点 5 个，确保黄羊滩林区生态安全。

案例六　围场满族蒙古自治县湖泗汰规模造林质量提升工程

围场满族蒙古族自治县位于河北省最北部，分坝上坝下两个地理单元，是浑善达克沙地南缘，生态区位十分重要。京津风沙源工程实施以来，该县按照"打破边界规划、集中连片建设、注重生态效益"的原则，集中建设了一批规模造林工程，其中，在接坝曼甸建设了以用材林为主的示范工程 20 万亩，在蚁蚂吐河流域和小滦河流域建设了以防风固沙林为主的造林工程 25 万亩，在伊逊河流域和阴河流域建设了以水保经济林为主的造林工程 15 万亩，在湖泗汰工程区实施综合治理 5 万亩，区域生态环境得到了显著改善。

湖泗汰工程区位于县城东部，包括围场镇湖字村和腰站镇清泉村、左家店村，是县城主要沙源地之一。工程区总面积 5 万亩，其中，有林地和疏林地 1 万亩，其余沙地、荒山实施生态修复 4 万亩。

*精准提升造林质量。*一是阳坡稀疏山杏林补造提升，主要补造油松、樟子松，形成针阔混交林。补植苗木全部使用容器苗，春、雨季栽植，密度每亩 74 株，整地方式为穴状，整地规格 70cm×60cm×30cm。二是退化林分（杨树、落叶松）改造提升，通过补植油松、樟子松进行森林质量提升，提高林分质量。造林苗木全部使用容器苗，春天雨季栽植，密度为每亩 111 株，整地方式为穴状，整地规格 70cm×60cm×30cm。三是灌木林（黄柳、柠条、胡枝子）补植造林，补植樟子松，形成乔灌防护林，提升防护效果。地块栽植

容器苗，春、雨季栽植，密度为每亩111株，整地方式为穴状，整地规格60cm×50cm×30cm。

实施"四个结合"。一是人工造林与封山育林相结合，对深山和远山进行全封，面积较大的荒山进行人工造林，补栽油松、樟子松等树种。二是工程措施与植物措施相结合，流动沙丘采取"网格沙障固沙模式"的生态修复措施。三是工程造林与全民义务植树相结合，集中连片的荒山列入工程造林，对小片荒山和疏林地通过义务植树的方式造林。四是生态建设与景观建设相结合，以造林绿化为基础打造生态休闲景观。

通过湖泗汰造林质量精准提升的实施，取得了明显效益。一是生态效益方面，生态环境得到明显改善，水土流失得到有效控制，山鸡、野兔、狐狸等野生动物、植物逐渐增多。二是经济效益方面，林木逐渐郁闭，林副产品种类和产量增多，农民通过收获蘑菇、榛子等山野资源实现增收。三是社会效益方面，生态环境改善了，原来的沙山变成了县城居民休憩健身的场所。

案例七　平泉市小山杏做成大产业

平泉市地处河北、内蒙古、辽宁三省（自治区）交界处，距内蒙古自治区浑善达克和科尔沁两大风沙区仅400km，处于风沙前沿。是个"七山一水二分田"的山区县，自然地貌客观地决定了发展经济优势在山、潜力在山、希望在林果、突破口在工程造林。特殊的地理位置决定了全市造林绿化事业肩负着"为首都阻沙源，为京津保水源，为河北增资源，为农民拓财源"的重任。工程建设中坚持改善生态环境和推进山区经济发展富民、强县为目标，把发展林果业作为山区人民脱贫致富奔小康的支柱产业，不断进行造林管理体制改革，实行"民办国助"的工程造林。目前，全市有林地面积达到290.60万亩，其中，经济林总面积103.15万亩（干鲜果品36.15万亩、山杏67.0万亩），森林蓄积量516万立方米，森林覆盖率由四十多年前的30.4%提高到58.8%。全市林业产值19.77亿元，占农业总产值54.2亿元的36.48%。尤其是借助京津风沙源治理、退耕还林和三北防护林体系建设等工程，把"小山杏"做成了"大产业"。全市优质山杏林基地总面积达到67万亩，占森林资源总面积的近四分之一，占承德市山杏林总面积的15%，初步形成了以杏仁加工和杏仁饮品、活性炭加工、热电炭肥联产等为主的产业链条，被评为"中国山杏之乡""全国山杏产业示范区""国家森林生态标志产品生产基地创建试点市"。

基地规模不断扩大。多年来，平泉市坚持"南果北杏"的发展战略和"远抓林果，近抓食用菌、设施菜"的扶贫攻坚思路，借助三北防护林体系建设工程等林业重点工程项目，本着"规模发展，改建并举，速成基地"的建设思路，不断扩大优质山杏林基地规模。初步形成了榆树林子、台头山、平北镇、杨树岭、卧龙镇、北五十家子等市内"六大山杏主产区"。

科技支撑日臻完善。完成原林业部"山杏丰产综合技术开发"及原河北省林业厅的"山杏丰产综合技术推广"项目。为加强技术推广，建立完善了以市林果总站为龙头、各乡镇林业站为依托、村级专业合作组织为重点的三级科技服务网络。2017年国有林场改革中，与基层林业技术推广体系改革有效衔接，精心选拔143名国有林场业务骨干充实到各乡镇林业站，补齐了基层林业技术人员匮乏的短板；加快新技术、新成果的推广普及，对土质较好的山杏林和退耕地内栽植的山杏林全部改接成优新品种，提高经济效益；对于土质较差的山杏林，通过扩盘松土、施肥灌水、病虫防治、精细修剪、花期防霜等"山杏丰产综合配套技术"措施，切实提高了山杏管理的科技含量和技术水平。同时，注重与高等院校、科研院所合作，加快科研成果转化，成立了华净院士工作站、中国农大院士工作站和李欣博士工作站，建设了杨树岭北地山杏选育基地，推广防倒春寒技术，建设环保酵素加工厂；先后与北京林业大学、河北省林业科学院合作实施晚花山杏选育项目，与中国农业大学合作实施山杏高产栽培项目。仅活性炭行业就拥有国家发明专利6项、实用新型专利23项、外观专利1项，研发出工业活性炭产品3大系列30多个品种、工艺活性炭产品5大系列300多个品种。

市场带动持续增强。经过多年的努力，承德市亚欧果仁有限公司现已发展成为国内北方最大的集专业化、产业化于一体的杏仁交易集散中心，具备"买三北（东北、西北、华北），卖全国，销世界"的实力。公司现有生产加工交易厂区4.25万m^2，其中，建筑面积5500m^2，从业人员3000多人，杏核年吞吐量4.2万t，年加工杏仁1.4万t，年交易额3.36亿元。杏核采用机械化加工，杏仁采用机械化粗选、人工细致挑选，整个加工程序使加工的杏仁质量好、整齐度高。杏仁除销售到国内20多个省份和地区外，还出口到英国、荷兰、韩国和德国等国家地区。被评为"河北省农业产业化重点龙头企业"，"亚欧"商标在2017年通过中国驰名商标认证。

龙头企业引领发展。根据全市总体规划，将山杏加工划成以北五十家子镇为主体的"杏核集散区",以平泉镇猴山沟和卧龙镇八家社区为主的"活性炭加工区"以及以七沟镇为主的"杏仁饮品加工区"。全市建成以杏仁为加工原料的杏仁饮品和以杏核皮为主要加工原料的活性炭龙头企业54家,其中,国家级龙头企业1家,省级龙头企业10家,市级龙头企业7家,华净、乐野等龙头企业带动能力不断增强。特别是培育了国内最大的果壳活性炭生产加工单体企业——承德市华净活性炭有限公司,投资1.2亿元建成国内首个热电炭肥联产项目,该项目年消耗生物质原料约6万t,发电4200万度,生产活性炭1.2万t、热水(80℃)40万t、提取液1.44万t,可节约标煤1.68万t,减排CO_2约4.2万t,年创产值约2.98亿元,基本实现废物综合循环利用。此项目列入国家林业和草原局"十三五"林果重点推广项目。

产业文化深度融合。"神州炭都"是平泉市的四张名片之一,为使活性炭产品进一步升值,除将产品外销用于工业外,还将活性炭产品与契丹文化融合,赋予更多的文化内涵。通过融入文化创意理念,综合运用传统彩绘、布贴、雕刻、剪纸等多种民间工艺,将普普通通的炭颗粒转化成具有较强实用、观赏、保健和收藏价值的高新技术产品。全市开发出炭板装饰画、家居净化装饰品、炭雕艺术品、车载饰品等四大系列200多个品种,注册"华净""绿世界""水立方"等品牌十余个,初步形成了集旅游观光、科学实验和新产品研发、产品展示、学习培训、健康休闲养生于一体的活性炭文化产业示范基地。

影响范围不断扩大。近年来,先后3次在平泉市召开了"首届中国山杏产业可持续发展高层研讨会""中国山杏产业(平泉)调研考察座谈会"和"承德市山杏产业发展研讨会"。国家林业和草原局12个司局主要负责同志,中国林业产业协会、中国经济林协会等多家社会团体以及北京、河北、山西、内蒙古等省(直辖市、自治区)山杏主产区代表和北京林业大学、西北农林科技大学等科研院所的专家学者参加了会议,对中国山杏产业发展提出了很好的意见与建议,提出了"南有油茶、北有山杏"的发展思路,为山杏产业可持续发展奠定了良好的基础。中央电视台、《人民日报》《经济日报》等20余家新闻媒体对平泉市发展山杏产业的做法和经验进行了多角度、全方位报道,得到了社会各界的广泛关注,也为争取山杏产业政策支持奠定了良好基础。

促进增收效果明显。全市山杏面积持续扩大,有效促进农民增收和脱贫攻坚。在生产环节:杏核按0.8万元/t计算,山杏核产值8040万元。全市从事山杏种植经营3.1万户10万人,山杏种植户均增收2594元,人均增收804元,山区农民山杏增收效果较为明显。在加工环节:每年可解决当地3112人就业，劳务收入 15218 万元，人均收入 4.9 万元。其中，活性炭加工解决就业 886 人，劳务收入 7088 万元，人均收入 8 万元；杏仁饮品加工解决就业 726 人，劳务收入 3630 万元，人均收入 5 万元；杏核加工解决就业 1500 人，劳务收入 4500 万元，人均收入 3 万元。在服务环节：市内从事与山杏加工产业相关的货运、餐饮、住宿的贸易和服务总经营额达 15 亿元。山杏产业对解决剩余劳动力就业，增加当地居民收入作用巨大。

案例八　沽源县筑生态屏障，建绿色长城

2000 年，启动实施京津风沙源治理工程以来，沽源县以"构筑首都周围绿色屏障，发展地方经济"为目标，大规模开展国土绿化，取得了明显的效果，为改善京津周围地区环境条件，提高当地人民生活水平作了一定的贡献。

一、基本情况

沽源县地处内蒙古高原的东南边缘，阴山余脉横贯东西。地势较平坦，为典型的波状高原地形，总体呈东南高西北低的趋势。东南坝头一带，为垄状山脉，山高坡陡，属中低山地形；中部山低坡缓，山顶拱圆，属低山丘陵地形。九连城镇、黄盖淖镇、平定堡镇、大梁底一线平坦开阔，低山残丘绵延，湖淖沼泽广布，为壮观的波状高原景观。境内平均海拔 1536m，最高海拔 2211m，位于丰源店乡冰山梁海拔最低 1346m。全县山地面积占总面积的 14.2%；丘陵面积占总面积的 38.8%；滩地、湖淖分布较多，面积占总面积的 43.0%；其他占地（道路、工矿企业、村镇）面积占总面积的 4.0%。沽源县处中温带亚干旱气候区，是内蒙古高原向华北平原过渡的地带，具有明显的大陆性季风气候特征，受内蒙古高压控制，冬长夏短、气候寒冷、风多风大、无霜期短、昼夜温差大。年平均气温 1.4℃，最冷在 1 月，平均气温 -18.4℃；最热为 7 月，平均 17.9℃。极端最高气温 34.5℃，极端最低气温 -37℃，年极端温差 70.5℃，年平均温差 13.8℃；年积温 1801℃。沽源县土壤主要包括灰色森林土、栗钙土、草甸土、沼泽土和盐土五大类型，含 10 个亚类 31 个土属 112 个土种。

二、建设成效

2000—2012 年京津风沙源治理一期工程共计完成 36 万亩，包括人工造

林 13.5 万亩，飞播造林 8 万亩，封山育林 14.5 万亩。2013 年以来，京津风沙源治理二期工程共计完成 4.5 万亩，其中，人工造林 3.5 万亩、封山育林 1 万亩。

通过 20 多年京津风沙源治理工程的实施，大幅度增加了林草面积，在沽源县南部坝头沿线，建成了东西长 75km、南北宽 10km 连绵不断的沿坝绿化带。全县有林地及特灌林地面积从 65 万亩增加到目前的 99.5 万亩，森林覆盖率由 11.8%提高到目前的 19.62%。生态环境得到明显改善。全县减少水土流失面积 140 万亩，治理沙化草场 40 万亩，保护草场 80 万亩，中部农田林网保护耕地 60 万亩。全年大风日数、沙尘暴次数、风中含沙量明显减少，农作物产量显著提高，农民收入持续增加。

三、主要措施

抢抓机遇，统筹规划，合理布局。2000 年以来，为促进林业建设可持续发展，实现"构筑首都周围绿色屏障，发展地方经济"的目标，沽源县把搞好规划放在首位考虑，通过邀请专家、实地调研、座谈讨论等多种方式，群策群力，广泛征求意见，立足长远，科学规划，制定了《沽源县林业建设总体规划》。

明确定位，狠抓质量，强化措施。按照"重点工程出精品，一般工程保合格，整体工程上台阶"的原则，抓质量，建精品，实现规模效益，重点把好"五关"，即规划关、苗木关、栽植关、验收关、管护关。规划坚持高标准、高起点；苗木全部选用一、二级良种壮苗，并做到"随起、随运、随栽"；栽植上推广应用生根粉、保水剂、容器苗、地膜覆盖等先进造林技术，并使用专用工具造林；验收上，在强化竣工验收的基础上，重点做好阶段验收和日常验收；管护上，县成立近 100 人的护林大队，各乡镇相应成立护林队伍，层层签订管护责任状，落实管护责任制，明确管护责任，并实行全面禁牧。

巩固成果，完善机制，持续发展。一是加大补植补造力度，因地处生态脆弱区，干旱、霜冻等自然灾害频繁，一年造需三年补才能巩固生态建设成果。二是围绕生态旅游，利用已初具规模的林业生态工程林草资源，坚持保护与发展并重，逐步实现可持续利用。逐步打通沿坝森林旅游通道，形成一条集原始次生林、人工林、高山草甸观赏为一体的生态旅游线，拓宽生态旅游空间；加快城、镇、村周边绿化和通道绿化，提升县域形象。三是跳出林业抓产业，挖掘林下经济，拓宽农民增收空间。推动林下养殖业和种植业发展,以耕促抚、以养促管,主要在林区推广发展林下养殖,主要是柴鸡、獭兔、貉子等;围绕畜牧产业,在东西片种植高效优质牧草,其主要做法是在保证国家规定生态林亩株树的前提下,乔木树种采取"宽行距、密株距、中间留草带"的模式,灌木树种采取"双行密株,中间留草带"的模式,主要草种为紫花苜蓿、披碱草、无芒雀麦等。四是深化林业产业发展,挖掘林业自身潜力。培育灌木经济林,发展加工企业,如枸杞、沙棘、山杏等深加工;培植速生林产业,提高该县木材产量。五是坚定不移地推进集体林权制度改革,推动部门办林业向全社会办林业转变,为建立现代林业奠定基础。

案例九 尚义县持续发力,筑生态屏障

尚义县位于河北省西北部,地处内蒙古高原南缘,分坝上、坝下两个地貌单元,全县辖14个乡镇172个行政村622个自然村,常住人口15.54万人,其中,农业人口9.51万人。全县总土地面积261526hm^2,其中,林地面积151992hm^2,占土地总面积的58.12%;非林地面积109534hm^2,占土地总面积的41.88%。常年降水量为350mm左右,年平均气温3.5℃左右,年均大风日数30天左右,年均蒸发量2021mm左右,无霜期120天左右。尚义县处于京津冀区域生态环境支撑区的最前沿,生态环境极端脆弱,肩负着防风阻沙、涵养水源的政治使命。

一、建设成效

自2000年京津风沙源治理工程启动以来,尚义县共实施工程建设任务67.4万亩,其中,人工造林24.2万亩,封山育林26.5亩,飞播造林14万亩,农田林网2.7万亩。林业生态建设工程的实施,给尚义县带来了4大转变。

1. 森林资源增加,环境明显好转

气候条件明显改善。大风日数由过去每年60多天减少到30天左右,平均气温增加1℃,林网内风速降低40%,工程区土壤含水量比旷野区高50%,相对湿度提高19%,无霜期平均值比过去延长10天左右。全县察汗淖、贡贡淖、老虎山、张活洼四大风口被全部锁住,北大滩18万亩盐碱地,昔日白花花一片,风起碱土扬,如今处处枸杞园。水土流失明显减轻。通过实施京津风沙源治理工程,全县累计250km^{2}的水土流失得到有效治理,在生物措施与

工程措施的双重作用下，重点区域土壤侵蚀程度明显下降，缓冲拦沙效果十分明显，水源及下游农田水利设施得到了有效保护。

2. 产业发展加快，农民实现增收

全县现有枸杞18.2万亩，山杏16.3万亩，沙棘12.4万亩，柠条6.1万亩，引进发展欧李种植面积5000亩，红玫瑰种植面积3000亩，嫁接'金叶'榆8000余亩。重点建设水果枸杞6.5万亩种植基地，扶持张家口市大杞红公司在大营盘乡、大苏计乡种植5万亩，邯郸市摩罗丹公司枸杞、药材间作造林1.5万亩，打造"坝上枸杞生态科技示范园区"，优先聘用周边贫困户和农民务工，努力实现政府要绿、公司农民要利的双赢。

3. 产业结构调整，推动农业发展

通过工程实施，解放了大批农村劳动力和劳动时间，县委、县政府因势利导，教育广大农民从培植产业的战略高度调整农业结构，全县形成了以畜牧、蔬菜、口蘑、林果为主的"四大主导产业"和中药材、牧草业两大产业雏形。同时，新农业产业化的进程也迅速推进，初步形成了以畜牧产品、蔬菜交易、口蘑经销为主的不同层次、不同形式的市场体系，建成了大青沟、大营盘、大苏计、七甲四个产地蔬菜交易市场和60多座恒温库，新上了木材、畜产品、蔬菜加工等一批农产品加工龙头项目，延伸了产业链条，培植壮大了农村经济人队伍，带动农户参与农业产业化经营，浮现出了一批调结构、发家又致富的典型村典型户。

4. 生态意识提高，社会协调发展

林业生态建设工程的大面积实施，不仅改善了农民的生产条件，增加了农民致富渠道，而且极大地改善了当地的生态环境和居住环境。人们的生态文化观和文明发展观基本树立和形成，群众在受益于工程产生的各类效益的同时，对人、自然、社会必须和谐发展的规律，对生产发展、生活富裕、生态良好的文明发展道路，有了更深刻、更理性的认识，自觉地投入到造林绿化、保护环境的事业中。广大领导干部也充分认识到"环境建设也是生产力"，对林业生态建设工作支持和重视程度有了更大的提高。

二、主要措施

1. 科学规划、合理布局

大力实施生态兴县战略，以"构筑京津绿色生态屏障，发展地方经济"为

目标，按照"政府要绿，农民要利"的生态建设原则，围绕"南北两条带，中间一片网"的林业格局，制定了林业建设总体规划。坚持集中连片，规模治理，在布局上重点突出沿边防风阻沙绿化区、沿坝水源涵养保持区、中部农田防护林网保护区三个类型区建设，并把生态建设与农业结构调整有机地结合起来，因地制宜，宜乔则乔、宜灌则灌、乔灌结合，突出生态效益，兼顾经济效益和社会效益。

2. 转换机制，顺利实施

在京津风沙源治理工程实施中，把政策及机制的落实作为工程成败的关键。一是健全制度，加强工程项目管理和资金管理。从建立完善规章制度入手，进一步加强工程建设管理以及资金管理制度。二是严格实行工程领导责任制、招投标制、合同管理制、工程监理制，运用市场经济手段，采取雇工的形式，组成专业队伍施工，并按验收报告逐级报账，结算施工费用。三是探索建立造林绿化企业信用评价、失信惩戒机制。凡是严重违反造林绿化工程合同，未按约定履行合同，将被列入"黑名单"，禁止参与本县造林绿化工程招投标活动。

3. 严格验收，保证质量

一是对各工程区进行日常检查、阶段检查。二是全过程跟踪监督。县林业部门会同监理公司从苗木规格、整地质量、栽植方式等关键环节，进行跟踪监督，确保苗木和施工质量。三是聘请第三方公司依据验收标准，进行竣工验收，将验收报告作为兑现政策及奖惩的依据，有效保证了工程建设成效。

4. 加强管护，巩固成果

三分造林，七分管护。为巩固绿化成果，制定了严格的管护措施，明确任务、责任到人。始终坚持"建管并重"的建设方针。一是实行了县、乡、村、户四管齐下的管护责任制。县与乡、乡与村、村与户层层签订责任状，出台了实施舍饲禁牧决定的文件，对违反禁牧决定的加重处罚。二是把禁牧保护林草与调整畜群结构、畜种改良、圈舍建设、饲草料加工贮藏等结合起来，整体推进，有力地促进了舍饲畜牧业发展，实现了生态建设保护和畜牧业互促互进，共同发展。三是京津风沙源治理工程的管护由森林公安分局主抓，将林木管护与禁牧防火工作紧密结合，成立了县级生态管护总队，分坝上、中片、坝下3个片区进行管护，每个乡镇抽调8~10人组建了管护中队，聘用贫困户成立了一线生态管护队伍，建立了三级联防、网格化管护的长效机制，并制定了严格的奖惩办法。

案例十　张家口市万全区绿染青山织锦绣

万全区地处张家口市西部坝上坝下过渡带，由北向南依次呈山区、浅山丘陵区和河川区分布，土地总面积174万亩，其中，林业用地95.2万亩，占总面积的54.7%，林木、宜林地资源主要分布在中北部山区，占全区林业用地面积的88%。京津风沙源工程实施以来，万全区坚持把林业建设同发展地方经济、增加群众收入、改善生态环境紧密结合，不断深化林权制度改革，加快森林资源培育，大力发展林业产业，强化依法管理，动员和组织全区人民大力开展造林绿化和森林保护工作，全区林业建设取得了显著成效。通过京津风沙源治理工程、退耕还林、塞北林场等国家重点生态建设工程，形成了山上乔灌混交、缓坡山杏、沟谷杨树、川区农田林网的造林绿化格局。主要做法如下。

吸引社会多元化投资。按照"政府要绿、企业得利、群众受益"的指导思想，积极推行区财政奖补资金、招商引资企业投资、土地流转大户投资等多元化投入机制。如县道"五赐线"模式，由政府流转绿化用地，区财政投入资金200余万元，撬动悦西农业科技开发有限公司等4家绿化公司投资2000余万元，完成廊道绿化3000余亩。

积极探索造林新模式。采取政府流转土地，企业造林；贷款融资，绿化公司造林；荒山流转，大户造林；专项工程，专业队造林等多种绿化模式，优先发展经济林，大力发展林苗一体、林下经济等，走出一条"生态建设产业化、产业发展生态化"绿色发展路子。如：白郭线绿化工程，亚雄现代农业有限公司利用政府出资130万元流转提供的1200多亩土地，实行宽行距窄株距的苗圃式运作模式，实施了景观廊道绿化5.3km，同时发展林下经济，种植鲜辣椒，降低了公司经营成本，提高了经济效益，也为万全区打造出一条靓丽风景线。最重要的是，当地农民靠一份地拿了三份收入，有土地租金收入，有为公司绿化打工的收入，还有订单农业的收入，亩增收达2700多元，真正实现了"政府得绿，企业得利，群众受益"三方共赢的目标，探索出了一条良性循环的绿色发展之路。

注重林木后期管护。近年以来，万全区委、区政府先后出台了《关于全面实行禁牧，大力发展舍饲圈养的规定》《禁牧工作实施方案》《林木管护办法》《防火应急预案》，区、乡、村三级层层签订《禁牧防火责任状》，列入了各乡镇、各有关部门目标考核的一项重要内容。

案例十一　木兰林场孟滦分场治沙造林纪实

在河北省的最北部，有一个小县城，这里绵延着燕山山脉，流淌着滦河净水，孕育着一代又一代守林人，这里就是围场满族蒙古族自治县。随着新中国的成立，围场满族蒙古族自治县响应毛主席"绿化祖国"的号召，大搞植树造林，兴办了一批林场。1962年林业部在围场满族蒙古族自治县坝上建立塞罕坝机械林场后，1963年在围场满族蒙古族自治县成立了孟滦国营林场管理局，现为省属木兰围场国有林场。

孟滦林场（现木兰林场孟滦分场）成立于1958年，地处围场满族蒙古族自治县西北部的滦河上游地区，北与浑善达克沙地南缘相望，是林管局下属单位中管辖面积最大的林场，总经营面积28万亩、有林地面积23万亩、森林覆盖率82%，是为京津阻沙源、为滦河蓄水源的重要生态屏障。多年来，林场坚持生态立场、产业强场、人才兴场的发展战略，发扬特别能吃苦、特别能战斗、特别能奉献的精神，日复一日，年复一年造林护林，取得了令人瞩目的成绩。林场2012年被国家林业局授予"全国林业系统先进集体"荣誉称号。

孟滦林场所辖的南山咀营林区至滦河营林区沿线有1500亩的沙荒地，每年冬春季节黄沙漫漫，让附近村民饱受折磨，就连庄稼表面都蒙上一层厚厚的沙土，经常需要种两三次才能保住苗，收成更没有保障。不仅如此，由于与村民的耕地犬牙交错，部分地块林权问题还存在争议。受当时技术水平影响，沙荒地栽树成活率并不高。孟滦林场积极与当地乡镇政府进行沟通、协调，2012年沙荒地治理方案得到了批复。

在施工中遇到的困难远比想象的多。疏松的沙土地无法使用拖拉机等机械运苗，但造林面积大，单纯靠人力不仅效率低，还会大大增加投资成本。场领导班子商议后决定先将苗木进行短距离传输，再使用骡子驮筐、人背苗的方式运输苗木，既能节省成本，也能提高效率。另外，虽然在对立地条件进行研究后确定了栽植喜光、抗瘠薄、抗风的樟子松，但栽植技术却不能按照壤土土质进行，还有栽植深度、根系处理、保水等问题尚未解决。孟滦林场寻求技术指导，借鉴塞罕坝沙地造林的经验，最终成功完成了对整个沿线的改造。如今，从前的满目黄沙已不复存在，呈现一片生机盎然景象。

石桌子营林区小桥子梁家东沟是当地有名的"石砬坡"，这片地大多是裸岩，而且坡度大，其中更是石头与土壤混杂，要想拿下必须坚定"啃掉牙"的决心。站在山坡下，人要上去都需要手脚并用，更别说在陡坡上挖坑栽苗了。按照整地技术规范，需要在山上挖出长和宽各70cm、深40cm的坑，一亩地要挖111个。坑虽不大，可薄薄的土层下全是石头，挖变成了凿。拿起钢钎、尖镐，叮叮当当凿了没多大一会儿，双手就起了血泡，而且，平均每挖五个坑就用坏一个镐头。看到这样的情景，技术人员立即叫停，请示领导后决定先将挖坑部位的石头徒手拣出来，再上工具挖，将捡出的石头再利用，将陡坡面垒成一个个石台和穴面，从而解决保水问题。

但最难的还不是凿坑，而是搬运苗木上山。坡度陡，机械无法作业，只能靠骡子驮或人背。一株容器苗浇足水后足有七八斤[①]重，骡子上不去的地方，就只能靠人背着树苗往上爬。常年背苗子的人，后背都有麻袋和绳子深深勒过留下的疤痕。终于，历时20多年，孟滦林场职工靠着顽强的毅力和不怕吃苦的精神拿下了这片地，并创造了一次造林、一次成活的佳绩。

据统计，孟滦林场2011年以来共完成造林38075亩，其中，仅2015年就完成造林8490亩。年轻一代的木兰林业人用青春与汗水铸就了绿水青山，用行动诠释着绿色发展的真谛，并将用更多的奉献创造更大的绿色奇迹！

第四节 "再造三个塞罕坝林场"项目典型案例

案例一 塞罕坝机械林场项目建设成效显著

河北省塞罕坝机械林场位于河北省承德市北部、内蒙古浑善达克沙地南缘，是滦河、辽河两大水系的发源地之一，也是阴山山脉与大兴安岭余脉的交接地带。历史上这里是清朝皇家禁地，曾经森林茂密、禽兽繁集，后由于过度采伐，土地日渐贫瘠，到二十世纪五十年代，成为风沙肆虐的沙源地。1962年河北塞罕坝机械林场建场以来，三代塞罕坝人艰苦奋斗、驰而不息、久久为功，持续开展造林绿化，攻克了荒漠沙地治理的技术难关，森林覆盖率从12%增长至目前的82%，林场林木总蓄积达1036万 m^3，每年涵养水源

---

① 1斤=500g。以下同。

2.84亿 m^3、固碳86.03万 t，创造了荒原变林海的人间奇迹，构筑了"为首都阻沙源、为辽津涵水源"的绿色生态屏障，铸就了"牢记使命、艰苦创业、绿色发展"的塞罕坝精神。

一、建设成效

林场的生态建设成就得到了党和国家以及国际社会的高度关注，先后荣获了联合国"地球卫士奖"、中宣部"时代楷模""全国五一劳动奖状""全国脱贫攻坚楷模""全国文明单位"联合国防治荒漠化领域最高荣誉——"土地生命奖"等荣誉称号。2017年8月14日，中共中央总书记、国家主席、中央军委主席习近平对塞罕坝林场建设者作出重要指示，指出他们的事迹感人至深，是推进生态文明建设的一个生动范例。2021年8月23日，习近平总书记亲临河北省塞罕坝机械林场，深入林区同林场职工代表亲切交流。总书记强调，塞罕坝精神是中国共产党精神谱系的组成部分。全党全国人民要发扬这种精神，把绿色经济和生态文明发展好。塞罕坝要更加深刻地理解生态文明理念，再接再厉，二次创业，在新征程上再建功立业。

1998年9月，全国人大常委会副委员长邹家华率领国家有关部委领导，视察了承德市京津周围绿化工程及河北省塞罕坝机械林场，面对风沙肆虐的严峻形势和塞罕坝机械林场建设取得的巨大成就，做出了实施"再造三个塞罕坝林场"项目的科学决策。1999年"再造三个林场项目"实施以来，本着标本兼治、多措并举的原则，全面落实工程建设内容，在提高工程建设质量、效率和效益上下功夫，把实施全面质量管理贯穿于工程建设中的各个环节，狠抓管理促规范、机制创新求突破、抗旱造林提质量、抚育管护保成果，林场累计完成各项作业面积28.19万亩，占计划的101.5%，其中，完成人工造林20.83万亩、封山育林7.36万亩，取得了显著成效，为建设高质量、高稳定性的生态防护体系，优化首都及周边地区生态环境奠定了坚实的基础。

二、主要措施

狠抓人员管理，增强生产氛围。林场把林业生产作为根本、把资源培育作为林场的主线，党政齐抓共管，严格落实林场的各项部署，不走样、不变形，生产期间党政班子深入一线具体部署、详细检查，真正形成了一把手亲自抓、主管领导具体抓的工作格局。同时，加大对生产人员的奖惩力度，进一步完善了管理办法、考核和奖惩机制，彻底打破干好干坏一个样、干与不干一个样的局面，做到了奖罚分明、公开透明，极大地激励了生产人员的积极性，使得一线生产人员质量意识和责任意识进一步增强，拼争抢、比学赶超的意识进一步提升。

强化质量管理，严细生产流程。为做好造林绿化工作，林场始终坚持"一次造林，一次成活，一次成林"的工作目标，进一步强化生产操作技术，规范流程管理。一是细致部署。各单位把春季造林工作作为重点，逐级签订管理责任书、分区分片包地块，做到了责任到人；及时对生产技术人员进行了岗前培训，对参与作业的社会人员进行了岗前练兵；造林前物资准备充分、劳力组织及时，保证了工作有序、按时按质完成造林任务。二是及时检查督导。在造林期间，采取了技术员蹲点指导、施工技术人员全部跟班作业，林场不定期抽检，分场一把手亲自抓、主管领导具体抓、每天巡回检查督导，基本做到了无死角盲区，检查督导细致、全面。三是规范苗木管理。为强化对造林苗木质量管理，确保优质壮苗上山，生产中严格把关、进行二次筛选、浇透底水、严格保湿，做到了不是优质壮苗不上山、容器苗基质松散不上山，从而增强了苗木抗性，确保了成效。四是操作规范有序。在林场下达了林业生产技术管理办法和历年造林实施方案中详细阐述各项造林技术措施和质量要求的基础上，通过现场培训的方式强化栽植技术关口的管理，统一技术标准，通过检查、解剖，各单位在造林各环节衔接紧密，操作流程较规范，窝根、散坨比例较低，深埋浅漏现象控制较好，做到了按要求、按规定动作栽植。

严细资金管理，规范使用程序。在项目管理上，先后制定并出台了工程管理办法、施工设计办法、检查验收办法、示范区管理办法及工程建设标准等一系列工程管理文件。推行了资金分期付款报账制、财务审计制，为实现项目的规范化管理奠定了基础。在资金管理上，林场严格按照"慎用钱"的要求，加大了在项目资金上的监督检查力度，做到了"三严一强化"。"三严"即一是严格资金管理办法，统一了林场项目会计制度，从林场到分场均实行严格会计核算，采取专人管理、专户存储、专款专用、单独建账的封闭的"三专一封闭"的资金管理运行机制。二是严格支出标准和范围，林场依据设计方案及省林草局批复的文件精神，结合各分场的工程建设任务，全场统一了工程建设投资标准，编制了年度林业生产和财务计划。在施工中，认真维护计划的严肃性，以确保资金真正用于工程建设。三是严格把关，在加大平时资金监督检查的同时，统一了核算办法，各分场的项目开支统一到林场项目资金管理部门报账，保证项目资金专款专用。"一强化"就是强化会计人员培训，林场财务主管部门每年对全场的财务人员举行一到两次的业务和财经法规的培训，进一步强化专业技能和责任意识。

狠抓验收抚育，促进成效提升。自工程建设以来，林场始终把幼林抚育作为保成活、长得好、长得快的重要手段。一是及时进行割灌草作业。每年7月初开始，统一部署，全场工程建设地块开展幼抚作业，适宜割灌草作业。本着"影响苗木生长先作业、不影响延后"的原则进行，适宜扩穴的及时进行扩穴作业，做到及时全面，真正起到了解放苗木、促进生长的目的。二是全面落实管护措施。随着造林地块的分散、面积小，围栏架设难度越来越大等情况，林场从实际出发、从保护造林成果出发，加大资金投入力度，做到造林地块全面架设围栏，为巩固造林成果起到了极大的促进作用。三是严把检查验收环节管理。为确保造林实效，林场把检查验收作为最重要的一环，每年9月中旬由林场主管场长带队，组织林业科、设计院及各分场技术场长、生产股长逐一逐块对造林成活率、完成面积、苗木质量、造林密度、管护情况进行了全面检查，对造林工作的成绩和问题进行了认真总结、提出整改措施，并进行了全场通报。同时，每年11月中旬林业、计财等相关部门进行成效与投资核定，对生产任务成效合格的单位直接拨付资金，如出现造林成效不合格的由分场自行承担建设资金，直至合格。

注重细节管理，确保造林成效。为营造健康、优质后备资源，实现一次造林一次成活一次成林的目标，林场多措并举，全面推进造林工作，确保造林成效。一是在科技措施上做文章。全面推行了生根粉浸根、保水剂与泥浆混合蘸浆造林，并采取专人负责，统一调配浓度，集中处理等措施，保证了科学规范。二是在提高造林成效上使真劲。针对困难立地在造林中全部选用足4年生容器苗，实施了大穴鱼鳞坑整地、薄膜覆盖、客土施基肥、浇水等措施，保证了造林成活率；在苗木装运上，采取专人负责，职工装运等形式，节约了成本，并采用容器苗运输箱装苗运输，实现了容器苗运输规范、科学。三是在栽植质量下功夫。针对容器苗造林任务大的实际，对原有挖坑机栽植方式进行了整改，通过加大钻头口径、研制挤实工具等措施，极大地提高了工作效率。同时，打破以往栽植技术，容器苗全部采用割底清除盘结根系、侧面划开，培土撤桶栽植、裸根苗全面推行了春季造林等措施，全力提高造林成效。四是在保证造林成果上动脑筋。为防止病虫危害，采取森防、科研跟踪机制，在管护措施上，因地制宜，科学布控，围栏与管护沟相结合，并对项目建设蒿草茂盛的地块实施了割灌草作业、对当年造林地块实施了埋土防风措施。同时，为巩固工程建设成果，实施了造林成果拨交制度，由生产向管护进行移交，最大限度地保证项目建设成果。

案例二　丰宁千松坝林场建设 20 年

她带着使命而生长，带着嘱托而成长，带着希望而成林，如今她是北京以北距离北京最近的、最大的一片人工森林，她像一双绿色的臂膀，守护着京津的蓝天碧水。

1998 年 9 月，时任全国人大常委会副委员长邹家华率国家有关部委负责同志视察河北京津周围绿化工程指示"要在张家口和承德两市再建两三个像塞罕坝林场那样的林场"。1999 年 9 月，国家计委正式批准河北省建设"三个林场"。作为三个林场建设之一的千松坝造林工程则应运而生，正式走上了历史舞台。

肩负着为京津阻沙源、涵水源，为当地增资源、拓财源的历史使命，1998 年至今，千松坝务林人以改善生态、造福京津为己任，以坚韧不拔、使命至上的顽强意志，以艰苦奋斗、永不放弃的战斗精神，以创新发展的科学精神，在京北山原之间，铸起了一座绿色丰碑，涌现了一些可歌可泣的先进人物和感人事迹，锤炼出"忠于使命、艰苦奋斗、求实创新、绿色共享"为核心的千松坝精神。

一、绿色，是大自然最美的底色

千松坝林业人在京北高寒荒原上，创造了荒山变青山、青山变金山的发展奇迹。

千松坝林场工程区地处内蒙古高原浑善达克沙漠南缘和燕山山脉北麓交汇处，分布在丰宁满族自治县坝上及接坝地区共 3711 km^2 的区域内，是"京津冀水源涵养功能区的核心区"，是护卫京津的重要生态屏障。而此区域又是丰宁满族自治县生态脆弱区和生活极度贫困区。历史上由于毁草毁林成耕、山火、乱砍滥伐、过度放牧等原因，造成了丰宁满族自治县坝上及接坝地区，生态极度恶化，土地荒漠化日益严重，到了二十世纪九十年代初，这一区域成为北京沙尘暴主要沙源地，而位于小坝子乡的喇嘛山口也成为风沙进京的六大风口之一而闻名京津，甚至当时有人说，北京的十粒沙子，有七八粒都是小坝子的。丰宁满族自治县的沙化问题引起了国家领导人的高度重视。2000年5月，时任国务院总理朱镕基来到小坝子乡榔头沟组视察，作出了"治沙止漠刻不容缓，建设绿色屏障势在必行"的指示。

自组建伊始，千松坝务林人组成精兵强将，肩负历史使命，牢记总理重托，在高寒坝上地区，拉开了大规模治沙造林的序幕。

二十载的艰苦奋斗，千松坝务林人克服人员少、资金少、立地条件差、环境恶劣、治理难度大、林牧矛盾突出等一系列困难。截至2020年年底，千松坝林场累计实施工程造林116.09万亩，其中，人工造林91.9万亩、封山育林24.19万亩，占坝上及接坝地区国土面积的19.8%。工程区形成了完整的生态体系，目前，工程区森林覆盖率提高了9个百分点，水土流失面积减少近150万亩，当地沙尘天气由1999年年均15天减少到2020年的年均不足3天，空气质量全年实现一级优。工程区天然径流量增加131万m^3，水资源总量增加138万m^3，土壤侵蚀模数下降500t，滦河主源头及滦河、潮河的部分支流由过去的断流恢复为常年流水。千松坝林场构成了京北一道坚固的生态屏障，充分发挥着京津冀水源涵养功能区核心区的作用。

昔日干涸的滦河源如今已是清水潺潺，庶草丰芜，项目区内更是树影婆娑，林地如海，鲜花弥野，绿草茵茵。曾经的荒原已变成如今的茫茫林海，曾经的牧马人成了如今的育林人。人们描述如今的千松坝：她是河的源头，云的故乡，花的世界，林的海洋。千松坝造林工程经过20年的建设，也成为近年来承德市生态集中治理面积和保存面积最大的项目，成为为京津阻沙源、涵水源，为国家增资源，为百姓拓财源的"绿色长城"。

二、生态，是永续发展的核心竞争力

千松坝林业人铸造了生态产业化、产业生态化的生态文明建设范例，创造了兴林与富民的生态造血、生态扶贫的时代样本。

生态，是经济持续发展的核心竞争力，生态文明是永恒的追求。保护生态环境就是保护生产力，建设生态文明是关系人民福祉，民族未来的大计。我们既要绿水青山，也要金山银山。千松坝造林工程区是丰宁满族自治县典型的"老、少、边、山、穷"地区，总人口80805人，约占全县总人口的20%；贫困人口16079人。千松坝采取农民、村集体或国有林牧场出地，林场负责工程建设的股份制造林管理模式。目前，实现了人均13亩林的目标，助力了脱贫攻坚工程。千松坝林场已初步建设形成了一条完整的生态产业链条，通过农民务工、苗木经营、林下经济、林苗间作、森林抚育、工程管护、碳汇交易、森林旅游开发等措施为增加集体收入和推进农民脱贫进程起到了重要作用，实现了项目区群众的逐步脱贫，同时走出了一条生态扶贫、生态脱贫、生态小康之路。千松坝林场按着工程建设、扶贫攻坚与生态文明建设相结合的原则，培育了二道河子生态旅游示范村，小北沟契丹部落，储蓄沟满族文化园，大河东生态脱贫试点村和顺店生态提升试点村，有力地推动了乡村生态文明建设。

千松坝林场的股份制造林模式，走出了一条林场增绿，林业增质，农民增收，社会增效的新路径。

推行林业建设和牧业发展相结合模式，促进农牧民增收。宜林则林，宜草则草，推进林草、林牧、林药、林苗等多种模式发展，特别是推行林业建设与牧业相结合，把改善环境和促进农民增收作为工程建设的最终目的。投资 90 万元在土城镇四间房试验林药间作工程 1000 亩，松杏林间作防风、黄芹、桔梗等药材，寻求生态林增收新渠；实施林草间作 15 万亩，每年产优质牧草逾 5000 万 kg，为当地牧民舍饲圈养提供良好的天然饲草；在土质较好的地块进行高密度造林，实施林苗间作 6000 余亩，出售大苗，创造经济效益，增加农民收入。

推行林业建设和旅游开发相结合模式，打造林业景观，推进美丽乡村建设。千松坝林场立足生态治理，同时围绕旅游发展进行营造林，打造景观林业，实现景观、生态、致富三效合一。

推行股份制造林模式，推动市场经济条件下生态治理的进程。千松坝造林是在多种所有制地块上造林，必须针对不同所有制特点实行股份制度造林、分类管护的机制，采取当地乡村、农民和国有林牧场出地，项目投入资金进行造林和部分管护，解决了地块难问题，保障了项目的顺利实施。

推行多元主体投资，引入市场机制。鼓励有能力的大户及公司参与合作造林，积极探究购买造林成果。与团县委合作，实施"解放军青年林"工程 4000 亩，加密造林 1000 亩。

推行整沟整流域治理及整乡整村推进工程建设模式，打造生态村、生态沟建设。完善 2014 年小坝子乡整村推进工程 4000 亩的补植补造，完成草原乡和顺店整村推进造林 8000 亩。

推行碳汇造林，搞活森林经营。在上级支持下，2015 年完成全国跨区域碳汇交易第一单，交易 6.9 万 t，收益 254 万元。

推行示范区建设，提高项目建设的引领作用。目前，示范区共20多万亩，对千松坝造林乃至其他项目造林上都取得了较好的示范作用。每年建设1处示范区，并尽力与以往的示范区相连。

良好的生态资源和生态扶贫道路的探索拓宽了项目区内农民增收的渠道，加快了农民脱贫步伐。截至2020年，工程为农民直接增收累计2.1亿元，其中，农民劳务工资1.5亿元，苗木收入6000多万元。同时，山清水秀的生态环境也为项目区内招商引资奠定了基础，加快了乡村旅游产业的发展。目前，工程为京北第一草原景区增添了滦河源、黄芹沟、界碑梁、二道河子、储蓄沟等景观。到2020年底，工程区内依托林场资源共引进投资3.6亿元，新建规模度假区5处，扶持旅游专业村10个，新增农家院102个，新增床位15000张。北京七环有限公司投入1.6亿元以千松坝林场工程区为基础建立的京北第一天路景区，惠及3个乡镇8个村2000多户8000口人。

三、精神，是永远的旗帜

千松坝务林人在创造绿色长城的同时，也锤炼出了以忠于使命、艰苦奋斗、求实创新、绿色共享为核心，具有当代内涵的"千松坝精神"。

二十载躬耕不息，防沙止漠，荒山披绿。这是一曲战天斗地的英雄壮歌，也是一部绿水青山的生动画卷，更是一段不辱使命的生动诠释。

千松坝精神是对中国梦理想追求的生动体现，是对高举生态文明建设大旗的生动注解，是对丰宁满族自治县实现绿色崛起的生动推进。

千松坝精神的源泉是忠诚使命。肩负着"再造三个塞罕坝"的历史使命和总理"治沙止漠刻不容缓，建设绿色屏障势在必行"的殷切嘱托，千松坝林场在成立之初，千松坝林业人就感觉到了自己身上的千斤重担，但是这副千斤重担更催生了他们一往无前的勇气、"功成不必在我"的崇高境界和勇于担当的责任意识。他们就像山间青藤，把根深深地扎进脚下的这片土地，无怨无悔，在风沙曾经肆虐的生态脆弱区谱写了一曲肩负使命、甘于奉献、永不放弃的林业建设者之歌。十年树木，百年树人。由于项目区内特殊的地理气候，所选的耐寒树苗生长慢，成熟期长，"前人栽树，后人乘凉"是他们工作的真实写照。然而，选择了"林业人"这个光荣的称号，选择了作生态文明建设的先锋者，也就选择了奉献，选择了坚守，选择了永不放弃，而这正是千松坝精神的内涵所在。而千松坝这朵奉献之花，正是由十个、百个、千个千松坝林业人用汗水、青春浇灌而成。绿色长城显现的不仅是生态的光芒，更是千松坝林业人奉献之歌的久久传唱。

千松坝精神的本质是艰苦奋斗。艰苦奋斗的精神体现在千松坝林业人身上就是一种知难而上、勇往直前、奋发有为的精神境界，就像山顶的不老青松一样，迎风而立，勇立时代前沿，咬定青山不放松。千松坝项目区所在区域，在地理上属于蒙古高原，高海拔、多风、少雨、沙化、无霜期短是该区域的显著气候特点，这无疑增加了植树造林的困难，千松坝林业人凭着坚韧不拔的斗志、艰苦奋斗的精神，植一棵树就像爱护一个渐渐长大的婴儿那样，克服诸多地域困难和技术难点，20年矢志不渝，累计完成工程造林116万余亩，形成了完整的生态体系。在北京市以北建造了一座"绿色长城"，为京津冀涵养了一座水塔，为国家建造了一座绿色宝库，为百姓建造了一个绿色银行，再现了荒漠高原现绿洲的骄人业绩。

千松坝精神的支点是求实创新。依据项目区内地理生态特点，按照自然规律植树造林，工程建设本着因地制宜、科学设计、系统治理、突出重点、循序渐进、务求实效的原则，按照宜林则林、宜草则草、宜封则封、宜自然修复则自然修复以及生态效益、经济效益和社会效益并重的治理理念，对石漠化区、沙漠化区、水土流失区、河流源头等进行植树造林、封山育林、针阔混交、林草间作、林药间作、生态林与经济林混交、生态林与观赏林兼顾以及整沟域、整流域、整村庄、整乡镇的综合治理模式。攻克了引进树种、培育幼苗、高寒造林等一系列技术难关。在尊重自然的同时，千松坝林业人创新进取、求实求变。在林业管护上，创新地运用了林业建设和牧业发展相结合的模式，推行了林业建设与旅游开发相结合的模式，引入市场机制，推行多元主体投资模式，推行股份造林模式，推行碳汇造林，搞活森林经营等一系列政策，为林业管护提供了成功的经验。

千松坝精神的理想是绿色共享。绿色共享是人与自然的和谐统一，是生态文明的价值体现。绿色共享就是要让生态的红利惠及更多人，让更多人享受生态建设的成果。千松坝林业人始终坚持尊重自然、顺应自然、保护自然的理念，在生态文明建设上升到国家战略的今天，其作为生态文明建设的实践者，已经成为人与自然和谐发展的示范。千松坝林业人走的是人与自然、人与生态和谐发展之路，其生态扶贫的诸多创新做法正是千松坝林业人的理想追求——绿色共享的现实体现，其生态建设成果，将是取之不尽的绿色宝藏。

优秀的群体创造的业绩就是荒山变青山、荒原变林海，这承载的是千松坝林业人的精神所在，而这些精神就是千松坝林业人忠诚使命的崇高境界，艰苦奋斗的精神本质，求实创新的不断追求，绿色共享的理想信念。

他们，创造了一曲荒原上的绿色赞歌！

案例三　千松坝点"碳"成金

"于书记，'碳汇造林一期'第二批交易的钱回来了，你们二道河子村可分配9万多元，近期就能到账！"近日，丰宁满族自治县千松坝林场副场长何树臣下乡时，将这一好消息告诉大滩镇二道河子村党支部书记于永凤。于永凤更是快人快语："靠林子'呼吸'就能挣钱，以前做梦都没想到！这9万多元又能帮我们村子干不少事呢。"

至目前，丰宁满族自治县千松坝林场碳汇造林一期项目北京发展和改革委员会签发的9.6万t减排量碳排放权已经全部成交，总金额超过360万元。"我们村7500多亩林地靠碳排放权交易，已获得37万多元收益。"碳排放权交易带来的不菲收益，让于永凤乐得合不拢嘴。

丰宁满族自治县千松坝林场碳汇林建设把生态资源转化为发展资本，将生态优势转化为发展实力，实现了"荒山变青山、青山变金山"，林农点"碳"成金，走出了一条别样的生态富民之路。

一、荒山变青山，碳汇林渐成气候

驱车行驶在丰宁满族自治县千松坝林场大滩分场营林区间的公路上，两旁落叶松满目苍翠。

"这片林子靠提供洁净的空气，通过碳排放权交易就能给村民带来经济效益。"丰宁满族自治县千松坝林场副场长何树臣介绍，森林具有碳汇功能。植树造林和森林保护等能够吸收固定二氧化碳，成本远低于工业减排。

丰宁满族自治县大滩镇二道河子村、孤石村等6个村共1544户4000多村民，是河北省因林业碳汇交易受益的首批林农。

1999年建场之初，千松坝林场地无一垄、树无一棵，项目区全是村集体、村民或国有牧场的荒山，涉及丰宁满族自治县坝上及接坝地区的9个乡镇72个行政村7.89万人，其中，贫困村40个、贫困人口16079人。

千松坝林场推行股份制造林、分类管护机制，即当地村、农民和国有林场、牧场出地，千松坝林场负责造林，林木收益后按相应比例进行分成。这一模式逐渐得到各方认可。

经过20多年建设，截至2019年年底，造林面积达116.09万亩，其中，人工造林91.9万亩、封山育林24.19万亩。起步早、面积大，这些优势让千松坝林场具备了成为首个跨省（直辖市）碳汇交易主体的条件。

从2006年开始，按照外国专家的建议，千松坝林场启动了碳汇林建设，并按照碳汇林的有关标准进行植树造林。项目区位于丰宁满族自治县大滩镇，处于京津母亲河——潮河、滦河发源地，是京津水源涵养功能区的核心区。项目采取千松坝林场出资、当地村组和农牧场出宜林地共同建设。2014年，千松坝林场所属的潮滦源园林绿化工程有限公司成立，对丰宁满族自治县几家碳汇造林项目进行整合，统一定名为"丰宁千松坝林场碳汇造林"一期项目。

二、点"碳"成金，碳汇林助农增收

千松坝"碳排放权交易的收益分为两个部分，一是用于林场项目维护、造新林；二是分给当地村民、林场、牧场等。"潮滦源园林绿化工程有限公司总经理马树恩介绍。

由此，大滩林场、孤石牧场、二道河子村、孤石村、喇嘛波罗村、骆驼沟村、三扎拉村、十号村获得总计151万元的第一批碳汇补偿金。按照同样的收益分配方案，2020年又获得了80万元的第二批碳汇补偿金。

"我们二道河子村的林子是集体的，第一期碳汇的钱都作了集体收入，用于村里修路、修广场和村庄绿化美化。"于永凤很是自豪，"以前是靠砍树、烧炭才有收入，如今却能靠森林'呼吸'获得收入。我们一定要多种树，对现存的苗木进行更加周到的管护。"

碳排放权交易给广大林农带来收益的同时，也带来观念的转变。"碳汇造林一期第二批交易的钱回来后，我们把这些钱通过"一事一议"的形式，用于森林村庄建设和林业产业发展，将来的二道河子村真正做到村在林中、村在景中，实现村子的整体振兴！"于永凤信心很足。

丰宁满族自治县千松坝林场场长曹海龙表示，希望碳排放权交易所得能形成良性循环，让这些资金鼓励林场和林农们造出更多的林地，吸收更多的碳，这将使林场建设受益良多。

案例四　塞北林场清水河上游水土保持综合治理工程

清水河上游水土保持综合治理工程是张家口市委、市政府组织实施的重点生态建设工程，按照市委、市政府的安排部署，2008—2012年塞北林场对清水河上游重点流域进行了综合治理，完成治理水土流失面积123.74km²，累计完成造林绿化面积11.8785万亩，新修林道86.4km，围栏16.1万m，护林房1处，宣传碑13块，宣传牌24块，拦沙坝35座，生物坝1座，累计投资4165万元。

一是生物措施和工程措施相结合，因地制宜。坡面乔灌草相结合、多层次治理，以水平沟、大鱼鳞坑整地（140cm×70cm×30cm）阻挡水土流失，涵养水源。在较好的地段实行水平沟汇集径流的整地模式，以拦蓄坡面径流和泥沙；在较陡和支离破碎的坡面上实行"品"字形鱼鳞坑整地；流动沙丘采用"半隐藏式草方格"治理，用莜麦秸秆打成一个个方格，贴着方格里面种沙棘，中间种樟子松（图5-1）；沟底修筑拦沙坝和谷坊坝，减少泥沙外运。

图5-1　草方格固沙（李文立摄）

二是坚持因地制宜、适地适树的原则。根据立地类型的差异科学配置树种和选择造林模式，乔灌草相结合，常绿、落叶树种合理混交，以达到最佳的治理效果。阳坡以樟子松、山杏、沙棘、柠条为主，阴坡、半阴坡以落叶松、油松为主，沟底以杨树为主。根据天气情况，看天植树，就墒造林，一边开展工程整地，一边组织人员抢抓时机点播柠条，栽植杨树插条。

三是应用新技术。采用的轻基质容器育苗，依据不同树种配制不同营养成分的轻基质，利于树种的成长成活，而且容器苗重量轻，可以大大减少苗木运输以及种植成本，提高造林成活率。应用真空冷藏杨树插条造林可以错过干旱等不利时间，在条件合适的时机随时可以突击造林，以提高造林成活率。五年累计完成容器苗造林240.8多万株，落叶松1230多万株，沙棘苗450多万株，冷藏杨树插条99.2万株，点播柠条种子11.1万斤，山杏2.6万多斤。

四是通过招投标选用有资质、懂业务、负责任的专业施工队伍。总场每年抽调技术骨干与施工队组成专门规划测量队伍，对工程建设进行全程监督和技术指导，保证施工质量。

通过5年的治理，治理区植被盖度增加到82.3%，森林覆盖率由治理前的9.3%增加到22.6%。生物多样性得以有效恢复，野猪、山鸡、狍子等迅速繁衍。区域生态环境得到极大改善，见风起沙的日子一去不复返，年均好于Ⅱ级天数达339天，其中，Ⅰ级天数达到178天左右，有效遏制了清水河上游水土流失，减少当地农业洪涝灾害损失，实现水不下山，沙不出沟，还清水河一河碧水。现在的项目区，天蓝水清，春季万物复苏，绿意盎然；夏季山花烂漫，鸟语花香；秋季五彩缤纷，美不胜收；冬季银装素裹，一幅塞外美景。

案例五　塞北林场西坝坝头山地造林营林综合治理示范区

西坝坝头山地造林营林综合治理示范区位于河北沽源县、张北县、崇礼区交界处，按照"规划高水平、设计高标准、施工高质量、实现高效益"的四建设方针，经过1999—2006年8年的建设，建成了西坝10万亩坝头山地造林营林综合治理示范区。

科学规划。示范区建在坝头山地，山高、坡陡、沟壑纵横，地形复杂。在原有天然林和人工林的基础上，进行科学规划，精心设计多树种混交造林。按照"阴坡松（落叶松、樟子松、云杉）、阳坡杏、沟壑沙棘、沟底杨榆"的模式，乔、灌、草相结合，针、阔树混交。

精心施工。一是根据西坝的具体条件，所有的小班都按等高线进行了规划、布点，达到"上不留天、下不留地、见缝插针"的要求。二是取消了50cm×40cm×30cm的小鱼鳞坑整地，推广140cm×70cm×40cm的大鱼鳞坑整地，解决了蓄水问题。三是实行雨季前整地，拍实土埂，留足活土层，以利土壤的熟化。四是在造林中，采取专业队、植苗锹造林，领导干部和技术人员跟班作业，严把质量关。

科技支撑。工程建设中一律采用良种、壮苗，广泛应用生根粉、保水剂、固体水、地膜覆盖、容器苗等抗旱造林新技术，这些措施保证了工程建设质量。

机制灵活。在这个示范区内，有五种造林机制：一是总场、分场、乡、村联营造林，比例按1∶2∶2∶5分成，完成造林27500亩；二是总场与村联营造林12000亩，按照5∶5分成；三是由总场和个人共同承包荒山造林38000亩，按照2∶8分成；四是总场自己承包荒山26500亩，承包期50年不变；五是退耕还林8000亩，"谁造、谁有、谁受益"。

加强管护。一是加强管护力度，死看死守；二是加强后期管理，适时做好补植，做好病虫害防治、除草、扩穴、抚育等；三是加强护林队伍的建设，建营林区一处，护林房两处，设专职护林员8名，常年看守并划定各自的责任区；四是建围栏，所有的工程地块都进行了围栏，共计围栏50000m，确保建设成效。

案例六　塞北林场韭菜沟水蚀沙化治理示范区

塞北林场韭菜沟水蚀沙化治理示范区包括沽源县长梁乡韭菜沟、丰源店乡太平营等9个自然村，是潮白河上游的黑河发源地。由于超载放牧和过度开荒，林草植被破坏殆尽，土地严重退化，再加上山高、坡陡，水蚀沙化严重，村民生产生活难以维持。20世纪90年代后期，在县政府的帮助下，村民不得不搬出生活多年的家园，迁徙他处，成为沽源县历史上第一批生态移民。2001—2004年，塞北林场开始了大规模的工程建设，完成17000多亩造林，结合2001年的退耕还林9000多亩，共完成造林26000多亩，对所有荒山、荒地、耕地全部进行了绿化，目前，保存率达85%以上。如今这块不毛之地已披上新装，成为为首都养水源、阻沙源，为当地群众增资源、拓财源的生态建设范例。采取的主要措施如下。

一是科学规划、造封结合，在沙化严重的地块，采用沙棘拦沙、固沙；地势较平坦的沙地采用适生比较好的樟子松、落叶松混交造林，充分发挥乔、灌、草相结合的防护体系，并对项目区进行了围栏封闭管理，恢复植被。二是首次在沙化土地上种植樟子松容器苗，试验落叶松裸根苗生根粉沾根抗旱造林新技术。实践证明，樟子松在沙化土地上成活率高、生长快，非常适宜种植，可作为治沙先锋树种；落叶松裸根苗采用生根粉沾根可提高苗木成活率。

第五节　地下水超采综合治理试点项目典型案例

案例一　深州市严把三关，实现高效压采

深州市自2014年以来，累计实施地下水压采林业项目1.8万亩。在项目管理上严格把好三关，实现了项目的科学规范运作。

一、把好造林主体筛选关

国家政策是林业项目实施的依据与标尺。深州市严格执行项目政策基础，结合实际情况，深入理解政策精神、科学细致谋划、逐级筛选上报、严谨认真确认，为项目实施做好基础性工作。按照省实施方案有关要求，结合本市造林实施规划，将林业项目布局和实施要求细化说明，以文件形式下发到各乡镇。同时，要求各乡镇林业站必须向主要领导做好文件的汇报解释工作，积极向辖区内群众宣传政策要求，按照"逐级申报、竞争立项、择优实施"的原则做好项目主体的申报、遴选。

严格把关申请上报。具有承担压采林业项目意向的农户，将土地承包合同或土地流转合同原件、复印件一同上报林业局后，项目办人员依据原件核对复印件，由项目所在村村主任确认合同的真实性，在复印件签字、按指纹并加盖村委会公章。同时上报《深州市地下水超采综合治理试点林业项目申报表》，该表内容包括地块的遴选条件、项目要求、申报面积等，并由村主任签字、村委会盖章、乡（镇）长签字、乡（镇）政府盖章予以确认，以确保上报地块的真实性和有效性。

逐一外业测量无差错。申报确认完成后，深州市林业局项目办人员在乡（镇）政府人员、村干部的配合下，用全球定位系统（GPS）将拟列入项目地块逐一进行定点、测量，做到"地不漏块、测不漏点"。外业测量结束后，测量面积与合同面积进行比较，以比较小的面积作为小班面积，保证造林面积的准确性。

数据汇总仔细确认。地块上图，明确位置、面积；出图，由村委会、乡镇政府再次确认，最大限度排除非标准地块。根据地块的申报时间早晚、造

林面积大小为原则最终确定造林地块。

二、把好细化项目管理关

林业项目成果好不好，关键在管理到位不到位。深州市着力抓好项目管理，加强技术指导，做到管理到位、数据留痕、资料齐备，促进了项目的规范实施。

丰富项目合同内涵。经过遴选、测量、确认造林地块后，深州市政府委托项目乡镇政府与造林户签订压采项目合同的办法，将地块的面积、位置、树种、双方权利义务进行了约定，着重针对农户对林地的管理方面进行了特别要求，把林下间作、抚育管护等列入了合同内容，让每位签订合同农户知晓项目实施的政策要求是什么，应该怎么做。同时，要求村委会、乡（镇）政府盖章，村主任、乡镇长签字，行使对项目的知情权、监督权，与林业部门形成工作合力，约束农户的种植行为，确保项目运行的连续性、稳定性。

出台项目管理办法，增强制度保障。为规范项目实施，依据上级文件精神，深州市制定了《深州市地下水超采综合治理林业项目管理办法》，从立项条件、施工建设、技术要求、项目管理、工程验收、政策兑现等几个方面对压采项目建设管理进行了规范，并发送到财政局农财科、乡（镇）政府林业站、村委会、项目户等有关单位和人员，实现信息共享和阳光操作。

健全项目档案资料，促进管理工作上台阶。压采林业项目建设周期长、涉及环节多，具体管理中涉及前期的申报、土地承包或流转、实施方案、作业设计、合同签订，工程中期的苗木购买、"两证一签"、督促检查，后期的验收图表、验收报告、政策兑现、影像资料等，实行专人管理、分类归档，做到了基础资料齐全、流程环节留痕、数据保存完整、查找管理方便，提高了项目管理质量。

三、把好政策兑现落实关

做好验收的前期准备。项目办人员验收前提早制作了外业验收表、验收图、小班验收卡、成活率调查表等，认真做好验收前期准备工作。组织验收组成员培训，包括如何使用GPS测量造林面积、计算合格面积，按照标准抽取样行、样地计算成活率等业务培训，掌握验收要点及规定等。

验收公正客观，操作过程公开透明。由林业局、审计局、乡（镇）政府人员联合组成验收组，相互配合、相互监督。验收组严格执行《河北省地下水超采综合治理试点林业项目检查验收办法》技术要求，逐地块逐小班进行面积核实、样地抽取、成活率计算、林相拍照，参与验收人员在验收表上签字确认。

做好验收结果分类处置，安全拨付资金。造林合格地块面积、造林树种、资金拨付数额等信息在项目乡镇、村分别进行7天公示，并保留公示回执及影像资料，增加资金使用透明度，接受社会监督。根据工程造林完成面积、苗木质量、成活率等情况进行报账，确保工程项目的补助资金公开透明，提高资金使用效益。

案例二　桃城区压采项目助推新农村建设

2014年，衡水市桃城区邓庄镇张泡庄和东军卫山楂种植合作社抢抓国家地下水压采林业项目试点机遇，依托政策优势，建成集中连片3000多亩的山楂种植基地。山楂属生态经济兼用树种，无需浇灌即可正常结实，结果期可持续60~70年。项目区位于黄河故道（索泸河）流域，项目实施前该区域风沙危害严重，风天尘土漫天，基地建成后，减少了地表土层结构的破坏，生态环境明显改善，农村面貌大幅提升，助推了新农村建设步伐。山楂基地建设初期主要依托政策补助资金，在保证树木正常生长的情况下，林下间作油葵、谷子、花生等矮秆雨养农作物，避免了树下杂草丛生，每亩增加近1000元的收入。目前，山楂将进入盛果期，亩产达1500kg，收入可达3000元，实现了压采富民。

2016年起，依托该基地，桃城区每年举办山楂花节、山楂采摘节等系列的活动，与乡村振兴战略相结合，对休闲农业、乡村旅游、特色农产品产业的融合进行了有益的探索。按第三方中国水利水电科学研究院压采效果的评估，林业项目每亩每年可节水170m^3，据此测算该基地每年可节约地下水开采21万m^3，可长期维持节水压采能力。

案例三　魏县积极探索高效模式

邯郸市魏县利用地下水压采林业项目，积极探索杨树与杂交构树间作模式，结合项目实施精准扶贫。

杂交构树由中国科学院植物研究所经航天育种培育而成，具有耐干旱、耐瘠薄而且速生的特性。杂交构树集速生性、抗逆性、经济性与抗病虫性等优质抗性于一体，一次种植可连续采伐形成20年收益，被誉为现代生态循环农林产业的软黄金。年可收割3~4茬，且无需喷打农药，用其枝叶作饲料，生产的衍生类产品属绿色生态有机类天然产品，可从源头上解决食品安全问题，有效提升关联产业产品的品质及附加值，并能大幅降低饲养成本，获取更高收益。杂交构树种养项目被国家列入"十大精准扶贫工程"之一。

2016年，魏县在北皋镇南刘岗村实施林业项目1033亩，由林盛农业科技发展有限公司组织实施。采用杨树团状栽植，林下间作构树饲料林的模式。通过立体种植，既能节水压采，又能以短养长，最大限度地发挥土地资源优势。林盛农业科技发展公司采取"公司+基地+农户"的经营模式，优先扶持当地70户贫困户，并签订了长期入股协议，目前已带动当地劳动力就业258人，贫困户均增收万元以上。杂交构树种植已初见实效，可使贫困户初期迅速脱贫，长期稳定致富。

案例四　献县精密组织，确保压采成效

沧州市献县地处黑龙港流域，长期以来地下水超采严重。自2015年开始实施地下水超采综合治理林业试点项目以来，为确保项目建设成效，积极鼓励引导种植大户、农民合作组织或家庭农场申报项目，按照"政府引导、社会参与、公平竞争、择优立项"的原则，公开、公正、公平地遴选项目实施地点和实施单位，强力推进林业项目。2015—2016年，累计完成林业项目1.3万亩，形成年压采能力247万m^3。2015年，项目当年实现亩节水180方，2016年，项目当年实现亩节水175方；累计实现节约地下水320万方。同时，农民年均可增加收入1300万元，在改善农村生态环境，提高空气质量方面也产生了显著的作用。

精心布局。为集中连片，实现规模效应。项目优先选择献肃路、东固路、石油路两侧以及滹沱河沿线小麦种植区实施。2015年，项目集中在公路沿线6个乡镇，2016年度项目涉及全县14个乡镇，初步形成了三路一河的绿化压采格局。

精密组织。县政府高度重视，成立了由政府主管县长任组长，财政、林业等相关部门为成员的领导小组，综合协调乡镇及项目村。依据《河北省地

下水超采综合治理试点林业项目管理办法》制定了《献县地下水超采综合治理试点林业项目实施方案》。项目施工期间，抽调精干力量组成工作队，深入一线，协调乡镇进行土地流转，解答农民疑问，培训造林技术，为项目顺利实施打下了坚实基础。

　　严格管理。项目立项后，管理是关键。实行规划、整地、苗木、栽植、管护五统一。项目准备阶段，积极鼓励林业专业合作社和承包大户，通过土地流转承包项目建设。协调工商、金融部门，出具证明，简化手续，协助16个承担项目的林业专业合作社完善了相关手续。项目实施中，抽调30名专业技术人员，严格项目建设标准，配备GPS进行小班调查、现地勘测，进行设计，确保项目落实到无地表水替代的小麦种植区的耕地内。本着因地制宜、适地适树的原则，选用了抗旱节水的杨树、槐树、桑树、山楂、核桃等乡土树种，兼顾了经济和社会效益。项目完工后，由工程技术人员指导各项目村开展管护、抚育。

　　精准兑现。严格验收标准。在项目建设初期，组织项目涉及的乡镇长和林业专业合作社、承包大户的责任人进行了专门培训，对项目的建设期限、建设内容和建设质量都提出了明确要求，规定间作高耗水农作物如玉米、小麦的不验收；不采用开沟浇水或穴灌，继续大水漫灌的不验收；苗木标准不达标的不验收。严格验收程序，为保证检查公正、准确，聘请有资质的第三方专业勘测队进行检查，将验收结果公示无异后，提交财政部门准确兑现。

案例五　临西县强化四个支撑，高标准推进项目建设

　　临西县2015年列入地下水超采综合治理试点林业项目县，为做实做好试点项目，临西县立足起点高、规模大、模式优、能节水，着力强化四个支撑，高标准推进综合治理试点林业项目。

　　立足规模，强化机制支撑。临西县对地下水超采综合治理试点林业项目高度重视，认真研究制定实施方案，确定实施地块面积成方连片，必须在100亩以上。对有意向、有积极性实施的合作社和大户，帮助进行土地流转和合同签订，保证项目实施大地块、大规模。项目实施集中成方连片，整齐划一。

　　立足高效，强化模式支撑。超采综合治理试点林业项目既能节水，还要有好的收益才能保证项目建设有示范效应，有推进意义。项目建设必须能节

水有收益，临西县认识到这一核心问题，连续组织技术人员、合作社和种植户赴河北省定州市、安徽省亳州市、山东省菏泽市、山西省运城市等地进行考察观摩，深入调查、广泛比较，充分考虑市场需求、产业前景，以及节水效果。初步筛选了适应本地、前景看好、效益可观、适宜旱作雨养的清香核桃间作油用牡丹、双季槐间作中药材紫菀、椿叶槭间作药用菊花3个种植模式。'清香'核桃属于核桃中品质优良的品种，很受消费者青睐；双季槐属于两季生产槐米的生态经济兼用新品种，抗旱和耐逆性较强，全年基本不用浇水，在槐米中提取的芦丁作为制药原料在制药市场供不应求。药菊和紫菀属于稳定收益的传统中药材品种可以当年收益，而油用牡丹是最有市场前景的节水木本油料新品种。最终，决定将双季槐和油用牡丹的引进种植作为培育县域新型林业产业的突破口。

立足管理，强化科技支撑。能不能实施好项目，达到预期目标，是节水和实现经济效益的基础。对此，临西县在确定新模式引进新品种的同时，引进技术支持。培育出双季槐新品种的"双季槐之父"雷茂端、河北省德胜农林集团的技术专家王林江、亳州市伟源中药材公司的任伟分别成为项目模式对应种植品种的技术指导顾问，从整地种植到收获全过程给予现场指导，解除了种植户管理之忧。

立足保障，强化市场支撑。产品有无市场，能不能卖得出、卖出好价钱，才是项目成功、节水效益实现的标志。临西县林业和草原局牵头协调，种植户分别和河北省德胜农林集团、亳州市伟源中药材公司签订了核桃、槐米、药用菊花、紫菀和油用牡丹籽包收合同，并设定了最低保护价，为产出效益增加了保障，使种植户种得安心放心。

案例六 晋州市严抓实管推进压采项目建设

晋州市自2015年列入试点工程以来，按照省、市林业部门的要求，强力组织实施，扎实开展试点工作，努力建设优质工程，高标准、高质量完成压采项目任务7000亩。

明确一个"责"字。地下水超采综合治理试点林业项目为全国的试点项目，属于省委、省政府的重点工作之一。晋州市强化组织领导，明确部门责任，成立了以主管农业的副市长为组长的领导小组，多次召开专题会议，就项目区的土地流转、项目管理办法、造林模式等进行研究，统一部署。林业部门作为项目管理的主体单位，成立了专门项目督导小组，多次召集项目实施主体传达地下水超采综合治理试点林业项目的相关政策，帮助实施主体确定造林模式、造林树种，就造林技术进行专门培训。具体负责督导造林进度、监督造林质量，确保工作快速、有效落实，保质、保量完成。

突出一个"早"字。一是早宣传、早发动。项目任务下达之前，充分运用广播、电视、报纸、网络、明白纸等多种形式，广泛宣传地下水超采林业项目有关政策，动员全市造林大户及公司积极进行申报，并帮助有造林意向的造林户对其申报的地块进行初步规划设计，帮助选定合适的造林树种，明确项目建设栽植密度、灌溉抚育等具体要求。二是早签合同、早设计划。项目任务下达之后，林业和草原局第一时间召开地下水超采项目专题会议，结合各造林户提交的申报材料，分解建设任务，及早确定项目实施主体。根据各实施主体提供的农户流转或承包土地的协议，派出专业技术人员利用GPS进行精确定位和测量，确定每个造林小班的精准位置和造林面积，并按照小班的土壤条件与造林主体沟通协商，确认栽植树种、密度，进行作业设计。设计完成后，及时由市政府于麦子播种前同造林主体签订合同，避免因项目造林毁坏麦田，造成不必要的损失。三是早实施、早验收。合同签订后，林业和草原部门按照批复的作业设计，及时督促各实施主体抓紧时间进行造林，并组织专业技术人员深入现场提供技术服务。施工完成后林业和草原部门及时组织验收，验收合格后及时将补助资金发放给各造林主体。

狠抓一个"实"字。编制作业设计的小班调查过程中，为了做到精准定位，认真详细地进行实地测量，每个小班的每一条边、每一个角落都运用GPS进行定位，每个小班用两个GPS进行量测，面积误差不超过2%。然后，利用ArcGIS作图软件详细绘制出小班图，确保小班面积、位置精准无误。

贯彻一个"严"字。对苗木规格、栽植、管护进行全程实时跟踪，对出现的问题及时按项目规定提出解决办法，严格把控项目建设的每一个环节。一是严格作业设计。作业设计落实造林地块，严格执行小班面积不低于50亩的规定；树种严格按照要求选择抗旱树种，决不自作主张增加任何树种。二是严把质量关，从苗木质量、苗木调运、到栽植管护都严格把关。工程用苗全部达到国家一级苗木的标准。在栽植过程中，有专业技术人员深入现场提供技术服务，从定点、挖坑到栽植、浇水进行全程跟踪指导。三是严格验收，严格按程序抽查和统计，不留任何死角，保证了真实性和代表性。

第六节　沿海防护林体系建设工程典型案例

案例　黄骅市大力推进滨海盐碱地造林绿化

黄骅市地处沧州市东部，东临渤海，总人口43.8万，土地总面积232万亩，其中，耕地75.3万亩，林业用地57.9万亩。地势低洼，海拔1~7.4m，是全省滨海盐碱地最集中的地区。全市有轻度盐碱地（含盐量0.1%×0.25%）3万亩，中度盐碱地（含盐量0.25%×0.45%）194万亩，重度盐碱地（含盐量0.45%×0.6%，最高达3.29%）35万亩。气候属暖温带大陆性季风气候，有春旱、夏涝、秋吊的气候特点，年平均降水量为642.6mm，降水量集中在6、7、8三个月，历史上旱、涝、碱、风、虫、雹等自然灾害相继发生。

近些年来，立足于当地多苦咸水、缺淡水、基础设施薄弱的实际，从改善农业基础条件和生态条件入手，采取适应与改造相结合，多项措施并举，多种模式并用，走出了一条具有黄骅市特色的林业发展新路子，加快了滨海盐碱地开发利用和造林绿化。目前，全市盐碱地综合开发面积已达30万亩，农业综合生产能力明显提高，林业产值占大农业的比重，由过去的不足1%达到现在的25%，取得了明显的经济、社会、生态效益，促进了农业增效，农民增收，有力地推动了地区经济的发展。

一、立足实际，理清思路

黄骅市有盐碱荒地74万亩，自然植被少，林木稀少，自然灾害多，"十年九旱"，生态环境十分脆弱，农业长期广种薄收，靠天吃饭。近年来，在省、市林业和草原部门的指导下，黄骅市本着"重点突出，梯次推进"的原则，以冬枣产业开发为突破口，大力推进林业建设和盐碱地开发，制定了《黄骅市盐碱地总体开发规划》，在中度盐碱地上，实行冬枣规模化种植，建设冬枣生产基地，使资源优势、基础优势向特色优势的转变，冬枣产业在农业发展的主导地位日益突出，对促进农民增收起到了巨大的推动作用。截至2020年，全市冬枣面积达20万亩，其中，80%为荒碱地，没有占用耕地，种植遍及全市9个农业乡镇270个村7万余农户。

二、综合治理，实现高效

盐碱地常规造林成活率较低，针对这一难题，一是组织专门班子进行实地考察论证，提出了精心规划、工程整地、科学造林一系列措施；二是对一般中轻度盐碱地采取台条田治理，对重盐碱区实施挖深沟淋盐，围埝蓄水压碱的治理工程；三是对盐碱地采取沟、渠、田、林、路综合配套治理；四是种植改碱植物，如紫穗槐、苜蓿等，进行生物改碱；五是在造林技术上，将挖大坑、栽大苗、浇大水的传统"三大"方法和生根粉、保水剂、薄膜覆盖造林三项新技术相结合，确保造林成活率。这些年来结合沿海防护林体系建设等重点林业项目，共开发改造盐碱地近20万亩，动土近500万立方米，栽植紫穗槐、柽柳1万亩，栽植沟渠路防护林10万亩，栽植冬枣20万亩。通过对盐碱地实行"水、田、林、路、渠"综合治理，增强了盐碱地排涝淋沥能力，较开发前增加农业产值2~5倍，全市的林业产值也以每年增加6000万元的速度上升。2020年产冬枣1500万kg，实现产值4亿元，取得了较好经济效益；全市林木覆盖率比以前增加7个百分点，达到17.6%，生态环境条件大大改造，取得了良好生态效益；冬枣产业的发展还带动了枣业加工、贮藏、包装、运输、销售及种苗，劳务等相关产业的发展，给农林剩余劳动力提供了就业机会。

三、因地制宜，模式多样

根据黄骅市的自然特点，因地制宜、科学规划、合理布局，根据不同的土壤立地条件和盐碱化程度，进行了多模式开发：一是选择抗盐碱林种，以乡土林种枣、紫穗槐及杨、柳、槐为主，同时积极引进抗盐新树种（如'廊坊杨4号''抗碱'柳等）；二是在宜林荒碱地上以栽植冬枣为主，河渠沟塄以栽植抗旱耐碱的紫穗槐为主，构建"田间冬枣树，沟边紫穗槐"的绿化新模式；三是在农田林网建设方面，选用冬枣为主栽树种，以生态经济林代替纯生态林，实行枣草（苜蓿）间作、枣粮间作等多种生态模式，构建"树上结冬枣，树下粮和草（苜蓿）立体种植的高效模式；四是沿河沿路绿化，按照"宜乔则乔，宜灌则灌"的原则，实行工程造林，宽带绿化。同时，在能成方连片的地段，也以冬枣生态经济林代替其他生态林，建设生态效益和经济效益相结合的"绿色长廊"。通过多种模式的开展，全市农田林网面积达到35万亩，使65%的耕地实现了林网化，河渠通道绿化达到1000km，绿化率达80%。

第七节　治理模式典型案例

案例一　唐山市迁西县"围山转"治理模式

一、自然概况

唐山市迁西县地处燕山南麓、长城脚下，总面积 1439km²，有林地面积 143 万亩，森林覆盖率达 63%。常住人口 36.6 万人，辖 17 个乡镇、1 个街道办事处，417 个行政村、8 个居委会。是一个"七山一水分半田、半分道路和庄园"的纯山区县。迁西县属大陆性季风气候，气温适宜，日照时间长，热量充足，降水丰富。年降水量在 600~800mm。山地主要由片麻岩组成，土壤以褐土为主，土层较厚，结构疏松，有机质含量高，pH 在 5.6~7，通气透水性好，自然肥力高，为板栗生长提供了优越的自然条件，是著名的"中国板栗之乡"，其土壤富含磷、钙、镁、锰等营养元素成分，极适板栗生长。

二、相关背景

1986 年，迁西县被列入三北防护林体系建设二期工程，开始大规模以"围山转"治理模式为主的造林；2002 年，退耕还林工程在迁西县实施。依托两大国家生态工程，迁西县建成以"围山转"模式为主的板栗水保经济林 75 万亩，森林覆盖率由 1986 年的不足 30%，增加到 2020 年的 59.81%，年均增长 1 个百分点以上。

三、主要措施

以山系流域为单元，工程措施与生物措施相结合，对顶、坡、沟实行综合治理。山顶土层瘠薄地段栽植油松、刺槐等水土保持树种或实施封山育林；山坡坡面上挖围山转的水平沟，发展板栗等经济林；坡地沟谷修筑谷坊垫地，发展果树或农作物。梯田中间建设生物埂，坡面种植牧草或经济灌木，同时，实施水电路配套综合开发，规模治理，提高综合防护效益。

四、建设成效

迁西县具有千年的板栗栽培史和百年的出口史,板栗产品销往国内170多个大中城市和日本、韩国等20多个国家和地区。截至2019年年末,全县板栗种植面积已达70多万亩,4000万株,年产量3.5万t,板栗产业已成为迁西农民增收致富的"绿色银行"。

1. 生态效益

"围山转"治理模式改善了迁西县生态环境,加速了森林植被恢复。生态效益监测结果表明,迁西县在各项生态工程中使用的"围山转"治理模式生态效益显著,防风固沙、吸收污染物、固碳释氧、涵养水源、固土都明显得到改善。

2. 经济效益

迁西县"围山转"治理模式营造板栗75万亩,对促进农民增收致富发挥重要作用,板栗经济效益人均达到2万余元,不仅对地方国民生产总值、农业产值、林业产值、财政收入、人均收入等方面产生积极的影响,而且对农业和农村经济发展也产生深远影响。工程的实施助推了农业的快速调整,促进了土地集约利用,提高了土地利用效率;发展特色产业,推进农业产业化建设;优化生产环境,提高农业综合生产能力,促进林业快速发展。

3. 社会效益

国家生态工程对调整农村产业结构、农村经济发展具有重要作用,是恢复生态、实现人与自然和谐相处的要求。工程建设促进了社会主义新农村建设,改善了农村基础设施,提高了农业综合生产力,培育了新的农村支撑产业,提高了农民收入,落实了公示制度,推进了农村民主政治建设,使农村经济步入良性循环的发展轨道。

案例二 围场满族蒙古族自治县御道口乡石人梁工程固沙模式

一、自然概况

围场满族蒙古族自治县御道口乡位于河北省北部,处于内蒙古高原东南边缘,属典型的大陆性季风型高原气候,气候干旱、寒冷,年降水量385mm,年平均气温5℃。该地区属于坝上沙化区,境内尚存固定、半固定沙地。

二、相关背景

2011年开始，围场满族蒙古族自治县在沙地比较集中的御道口乡石人梁周边开始实施风沙源治理工程，截至2020年，共完成建设任务20000亩，其中，柠条造林11900亩，樟子松造林6100亩，工程固沙造林2000亩。工程建设因地制宜，工程固沙与生物固沙相结合，栽种柠条、樟子松等树种，达到阻沙、固沙的目的，并在草方格上栽种黄柳、柠条等沙生植物，建立起旱生植物带，形成生物沙障，固定流动沙地。

三、主要措施

根据不同地貌及土壤条件，采取相应的固沙、治沙措施。

1. 地势平缓地段

（1）树种选择

在治理沙化的同时，选择营养价值较高，可作牲畜饲料且耐干旱、耐瘠薄的柠条。

（2）整地方法

机械开沟整地，采取大密度丛状栽植，株行距为2m×1.5m，每穴丛状栽植3株，每亩栽植666株。

（3）造林方法

用1~2年生裸根苗，栽植时使用生根粉蘸根以保成活。

（4）管护措施

为防止属兔、牲畜危害，全部进行围栏防护，并用细网在围栏中下部进行加固。

2. 固定和半固定沙地

（1）树种选择

樟子松

（2）整地方法

小反坡穴状整地，造林密度为每亩栽植167株。

（3）造林方法

采用容器苗造林。

（4）管护措施

为防止属兔、牲畜危害，全部进行围栏防护，并用细网在围栏中下部进行加固。

3. 流动沙地

（1）固沙

采取网格工程固沙。主带沙障材料为榛柴和黄柳、副带沙障为榛柴和柠条。网格沙障规格为4m×4m。死体沙障与活体沙障间距20cm。死体沙障榛柴长50cm，下埋30cm，上露20cm，间隔距离为5cm；黄柳选择2年生健壮枝条，截成25cm的段，扦插深度为20cm，上露5cm，扦插黄柳间距为10cm。柠条选择1年生一级柠条苗，苗木间距为10cm，用植苗锹窄缝栽植法栽植。

（2）造林树种和方法

网格内栽植1株樟子松。立地条件较好的沙地，栽植樟子松容器苗，苗龄6年以上、苗高70cm以上，地基径0.8cm以上，栽植111株/亩。

（3）管护措施

工程建设采取专业队进行施工，开工前对施工人员进行技术培训，统一施工质量、统一工程标准、技术人员巡回检查指导。为防治人畜危害，小班周边用围栏防护。

四、建设成效

固定半固定沙地选择耐寒、耐旱、耐瘠薄、防风固沙效果明显的樟子松、黄柳、柠条造林，工程措施与生物措施相结合既起到防风固沙效果，又补充饲草不足，实现生态和经济效益双赢。

案例三　冀北山地果药（花）间作模式

一、自然概述

冀北山地位于河北北部，有中山、低山、丘陵和盆地，这一地区地形复杂，地形切割剧烈，石质山多，土层较薄，属中温带和暖温带交汇地带。雨热同季，年平均气温6~10℃，年平均日照时数2700~2900小时，年平均降水量 400~700mm 且从北向南递增，无霜期 140~170 天。

二、相关背景

冀北山地地区在实施退耕还林工程等国家重点生态建设过程中，大力推广果药(花)间作模式，累计推广面积达到 128 万亩，主要集中在承德县、围场满族蒙古族自治县、宽城满族自治县、兴隆县、隆化县、丰宁县、赤城县、怀来县等县。

三、主要措施

冀北山地以石质山为主、气候温和，适合苹果、杏扁等多种经济树木生长，也适合黄芩、党参等中草药和玫瑰、菊花等花卉的种植栽培。在治理上采取核桃、板栗、山杏(杏扁)、苹果、大枣等经济树种或兼用树种，行间间种中草药或花卉提高经济收入，即实现退耕还林的生态效益，也充分提高土地生产能力，促进退耕户增产增收，实现退耕还林长期效益和短期效益的有机结合。

1. 树种选择

选择山杏、苹果、板栗、核桃、大枣等经济或兼用树种，中草药可选择黄芩、党参等。

2. 整地技术

鱼鳞坑整地，标准 80cm×60cm×40cm，"品"字形排列。采用窄株距、宽行距，一般采用 2m×6m，密度在 56~73 株/亩。

3. 造林技术

以春季造林为主，雨季或秋冬季补充造林，苗木采用嫁接苗。山杏采用 2 年生以上苗木，提倡用容器苗，裸根苗一律用生根粉水溶液或泥浆蘸根。

4. 间作方式

造林后 1~3 年内，利用行间空地种植黄芩、党参等中药材，菊花、芍药、玫瑰等花卉。

四、建设成效

通过该模式的大范围推广，有效控制了水土流失。通过植树造林等生物措施和修筑梯田、水平沟、鱼鳞坑等工程措施，工程区林草植被得到迅速恢复，林草盖度显著增加，水土流失量明显降低。吸纳了大量的农村剩余劳动力，村村有技术指导员，户户有技术能手，培育出了大批果树、药材种植能手，促进了农民增产增收。种植中药材按平均每3年收获1次，每亩约产1000斤，每斤3元，每年增收1000元。

案例四　临漳县平原高效林业与地下水超采综合治理模式

邯郸市临漳县位于河北省最南端，属漳河冲积平原，地势自西向东缓缓倾斜，地势起伏，沟坡相间，滩涂、沙地占土地总面积的5.41%。自实施退耕还林、地下水压采等国家重点生态工程以来，临漳县积极引导农户发展林下产业，全县共形成了林药、林菌、林禽、林畜、林草等多种高效治理模式，实现经济效益1.5亿元。

一、自然概况

西冀庄隶属临漳县杜村乡，全村总面积6000余亩，3300余人，人均纯收入14198元/年。土壤沙化，广种薄收，生态环境恶劣，风沙危害是抑制沙区经济发展的主要因素。西冀庄村属于暖温带半干旱、半湿润季风气候区，年平均气温13.2℃，≥0℃积温4992.6℃，≥10℃积温4481.7℃，年平均降水量565.7mm，多集中在夏季。年平均无霜期203天，日照百分率为55%，年太阳辐射总量为112千卡/cm^2，形成夏季炎热多雨，冬季干旱寒冷，冬春季风突出，十年九旱的气候特点。

二、相关背景

西冀庄2002年实施退耕还林1500余亩，主要造林树种为杨树、核桃、白蜡。为巩固退耕还林成果，从2008年开始，探索林下经济。2014年，进行了林下种植芍药、牡丹、知母等中药材试验，筛选出油用牡丹优系。2015年，在地下水超采综合治理试点林业项目中推广油用牡丹900亩。临漳县通过多年油用牡丹的综合开发，积累了林下种植油用牡丹的丰富经验，探索出一条适合临漳县发展的后续产业之路。

三、主要措施

西冀庄村林药间作模式主要有杨树、核桃、白蜡与油用牡丹间作。现以杨树间种油牡丹为例，介绍培育技术。

1. 园址与整地

园址应设在杨树、核桃、白蜡等栽植初期林地，林地郁闭度 0.2~0.5 以内，交通便捷、干燥向阳、灌溉方便、排水良好的地方。土壤以壤土为宜，最好是沙壤土，疏松透气，土壤 pH 6.5~8.4，肥力较好。园址应远离疫区、病源区和虫源区。在栽植前 2 个月左右进行整地翻耕。

2. 选苗及处理

杨树选择 2 年根 1 年干的一级苗木，主根明显，侧根发达，无病虫害健壮苗木。牡丹选用'凤丹'品种，选用 1~3 年生实生苗，提倡用 3 年生苗木，根茎直、无弯曲、侧根多、无病斑、芽头饱满的优良苗木，茎部以下不能少于 15cm，采用 5%福美双 800 倍液浸泡 5~10 分钟，蘸 200 倍生根剂，晾干后栽植。

3. 栽植密度

杨树一般宽行距窄株距，株行距 2m×6m 为宜。油牡丹一般株距 30~50cm，行距 60~80cm，每亩栽植 2000~4000 株苗木。1~2 年后，可隔一株移除一株，移除苗可用作新建油用牡丹园，也可用作观赏牡丹嫁接砧木，剩余部分定植继续管理。

4. 栽植方法

栽植时，用宽度 30cm 的铁锹插入地面，撬开一个宽度 5~8cm、深度为 25~30cm 的缝隙，在缝隙两端各放入一株牡丹小苗，使根茎连接部低于地面 2~3cm，保持根部舒展，然后踩实。栽植后按行封成高 10~20cm 的土埂，以利保温保墒，春季地温升至 5℃以上即可扒开。

5. 田间管理

定植后及时浇灌定根水，分别在抽芽时、开花时、越冬前浇水为宜。生长期内及时松土除草，开花前深锄，深度可达 3~5cm，开花后浅锄，深度控制在 1~3cm。定植第二年追肥，3 月底至 4 月上旬每亩施复合肥 40~50kg，11 月上旬至 12 月初每亩腐熟的厩肥 1000~1500kg。第三年开始结籽后，在土壤解冻后至牡丹抽芽前，开花后半月内，入冬前每亩分别施用复合肥 40~50kg。根据定植植株大小、苗木栽植密度、生长快慢、枝条强弱在春秋季灵活进行定干和整形修剪和平茬，以促进单株增加萌芽、增加分枝量，增加开花量，提高产量。

6. 收获脱粒

牡丹籽在 8 月中上旬陆续成熟。当果实渐成黄色时摘下，放室内阴凉处，使种子吸收果荚内养分慢慢成熟,每隔2~3天翻动一次,以免发热腐烂,大约10日内果荚自然开裂,种子脱出或用剥壳机进行脱粒,然后收集种子,去杂精选种子。种子脱出后,继续摊晒至水分12%左右时即可将种子放于阴凉干燥处贮藏或运往加工厂加工,或将种子放到0~5℃冷库中贮藏备用。

四、建设成效

1. 经济效益

在核桃、杨树间作油用牡丹经营模式,5年生油用牡丹,产籽量100kg/亩以上,5年生核桃产量200kg/亩,3年生杨树材积量到达3m³/亩以上。油用牡丹籽按20元/kg计算,产值可达2000元/亩,与5年生核桃间作,当年核桃产值2400元/亩,综合收益可达4400元/亩;与杨树间作,杨树产值2000元/亩,综合收益可达4000元/亩。

2. 生态效益

油用牡丹耐旱耐寒耐贫瘠,可在荒山荒地、林下种植,称"铁杆庄稼",大面积推广林下油用牡丹,既优化了农业种植结构,又防止水土流失、控制土地沙化,保护和加强了乡村生态环境整治,提高了村民幸福指数。

3. 社会效益

林-油用牡丹模式的推广,提高了当地油用牡丹生产技术水平和科技含量,提升了油用牡丹企业技术创新能力和市场竞争力,促进了油用牡丹产业化、标准化、规模化发展,带动了深加工、旅游等相关产业的发展。

案例五 围场满族蒙古族自治县退耕还果模式

承德市围场满族蒙古族自治县位于河北省最北部,是滦河的发源地,肩负着维护京津生态安全的重任。退耕还林实施以来,围场满族蒙古族自治县抢抓机遇,精心谋划,强化措施,狠抓管理,扎实推进退耕还林工程。全县累计实施退耕还林104.44万亩,全县有林面积达到797万亩,人均有林地面积达到15亩、林木蓄积量达到52m³,相当于每人在"绿色银行"存款万余元。

一、自然概况

四道沟乡地处围场满族蒙古族自治县最南端,国土总面积15.2万亩,其中,耕地1.13万亩,林地面积9.66万亩,果树面积3.6万亩,下辖6个行政村，人口0.8万。属寒带、中温带、半湿润、半干旱大陆性季风型高原山地气候，海拔710~1100m，年平均气温6℃，年降水量450mm，蒸发量1430mm，适合栽培'金红'苹果、'k9'苹果、'黄（红）太平'苹果、'苹果'梨等品种的水果。

二、相关背景

2000年退耕还林工程启动实施以来，该乡积极动员农户参与，在退耕还林、巩固退耕还林成果等工程项目的持续推动下，全乡累计实施退耕还林1.5万亩，其中，栽植特色杂果1.35万亩，在工程带动下，全乡共建成了特色杂果基地3.6万亩，主要品种为'金红'和'红太平''黄太平'苹果。全乡人均果树面积达到4亩。

三、主要措施

四道沟乡特色杂果以'金红'苹果为主，系'金冠'和'红太平'的杂交品种，果实呈卵圆形，果皮黄红鲜艳，酸甜可口，营养丰富。其主要培育技术如下。

1. 丰产栽培技术

在灌溉时，随水冲施迪米佳复合肥或氨利果冲施肥，做到肥水一体化。加强根外补肥，也可采用高浓度果友氨基酸叶喷。有果农试验，果友氨基酸120倍叶面喷施效果很好。对于着色不好的果园也可以加入磷酸二氢钾200倍，对于黄叶病小叶病果园也可以加入斯德考普叶面肥8000倍，对于果个偏小的果园，在果实膨大期每隔7~10天连续喷施3~4次。也可以进行氨基酸涂干，选用不含激素的果友氨基酸原液进行涂干，每隔15~20天涂干一次，连续涂干1~2次。同时要作好保叶工作。

2. 提高果面光洁度和果实硬度技术

为提高果面光洁度和果实硬度，要加强补钙工作，实施全程补钙措施。苹果采收前40~50天开始，连续补钙2~3次，特别是摘袋以后，注意将钙肥喷施到叶片正反面及果实。药剂可选用重钙2000倍或盖利施600倍或乳酸钙600倍。

3. 果面着色均匀技术

着色问题是当前苹果外观质量当中最主要的问题，通过包括果实套袋、摘叶转果和铺设反光膜等措施，使所有的苹果都达到全红，提高果品外观质量，进而大幅度提高果品价格和果农收益。果实采收前 21~24 天摘袋，3 天后摘除离果实 15~30cm 的叶片。套袋果园一般可在去袋 3~5 天后铺反光膜，没有套袋的果园宜在采收前 1 个月进行。

四、建设成效

1. 促进群众增收致富

四道沟乡依托工程建设，发展'金红'苹果、'黄太平'苹果等特色杂果 3.6 万亩，年产果品 6 万 t，产值 7000 万元以上，农民人均增收 8000 元以上。全乡靠林果年收入 5 万元以上的农户 200 多户、2~5 万元的有 400 余户。全乡贫困发生率由 2000 年的 35.5% 降低到 0.6%，贫困人口较 2000 年减少了 2906 人，截至 2019 年年底，全乡 6 个村全部脱贫"摘帽"。

2. 生态效益显现

随着四道沟乡特色杂果基地规模的壮大，四道沟乡逐渐变得远近闻名，到这里春赏花、夏避暑、秋采果成为不少京津唐承等城里人度假的重要选择，也进一步拓宽了四道沟乡林果产业发展思路。

3. 社会效益明显

四道沟乡依托现有资源打造了万亩特色杂果观光采摘基地，建立了质量追溯体系，实行产品认证，推行标准化生产，生产绿色无公害产品，推动全乡林果产业逐步由规模数量型向生态观光型转变，有效地带动了旅游、餐饮、服务、中介等行业的发展，实现产业升级。

五、经验启示

退耕还果既是生态建设工程，也是民生改善工程。围场满族蒙古族自治县四道沟乡退耕还果的经营主体虽是退耕户，但政府、企业、产业协会和农民专业合作社与退耕群众形成合力，使工程建设迸发出了巨大活力，对群众生产生活产生了深远影响。其主要启示有三。

1. 良种是成功前提

四道沟乡主打'金红'苹果，又引进了'寒富''锦绣海棠''龙丰'等新品种，这些品种最大特点是适合本地气候条件，土壤条件，果品酸甜可口，营养丰富，广受市场认可。在不同地区选择适合的树种品种，通过不断优化，筛选出适合本地最佳品种进行推广栽培，是实现有效收益的基本前提。

2. 政府、企业、群众形成合力是成功的保证

在退耕还果的进程中，要促进退耕扶贫的政策落到实处，就必须调动起政府、企业和农户三方之间的合作联动性，需要一个具有强力推动的有效管理模式作为支撑。由政府创优投资环境，企业出资包建基地，合作社组织联合群众，推行部门包抓、业主包建、合作社包联的"三包一带联户退耕"模式，让生态与经济紧密地结合在一起，对退耕还果的生态脱贫效益起到高位推动作用，使得"青山绿水"变成货真价实的"金山银山"。"三包一带联户退耕"的经验模式，将政府、企业、农户三方的利益高效联动起来，有效推动了当地贫困农户依靠退耕还果生态脱贫，真正将"绿水青山"发展成"金山银山"。

3. 合作社优化了生产要素

生产要素的聚合可推动产业融合。在招商引资、扶持龙头企业、发展专业合作社以及培育职业农民的一系列政策措施激励下，积极培育新型经营主体，兴办产品加工和营销企业，可以延长退耕还果后期产业链条。

案例六　临城县"果-草-禽"立体种养模式

一、自然概况

邢台市临城县地处太行山东麓低山丘陵区，是中国"薄皮核桃之乡"。全县辖3乡5镇220个行政村，国土面积797km^2，地势自西向东呈阶梯状分布，山区、丘陵、平原分别占35%、50%和15%，常住人口19.98余万人。地势较为平缓，土质沙壤，土层10~20cm，贫瘠，土壤中石砾较多，年降水量500mm左右，水源条件较差。

二、相关背景

"果-草-禽"立体种养模式已在临城县推广种植15万亩，催生了核桃为主的股份制公司37家，核桃专业合作社39家，涉及农户近8000户。2012年，全县薄皮核桃年产量突破80万kg，产值6000多万元；仅绿岭公司每年雇佣周边农民超过6万人次，支付工资500多万元，促进了农村剩余劳动力的转移。同时，辐射带动周边地区发展核桃种植30多万亩。核桃已经发展成为地方特色经济的支柱产业。

三、主要措施

通过挖沟、客土、整地，改良土壤结构，增加土壤肥力；造林、生草、养殖改善荒坡地生态状况，减少水土流失，提高经济效益。依据该地区土壤性质并实现最大限度提高经济效益的目标，选择采用"核桃-紫苜蓿-柴鸡"的立体种养模式，即改良后的荒坡地上栽植水保经济林核桃，核桃树下种牧草-紫苜蓿，紫苜蓿间养柴鸡的种养模式。核桃树施鸡粪，鸡食牧草、小虫，牧草防止水土流失、蓄水保墒促进树体生长，形成了有机的良性循环生态链，省去了为禽买饲料，给果树买有机肥，生产成本降低。产品属无公害、无污染的绿色食品，供消费者放心食用。相关具体措施如下。

1. 树种和草种选择及配置形式

树种主栽品种为'香玲'或'辽系'核桃，授粉品种为'丰辉'，配置比例为1:10，栽植株行距为3m×5m，利于牧草种植和家禽生长。牧草选用紫苜蓿，家禽以柴鸡为主，每50亩划分为一个小区，每区放养柴鸡数量以1000只为上限。

2. 整地与栽植

采取挖掘机开沟整地，沟向与等高线平行，沟深2.0~2.5m、宽1.5~2.0m，全部进行换土，栽植穴规格为80cm×80cm×80cm，土壤与鸡粪或农家肥充分混合填入沟内。造林密度为40~50株/亩，种草带每亩播种25~30kg，春秋季造林，春季播草种。

3. 节水灌溉及生物防治措施

每300亩园区建设蓄水量不低于300m^3蓄水池一座，园区内全部安装小管注流，以节约水源。成林后，安装黑光灯杀虫，减少化肥和农药使用量。

本模式适合低山丘陵的阳坡、半阳坡、中厚层土，退耕地及宜林荒山推广应用。

四、建设成效

该模式单位经济效益高，水土流失和土壤侵蚀降低显著，被广泛应用于太行山南部低山丘陵区。选用早果早丰优质核桃品种'香铃''丰辉''辽系'系列等，5年可实现丰产，年亩产核桃超过200kg，收入6000余元，高附加值产品鸡蛋、牧草年亩收入2000余元。经济收益年亩收入可达8000多元。

通过开发林下经济使林地产值提高 25%，有效地挖掘了林地资源的生产潜力。

案例七　涿鹿县退耕还仁用杏模式

一、自然概况

张家口市涿鹿县位于河北省西北部永定河上游，北部为燕山支脉，南部为太行山余脉，地势南北低、中间高，海拔 460~2280m，西南向东北逐渐倾斜，大部分为丘陵山区。境内南山区河系径流为拒马河上游水系，北部有汇入官厅水库的桑干河和洋河。由于海拔高低相差悬殊，形成了垂直和水平分异的特点基本属温带半干旱大陆性季风气候，四季分明，光照充足，年均日照 2875 小时，年平均气温 9.1℃，无霜期 140 天，年均降水量 372.7mm。土壤以褐土为主。

二、相关背景

自 2002 年以来，涿鹿县共实施退耕还林 37 万亩，覆盖全县 17 个乡镇，主要树种以大杏扁为主，引进新品种'优一'，从老旧产业逐渐转变成以特色经济林为主发展模式，带动本地开口杏核、杏仁油等新型产业发展。大杏扁具有适应性强、生长快、结果早等特点，是旱涝保收的"铁杆庄稼"。大杏扁的果肉、核壳等都有特殊用途，发展大杏扁生产对于增加创汇、促进山区脱贫致富和改善生态环境等方面有重要意义。

三、主要措施

1. 整地

按规划株行距，开挖定植坑，其规格为深、宽、长分别为 30~50cm，并将表土与底土分别放置，回填时，底部先入表土与有机肥的混合物，每亩使用有机肥量为 2000~2500kg。填后浇水沉实。

2. 栽植密度

采用疏散分层形和自然圆头形树形，其密度选择为株行距 2m×3m。

3. 栽植时期

建园栽植，基本上分为春栽和秋栽两个时期。冬季严寒、早春风大、干燥的地区，通常宜在土壤完全解冻至苗木萌芽之前进行春栽，以防发生越冬冻害和早春抽条等问题。冬季冷凉、无越冬冻害、早春抽条的地区，可以秋栽，也可以春栽。

4. 栽植形式

(1) 长方形栽植

适用于坡度5°以下的缓坡、滩地和平地的果园。其特点是，行向多为南北向；行距大于株距1~2m。

(2) 等高栽植

适用于坡度5°以上的坡地果园。其特点是，等高线垂直于坡地，果树以株距沿各条等高线延伸栽植，等高线之间的距离为行距，因为等高线之间的距离随坡度的减缓或增陡而分别增大或缩小，所以同一个坡面的行距基本上不等，株距也不完全等同。

5. 栽植后的管理

(1) 苗干处理

已栽好的苗木，应在春季发芽以前，按各树形整形的要求，进行定干。

(2) 一般管理

应做好土壤管理、病虫防治工作。待苗木成活发芽后，再进行追肥。

(3) 检查成活与补栽

春季发芽展叶后，应检查植株成活情况并及时补栽。补栽的苗木，其砧穗组合应与死株的相同、树龄一致，以保持园貌整齐。

四、建设成效

1. 生态效益

项目实施后，有效地改善本地环境质量，提高了森林覆盖率，提升了森林生态系统综合功能。增加有林地面积37万亩，每年可涵养水源近740万 m^3，每年可减少水土流失近74万t。

2. 经济效益

杏扁具有很高的经济价值，成为我国北方最普遍的果树之一，涿鹿县杏扁种植遍及17乡镇275个村，有5个杏扁种植专业乡，有6.2万户从事杏扁种植，按每户至少需要1名劳力常年从事杏扁生产计算，从事杏扁种植的劳力已达6.2万名；杏扁加工企业发展到60多家，从事杏扁加工业的劳力可达

3000多名；杏扁购销企业发展到8家，贩运户达到500多户，从事杏扁购销贩运的劳力可达600多名。全县35家开口杏核加工企业的年加工能力达到10000t，平均每吨增值2500元，共可增值2500万元；1家杏肉加工企业的年加工能力达到500t，平均每吨增值1800元，共可增值90万元；3家杏核皮加工企业的活性炭年加工能力1500t，平均每吨增值5000元，共可增值600万元。

3. 社会效益

项目实施后，森林面积大幅增加，区域环境条件得到不断改善，增强了本地人民的幸福感和获得感。辉耀乡十里经济坡、矾山镇北坡等5个万亩杏扁种植区，已开发生产出五香杏仁、开口杏核、脱衣杏仁三大系列十六个品种，产品主要销往香港、广东、北京、上海、天津等大中城市的120多个超市、市场及专卖店。涿鹿县因培养杏扁基地，实现典型带动，被省政府确定为"省级农产品加工示范基地县"。

案例八　邯郸市磁县退耕还林核桃模式

磁县位于河北省南端，太行山东麓，境内有漳河、滏阳河两大河流和岳城、东武仕两大水库，是重要的水源涵养区。2002年以来，依托退耕还林工程，磁县大力发展核桃产业，在保护生态环境和乡村振兴的过程中，探索出一条"生态美、产业兴、百姓富"的新路子。

一、自然概况

柴庄村位于磁县西部山区，隶属北贾璧乡，海拔510~850m，属漳河流域，是岳城水库的重要水源涵养区。全村127户520人，面积6500余亩，森林覆盖率达55%，农民户均林果相关产业收入6000元，占家庭年总收入的30%。2019年，柴庄村被评为"国家级森林乡村"。

二、相关背景

柴庄村依托退耕还林工程及后续产业项目，重点引进'清香'核桃、双季槐作为该村主栽经济树种。累计完成退耕还林和林业产业基地项目1302亩，林下种药材700余亩，封山育林1100亩，退耕还林投入资金达361万元。从定州德胜公司引进优质'清香'核桃苗3.5万株，种植核桃800余亩；从山西引进双季槐苗木2.5万株，栽植双季槐500余亩。同时，从河北省安国市、河南省卢氏县等地引进柴胡、远志、黄芩、桔梗等种子，发展林下中药材700余亩。

三、主要措施

1. 园地选择

核桃栽植适宜地为背风向阳的山丘缓坡地或排水良好的沟坪地，土壤厚度1m以上，地下水位在地表2m以下。土壤质地以保水、透气良好，pH为7.0~7.5的壤土和沙壤土较为适宜。

2. 品种及苗木选择

清香核桃为典型的雄先型品种，一般雌先型品种都可与其搭配栽植。优质清香核桃芽接苗，要求接口愈合良好，没有病虫危害，须根发达，整齐健壮，苗高在1m以上。

3. 栽植技术

栽植密度可根据立地条件决定，一般可采用4m×5(~6)m的株行距，土壤深厚肥沃、管理条件较好的地方可适当加大株行距。栽植前要挖1m×1m×1m的栽植穴，并施入有机肥50kg，尿素及过磷酸钙各1kg，肥与土混合后填入坑内。

栽植时间为春季土壤解冻后至芽萌动前。栽植深度以苗木原深度为准，不能过深，否则缓苗慢。栽后为防止土壤下陷，土壤回填要分层踩实并做好树盘，及时灌水。水渗后，覆盖1m^{2}地膜进行保墒，增加地温，确保成活。

4. 幼树防寒

为防止早春受冻或"抽条"，定植当年入冬前采用地上枝干涂聚乙烯醇、套塑料筒或弓形埋土等措施做好幼树防寒工作。

5. 土肥水管理

每年秋季要进行土壤深翻，增施有机肥，并加入少量速效肥料，每年灌水2~3次，即3月中旬、5月上旬、11月下旬各灌水一次。

6. 整形修剪

树形应根据分枝情况，采用主干分层形，干高60~100cm，在中心主干上选留主枝3~5个，树高控制在4m左右。修剪中应注意树体结构的调整，1

年生发育枝可适当进行中、轻度短截，以促发健壮结果母枝。春季可采用刻芽等措施，增加枝量。

7. 病虫害防治

春季核桃萌芽展叶期黑绒金龟子、大灰象甲食害新芽嫩叶，喷洒5%来福灵3000倍液进行防治；7月中旬、8月中旬除治木橑尺蠖幼虫，分别喷5%来福灵2000倍液2次。果实成熟期应注意炭疽病和黑斑病的防治。

四、建设成效

1. 经济效益

通过退耕还林项目建设，全县核桃总面积增加了3万亩，其中'清香'核桃推广1万余亩。2019年，全县核桃平均亩产量达100kg，总产量达300万kg，直接经济效益3600余万元，农民人均收入增加138元，为山区脱贫攻坚作出了积极贡献，极大提高了农民的种植积极性。柴庄2019年从事森林相关产业的农户经济效益达80余万元，户均收入6000余元。

2. 生态效益

通过退耕还林项目建设，有林地增加5.5万亩，全县森林覆盖率提高5个百分点，全县生态环境得到显著改善，有效控制水土流失，庇护了农田，提高了土地涵养水源和抵御自然灾害能力，洪水泛滥得到有效控制，改善了项目区小气候，使项目区下游农业生态条件得到明显改善。项目区森林覆盖率达到55%，人居环境显著改善，森林涵养水源的功能显现，对保障漳河、岳城水库生态安全发挥了重要作用。

3. 社会效益

通过退耕还林核桃、双季槐种植，全县农村人均收入明显提高，生产效益的提高极大地带动了全县林果产业化的发展，同时，有效解决山区的生产生活用水，为项目区劳动力提供了2000个就业机会，带动该县加工企业、养殖业以及运输、农贸、旅游等相关行业的发展，对促进农村社会繁荣稳定作出积极贡献。柴庄村林果产业发展，生态环境和村容村貌显著改善，外出务工减少，90%的闲散劳动力实现了就业，从事林果产业、生态管护等就业人数30人。柴庄村2019年被评为"国家级森林乡村"，社会知名度和人气指数高涨，村民的幸福感显著提升，促进了柴庄村更加和谐稳定。

案例九　兴隆县退耕还林山楂模式

兴隆县位于河北省东北部，东经117°18′~118°15′，北纬40°17′~40°40′。属燕山山脉东缘，地处长城沿线，是个九山半水半分田的山区县。燕山主峰雾灵山是全县最高点，海拔2118m。借助退耕还林工程，兴隆县转变发展思路，走出一条"以林为本，果业先行，三产紧跟，绿色振兴"的生态发展路径，真正实现了一方山水富养一方百姓。

一、自然概况

兴隆县属暖温带，半湿润向半干旱过渡的大陆性季风型山地气候，气候温和，四季分明，雨热同季，年平均气温7.9℃。无霜期160~183天，历年平均日照总量为2851.3小时，年有效积温（≥10℃）为3093.0℃；昼夜温差大于12℃，光照充足，雨量充沛，年降水量740mm，是山楂主产区之一。土壤以棕壤、褐壤为主，有机质含量高，土质肥沃，非常适宜山楂的生长。

兴隆县国土总面积453.86万亩，其中，耕地面积14.43万亩，有林地面积323万亩，森林覆盖率达到71.2%。下辖15个镇、5个乡、6个国有林场、289个行政村，总人口32.4万人，其中，农业总人口29.1万人。粮食总产量2.23万t，农民人均可支配收入1.38万元。

二、相关背景

兴隆县自2002年实施退耕还林工程中大力发展山楂产业基地。退耕还林任务19.5亩，其中，栽植山楂7.2万亩，通过示范带动，全县山楂规模发展到25万亩，涉及6.16万农户，23.5万人，其中，贫困人口3.43万人。兴隆县退耕还林的主要做法如下。

1. 依托工程建基地

兴隆县按照统一规划、统一配套设施、统一生产标准、统一技术管理"四统一"管理方法，集中连片新建或改造山楂、板栗、苹果、梨、桃、核桃等六大林果基地。全县培育了10个有机果品生产基地、10个百亩新建或改造提升标准化示范果园。每个乡镇抓出了2个以上老果园提质增效示范园，每个村培养示范户2户。全县山楂面积达到25万亩，其中，有机、绿色、无公害基地生产面积达到18.5万亩。

2. 强化品牌培育

按照"典型带动、重点扶持"的原则，大力培育雾灵、澳然、紫瑜珠、栗利福等品牌，提升市场竞争力。加大对兴隆山楂、兴隆板栗地理标志证明商标的宣传力度，鼓励企业、合作社使用"兴隆山楂""兴隆板栗"地理商标，扩大市场影响力，提高兴隆农产品及加工品的知名度。目前，该县"妈妈煮"牌山楂制品饮料、燕山牌水果罐头等8个系列产品被评为全省著名商标或名牌产品。

3. 依托科技增效益

兴隆县在工程管理中不断加强技术培训，优化管理模式，打响品牌效应。以山楂标准化栽培管理技术为重点，培训2万人次，培养农民技术能手300名。该县每年安排200万元作为"产学研"一体化财政专项资金，强化优良品种引进、示范和推广。先后研发了山楂果胶胶囊系列保健品、仙灵泉牌山楂红酒系列产品。并与中国科学院、河北农业大学签订科技合作协议，与南京大学生命科学院共同研发新产品。目前，该县已与11个单位共同研发出科技成果40多项，提升了兴隆食品加工业的可持续发展能力，增加了退耕地的附加价值。

三、主要措施

陈家庄村位于兴隆县西北部，雾灵山脚下，年均降水量逾700mm。平均海拔逾700m，紫外线强，光照充足，十分适合山楂生长。该村总面积6500亩，受退耕还林带动，2002年以来种植山楂逾800亩，主要栽植品种为'秋金星''雾灵红''棉球''歪把红'等。山楂收入占户均收入60%以上，带动农民增收致富。

1. 建园选址

山楂属于喜光又比较耐阴的果树，果园选址适宜在表土层30cm以上的平地及坡度小于20°的山地，土壤pH 5.5~7.5最为适宜，沙质壤土和土层深厚、有机质含量大于1%的土壤最好。

2. 标准整地

在平地建园，株行距可为4m×5m，采取穴状整地"品"字形配置，长、宽、深分别为100cm×100cm×80cm。山地建园株行距为3m×4m，整地则以等高水平沟或竹节壕为主，沟宽 1m、深 80~100cm，表土与心土单独放置，将腐熟好的农家肥按每株 25~50kg 的用量施入，整地最好在苗木定植前一个生长季完成。

3. 科学栽植

苗木要选择品种纯正，高 100~120cm、地径 1cm 以上的一级苗木，芽体饱满，干条木质化程度高，苗干无病虫害和机械损伤，苗木根系完整，无劈裂伤。栽植前要修剪根系，过长根剪留 20cm。一般春季栽植较好，在清明后至谷雨前后进行。将苗木栽于定植穴中，使根系舒展，严格采用"三埋、两踩、一提苗"法进行栽植。栽后浇一次透水，水渗下后封埯，同时扶正苗干，封埯后不能再踩踏。封埯后覆盖 $1m^2$ 地膜（厚度为 0.01mm），地膜四周用土压实，做以树苗为中心的直径 0.8~1m 的树盆。按定干高度细致定干，距顶端芽 1cm 左右、于顶端芽对侧呈 45°角下剪，定干后用灭腐新封闭剪口。发芽后要检查苗木的成活情况，尽早完成补植。时间来不及的也可以在翌年春季补植。

4. 精细管理

新建园可行间间作矮秆作物，忌种黄豆及十字花科蔬菜。一是合理选择树形。建山楂园一般选择小冠开心形。干高 0.5m，树高 3.5m 左右，分两层主枝，两层主枝间距 1~1.2m，第一层主枝 3 个、角度 60~70°左右；第二层主枝 2 个，角度 50~60°左右，无中心主枝。二是强化水肥管理，有条件的果园可分别于山楂树发芽前后到开花前、开花后到幼果膨大期、果实采前速长期、封冻前浇 4 次水。幼树和初结果树每年每株施有机肥 20~100kg，盛果期树每年每株施有机肥 100~200kg，并配合适量的复合肥。三是突出整形修剪。提倡一年四季进行，即冬剪、春剪、夏剪、秋剪。以冬季修剪为主，冬季修剪在落叶后至萌芽前进行，主要是调整树体结构，均匀摆布结果枝组，解决通风透光问题。四是抓好花期管理。山楂树盛花期喷 50mg/L 赤霉素，对提高坐果率、增大果个、提高单株产量有明显效果。疏花要在山楂花序分离至开花前进行，使花序分布均匀，是生产优质果品、丰产、稳产的重要技术措施。

5. 综合防治病虫害

对于山楂园病虫害防治应采取综合防治措施，首先，要搞好果园卫生，包括清扫落叶、落果，剪除病虫枝和刮粗翘皮，集中深埋，防止病害蔓延。其次，以物理防治措施为主，合理配置频振式杀虫灯、性诱剂、粘虫板密度，利用生物手段防治病虫害，有效减少虫口密度，大大减少用药次数，降低农药残留和害虫抗药性。再次，要选用优质、安全、高效药剂（无公害）防治病虫害，确保果品质量安全，实现绿色无公害生产。

四、建设成效

2002年至今，兴隆县紧紧抓住国家退耕还林工程建设契机，确定了"生态立县"战略发展目标。经过10多年的生态发展建设，兴隆县生态建设取得了巨大成就，森林覆盖率达到71.09%，位居华北县级之首。

1. 生态效益

兴隆县是密云水库和潘家口水库的重要水源地，同时也是河北省省定贫困县。兴隆县积极开展生态扶贫，利用退耕还林工程、天然林资源保护工程和国家公益林保护工程，大力发展森林旅游，努力践行"绿水青山就是金山银山"的生态发展理念。2019年获得了"国家生态文明建设示范县"称号。

2. 经济效益

兴隆县通过实施退耕还林工程，农民的林果收入占总收入的60%，板栗、山楂产业成为兴隆县的主打产业，同时也成为农民的富民产业，在主要产区，户均收入达到5万元，成为农民脱贫致富的重要保障。通过大力发展森林旅游，年吸引外地游客百万余人，旅游收入占县财政收入的60%。

3. 社会效益

兴隆县通过退耕还林工程，耕地应退尽退，调整了农村产业结构，节省了大量劳动力，农民纷纷进城打工，增加了收入，开阔了眼界，转移了大量农村剩余劳动力，对维护社会稳定、促进农民增收起到了巨大的助推作用。

案例十　青龙满族自治县退耕还林板栗造林模式

青龙满族自治县位于河北北部、燕山深处，青龙满族自治县历届县委、县政府牢固树立生态发展理念，以打造生态宜居山城为目标，大力实施退耕还林工程，发展板栗生态富民产业，全县累计完成退耕还林8.3万亩，其中，种植板栗3.9万亩，涉及全县25个乡镇339个村56687户。随着退耕还林工程的深入实施，生态环境得到了极大的改善，农民收入得以大幅提高。

一、自然概况

肖营子镇五指山村位于青龙满族自治县西部,距离县城 17.5km,属于暖温带半湿润大陆性季风型气候,冬冷夏热,四季分明。日照充足,年均无霜期为 167 天,雨量充沛,年均降水量 715.6mm,降水量的 76.2%集中在 7~9 月。雨热同季,适合林果树木生长。成土母岩以片麻岩为主,土壤微酸性,土壤质地为沙壤质,土层深厚疏松,通透性好,有机质含量高,是理想的无公害果品生产基地,具有优质板栗生长与发育最适宜的土壤气候条件。全村有 620 户 2376 人,总面积 12km^2,耕地面积 1146 亩;种植板栗 8669 亩,森林覆盖率达到 63.5%。全村以林果产业为主,重点是发展板栗产业,村集体每板栗山场承包费大约 2 万元,农民靠板栗年均收入 6500 元,现有五指山板栗专业合作社、福泰农产品专业合作社等板栗合作社 6 家。

二、主要措施

1. 政府支持,群众认可

县委、县政府高度重视板栗产业发展,出台了《青龙满族自治县人民政府关于大力发展板栗产业的实施意见》,成立了板栗产业发展中心,制订了一系列保障措施,为青龙满族自治县板栗产业实现可持续发展提供支撑。青龙满族自治县地处燕山山脉京东板栗黄金产业带。板栗栽培历史悠久,长期以来,五指山村民一直从事板栗生产经营活动,栽培管理历史悠久,经验丰富,依托退耕还林工程,进一步扩大了栽植规模,使板栗产业成为农村经济发展的基础产业和支柱产业。

2. 规范管理,规模发展

实施退耕还林的 20 年,也是青龙满族自治县板栗产业健康快速发展的 20 年。多年来,五指山村通过与苹果、梨等经济林树种比较,板栗更具备适应性强、易于管理、产量稳定、市场畅销的特点,更加坚定了五指山人发展板栗产业的决心,借助退耕还林东风,全村上下统一思想,山沟小岔齐发展,新工程上水平,老工程提质量,集中连片成规模;利用能人传、帮、带,逐步规范树上树下、夏剪冬剪管理,统一技术标准,依靠规模和管理向市场要效益。

3. 专业合作，技术支撑

五指山村有板栗合作社6家，每个合作社在技术培训、板栗收购、物资供应等方面都起到了很大作用，形成了产前、产中、产后一条龙的生产加工销售、技术信息物资产业链。位于五指山村的百峰贸易有限公司，每年生产加工销售板栗超过1万t，其中，生鲜板栗购销5000t，板栗深加工产品5000t，促进了五指山村板栗产业的发展；五指山板栗专业合作社每年举办培训班10次以上，每次培训时长都在3天以上，培训时聘请能人、专家进行授课，每年培训在2000人次以上；安排技术人员到外地参观学习交流经验，使五指山村在板栗发展的规模、技术、管理、服务、产业等方面走在了全县乃至全省的前列。

4. 优选良种，示范带动

良种是成功的前提，针对退耕还林初期造林品种杂、多为实生苗的情况，五指山村积极引进'早丰3113''燕栗''燕之龙'等优良品种，在本地培育、推广，每年向栗农供应优质接穗100万条以上，起到了很好的示范和引领作用，奠定了板栗产业发展基础。

该模式适宜于燕山地区海拔800m以下低山丘陵坡耕地，片麻岩荒山或部分粮食产量低而不稳的沙化耕地。京东板栗为燕山东部地区特色果品，是河北省传统出口农产品。在片麻岩山区水土流失较重的坡耕地或沙化耕地上，发展板栗为主的生态经济林，可以有效减少水土流失，增加农民经济收入。主要技术措施如下。

（1）树种

选择适宜当地土壤、气候条件的经济树种——京东板栗，主要品种为'早丰3113''燕栗'等。

（2）苗木

选择2年根1年干的一级苗木，地径0.8cm以上，苗高0.8m以上，根系完整无病虫害。

（3）整地

片麻岩山地（坡耕地、荒山）实施水平沟整地，即在坡面上，自上而下沿等高线每隔3~5m开沟，沟有梯形、长方形、三角形等，沟的深度和宽度根据坡度确定。一般沟深、宽各1m，挖沟时用生土筑沟坎，表土填于沟中，在水平沟中间或外侧挖穴状坑。坡度较小的沙化耕地采用穴状整地，整地规格以 60cm×60cm×60cm 为主。可视立地条件选择造林密度，株行距一般为 2m×3m、3m×3m 或 3m×4m。

（4）栽植

植苗造林春季、秋季均可进行。栽植时注意表土回填，施足底肥。采用三埋两踩一提苗法进行栽植，要踩实。秋季造林栽植后注意苗木冬季防寒。

（5）抚育管理

抚育管理主要包括松土、除草、除蘖、培土、修枝、灌溉、施肥、补植、病虫害防治等，促进新栽幼树生长。一般连续抚育 2~3 年，每年 1~2 次。施肥时注意在距幼树 20~30cm 处开沟，深 15~20cm，逐年向外扩展，施后浇水覆土。

三、建设成效

该模式造林取得了显著的生态、经济和社会效益。

1. 生态效益明显

按照此模式进行整地造林，一可保留行间原生植被，二可有效蓄水保肥，可有效控制造林地的水土流失，较快形成林地环境，增加植被、蓄水保土、防风除尘、固碳吐氧生态效益显著。

2. 经济效益突出

通过工程带动和政策扶持，青龙满族自治县板栗栽培面积达到 89 万亩，其中，结果面积 52 万亩，年产量 3 万 t，年产值 4.2 亿元，农民年人均板栗收入 933 元，经济效益明显。

3. 助力脱贫攻坚

青龙满族自治县是国家级贫困县，地处燕山山区，依托工程建设，发展林果富民产业。青龙满族自治县板栗产业覆盖农业人口 35.1 万人，10.6 万户，占全县农业人口 78%；板栗产业带动贫困村 142 个，覆盖贫困户 12623 户、贫困人口 41404 人，贫困户板栗栽培面积 36480 亩，年产量 1824t，年产值 3100.8 万元，全县贫困人口年人均板栗收入 749 元，加快了产业脱贫步伐，社会效益显著。

第六章

典型人物

人物一 植根坝上的全国绿化工作者——李宝金

"蹲得下、抓得住、抓出成效,事业心、责任感、持之以恒。"这是李宝金抓林业建设40年来一贯坚持的精神和工作作风,也是用以激励干部职工的警句。因为他"走一处绿一处",全国政协原常委、林业部副部长、首都周围绿化领导小组组长马玉槐称赞他是"坝上的一颗绿色明星"。李宝金先后荣获沽源县"林业功臣""张家口市劳动模范""全国绿化奖章""全国绿化先进工作者"等荣誉。他为了张家口的林业事业,扎根塞外,苦苦奋战了40个春秋,呕心沥血,艰苦创业,艰辛奔波,默默工作,矢志不渝地把绿色作为人生的追求,也用人生的实践谱写了一部部绿色的篇章。

一、绿色生涯开始的地方

沽源县是河北省西北部的一个高原县,历史上树木寥寥,因此产生了很多有趣的地名,像"一卜树""三棵树""榆树湾""棠梨沟""榛子沟"的村名,都表明当时村子里树木寥若晨星。其中,有两个村子分别叫"东一棵村"和"西一棵村",因为这两个村子中间仅有一棵老榆树。这棵老榆树几年前毁于雷劈,不过它旁边的两个村子早已绿树成荫,西一棵村的有林面积达2000亩,占村子总面积1/4。问起村里人树什么时候多起来的,西一棵树村的田金用一种颇为耐人寻味的口气说"那个李宝金来了以后"。"那个李宝金"在沽源县家喻户晓,沽源县的每个人都知道他,沽源县的每棵树都见过他。

1966年,李宝金毕业于河北农业大学园林化分校。来到沽源县,开始了他的林业建设生涯,而当年这里仅有一小片天然次生林,全县森林覆盖率只有0.5%的历史也从此改写了。

1968年，黄盖淖镇公社书记李炎到林业局亲自点"将"，要李宝金到黄盖淖镇公社任林业技术员。李宝金从此以后的人生道路上演绎出一个又一个令人叹服的"绿色故事"。

黄盖淖镇公社位于沽源县西部，与内蒙古自治区相接，是北部的大风口。西北风南下，黄盖淖镇是必经之路。李宝金到黄盖淖镇没几天就经受几场大风的"洗礼"。那年春天，一场接一场的大风无遮无拦地从西北刮起，掠过残破的村庄，吞噬广袤的农田，卷起的黄沙遮天蔽日，他眼睁睁地看着大风刮走农民们辛勤播下的种子，农民们不得不种一茬再种一茬。他看在眼里，急在心上，积极给公社党委出谋划策，提出大搞农田林网锁风沙，建设农民的生存保障线。公社党委同意他的方案后，他身背罗盘仪，带领3名规划人员走向广阔的田野。他们早出晚归，爬山过滩涉水，历时一月竟步行逾850km，测量全公社29万亩农田。外业结束后，他把学到的专业知识得以充分运用，夜以继日地汇总、绘制图表。经过半月的鏖战，一幅黄盖淖农田林网的宏伟蓝图摆在李书记的面前。李书记看着看着，脸上露出满意的笑容。于是，黄盖淖镇公社一场有计划、有步骤的农田林网造林战役打响了。

经过6年艰苦的奋战，公社全部实现农田林网化，成为全县第一个林网达标公社，也成为张家口地区农田林网建设的典范。由于造林绿化，原来的"无林村"变成了"有林村"，如原王二营村改为林源村，双爱堂村改为林网村，一直沿用到现在。在搞好林网建设的同时，还筹建了公社千亩林场，经过几年努力，实现了粮、油、菜、经费、苗木五自给，成为全区公社办林场样板。还建起了372个杨树品种的实验林，为今后选育优良杨树品种打下了基础。还同省林科所共同搞了农田防护林效益观察，见证农田防护林的防护作用。

登上黄盖淖乡南面的山梁，镶嵌在广袤大地上的绿色网格尽收眼底：林成网，田成方，山梁上还矗立着一块黄盖淖乡1984年修建，又经过1994年重建的农田林网纪念碑，碑文记录了李炎、李宝金等人建造防护林和改造防护林的经过和功绩，最后两句饱含深情地写道："受益不忘前人业，今立功碑记前人"。1989年，国务院副总理田纪云视察沽源县时，登上此山，看到在农田林网保护下的农田一派生机，要求在冀蒙边界建一条绿化带，后经国家八部委实地调研，确定为坝上生态农业工程，实施到现在。

黄盖淖镇是李宝金绿色生涯开始的地方，实践使李宝金了解了林业。他坚定地认为，在自然条件恶劣的地方必须首先发展林业，改善生态环境，才能保住农田，保住农民的生命线。当他后来走上领导岗位时，他"利用"手中的权力开始有条不紊地"贯彻"他的林业思想。

1974年，李宝金任白土窑公社党委副书记、公社革委会副主任。李宝金总结黄盖淖公社农田林网建设经验的基础，提出"小网格、窄林带、宽行距、密株距、杨榆混交、乔灌结合"的建设规划方案。白土窑公社34万亩农田里都造上农田防护林。

1976年，县委任命李宝金为西辛营公社党委书记。西辛营是丘陵山区，山多沟多平地少，林少水少。李宝金通过调查研究后根据西辛营的特点，提出"山坡地搞林带、平地建林网、风沙孬地造片林、道路两旁搞绿化"的方案，大力发展农田林网，与黄盖淖、白土窑两个公社的林网形成一个体系，起到更大的防护作用。

蓝图有了，怎样才能让蓝图变为现实呢？贫穷的西辛营缺少苗木是实现蓝图的最大困难。他召开了全公社干部、党员大会，发动全公社自力更生、艰苦奋斗，培育苗木。公社建成100亩苗圃1个、百亩果园1处、千亩林场1个、公社良种场2个，全公社15个大队又都各自建苗圃、造百亩林场。

造林苗木解决后，长达8年的绿化又开始了。在这8年里，山水林田路综合治理指导思想像一盏航标灯，始终照耀西辛营绿化的方向。在这8年里，土地承包了，但造林力度未减。在这8年里，建立的两个万亩稳产高产农田发挥了作用，有7万多亩荒山、荒滩披上了绿装。与黄盖淖、白土窑两个公社的农田林网形成一体，保护着近百万亩的农田。李宝金也被大家誉为"林业书记""绿化功臣"。

二、局长的绿化追求

1984年，县委、县政府任命李宝金为县林业局局长，一直到1992年，这段时间正逢三北防护林体系建设工程——首都周围绿化工程开始，他紧紧抓住这个机遇，在沽源县广播新绿。他只有一门心思，就是一定要把工程搞好，彻底改变沽源县的生态面貌。他制定了长远的规划，分阶段、有重点地实施，李宝金的指导方针是："打基础，抓科研，突重点，顾一般""育苗打常备战，造林打突击战，护林打持久战"。

"打基础"就是打好造林苗木这个基础，全县巩固提高了县中心苗圃和两个县乡联建苗圃，恢复了乡、村两级林场，并提出"育苗要以国营场圃为主导，乡村林场为辅导，个体育苗为补充"的育苗方针，经过几年努力，全县苗木自给有余。

"抓科研"就是在造林的同时开展了多项林业科研推广工作，如杨树良种推广、木本饲料林、小老树改造、半带更新、公路盐碱地造林等，分别获省科技进步三、四等奖各1次，省林业厅三等奖2次，市科技进步奖一等奖2次，全县的林业达到高标准、高水平。

"突重点"就是突出首都周围绿化工程。首都周围绿化工程主要涉及沿坝地区6个乡镇41个行政村200多个自然村，横贯沽源县坝头东西75km，是农民几十万只牛羊赖以牧养的草场。李宝金知道，占用农民草场就等于断绝农民绝大部分的经济来源，是在农民的心头上割肉啊！他以对人民高度负责的态度在寻找一种以林养草、以草兴牧、林牧并重的造林模式。他走山峦、爬梁坡、上山岗，跋涉于通往希望的路途，他苦苦地思索，求解着林牧生态平衡的答案。他走到长梁乡南滩村，看到一片稀疏翠绿的落叶松林，走进林中，林下花草茂盛，灵感油然而生。他差一点喊出声来："这不就是我要的树和草吗？"于是"宽行距、密株距，林间留有打草带"的造林设想就这样诞生了！为了缓解造林和放牧矛盾，同时还提出"南山造林养草、北山放牧，十年后，当树木成林后，变为北山造林，南山放牧"循环发展林牧的路子。按照行距5m、株距0.5m的设计方案开始进行规模浩大的首都周围绿化工程，几万名治山大军开进平头梁、冰山梁等几十座大大小小的山梁，战线长75km，场面蔚为壮观。这场大会战奋战了5个春秋，共完成造林24万亩，平均成活率达80%以上。河北省副省长张润身视察工程区后说，"方法科学，加速推广"；全国政协常委、原林业部副部长、京津周围绿化领导小组组长马玉槐说，"这是首都周围绿化工程的一大创举"。

"顾一般"就是顾全大局，先急后缓，先易后难，集中连片，在抓好重点的同时兼顾其他林业生产任务。特别是管护，务林人常说"三分造七分管"，李宝金却说"一分造九分管、一年造年年管"。树栽了，成林才是硬道理。李宝金多年的林业建设实践有成功也有失败。他从实践中推出一个结论：有专业经营管护队伍的林场造林都能成林，都有一片绿色，没有经营管护队伍的则年年造林不见林。首都周围绿化工程集中连片，已打破乡村界限，管护成了最大难题。他在广泛征求乡村干部意见的基础上，决定试办股份制联营林场。县林业局与丰源店乡政府、平头梁村委会共同协商，三方签订联营合同，有收益后，按2：3：5比例分成，权责利明确，妥善地解决了难管护的问题。联营林场试点成功后，沽源县委、县政府及时给予肯定，并印发了《关于加强股份制联营林场建设的通知》。以后，在24万亩首都周围绿化工程区内，相继建立联营林场19个，从而形成了一只专业的管护队伍。

李宝金在任县林业局局长期间，以高度的责任感、求真务实的作风赢得了集体和个人的荣誉：1988—1990年，沽源县连续3年获河北省首都周围绿化优胜奖，银杯奖；1991年，沽源县被评为"全国绿化先进县"；1988年，李宝金被沽源县政府授予"林业功臣"荣誉称号；1991年被确定为县级"拔尖人才"；1991年被张家口地委、行署授予"优秀知识分子"；1992年被地区行署授予"张家口地区劳动模范"荣誉称号；1990年被全国绿化委员会授予"全国绿化奖章"；1992年被林业部评为"三北防护林二期工程建设先进工作者"。

三、县长的绿化蓝图

1992年10月，李宝金被任命为沽源县副县长，分管大农业。他主持制定了全县"两带一网"（沿坝、沿边、农田林网）林业发展总体规划，即南部沿坝头山地营造以松树为主的水源涵养用材林带，北部沿冀蒙边界营造以矮化乔木为主的防风饲料林基地，中部营造以乔木为主的农田防护林带。他明确提出沿坝水源涵养林工程要坚持不懈地实施下去，要突出树种结构调整，要集中连片；沿边防护林以灌木和木本饲料林为主，探索碱地和风沙地造林；中间农田林网要"三年突击，二年扫尾，五年实现"全县农田林网化，并探索老龄农田林网的更新改造目标。

1987年起，在县委、县政府的正确领导，五大班子集体参加下，沽源县人民在沿坝75km长、10km宽的山梁坡地上拉开战斗序幕，大干12年，造林46万亩。为了确保造林质量提高成活率和保存率，采取宽行距、密株距、中间封育绿草带的高标准、高质量、高规格的造林办法，既栽树又养草，双向增加植被，为阻挡风沙，防止水土流失，解决林牧矛盾，创出一条新路。

沿河北省、内蒙古自治区的边界是沽源县立地条件最差的区域，河丘、淖泊、盐碱地连接不断的地方，营造一条防护林带困难很大，只能栽植沙棘、柠条等灌木以及矮化杨树、榆树等乔木作为木本饲料林带来经营。但是，平半线贯穿沽源县东西，盐碱地很多，行车走在这条路上，看到大片大片白花花的盐碱滩以及盐碱滩上一丛一丛的芨芨草时，心里有说不出的滋味。这高原的盐碱滩，究竟种什么树才合适？他查阅资料，外出考察，经过研究和试验，成功引进了枸杞。采取建台田排碱，密植造枸杞的办法，经过

3年努力，全县9乡2万多人奋战3年营造了百千米、双万亩枸杞绿色长廊，不但成为农民增收的基地，又成了公路沿线一道靓丽的风景线。

沽源县的农田防护网，是六十年代末和七十年代初营造起来的，经过风雨20多年，断带破网非常突出。为了提升防护林网的整体效益，必须进行大规模的补带织网，经过全县各乡镇5年的努力，基本上实现了农田林网化。实现全县农田林网化后，要依靠科技保持原有农田林网的生机。他又开始研究和实验小老杨的更新和林网改造。1985年，他看到当年艰苦创业、亲自指挥栽种的杨树长了20年，才小茶碗口那么粗，还长得疙疙瘩瘩的，有的要枯死。他琢磨：改造重栽吧，代价太大，能不能嫁接呢？他先搞了两条林带嫁接改造更新试点，在13行主林带的背风面砍伐6行树，在伐根上嫁接北京杨，当年就生长2m多高，基径达到了1.5cm。他还撰写了6篇关于小老杨和林带改造技术等方面的论文，分别获得了省、市级科技进步奖。李宝金任主管县长期间，在全县开始推广小老杨和林带改造技术，6年改造全县亟待更新的林带6.5万亩。据专家测算，林业经济收入达千万元以上，比新造林节约资金几百万元。

在沽源县，每到一处都能看到李宝金用汗水染就的簇簇绿色。沽源县的老林业功臣黄盖淖乡林源村原支部书记程维先说："李县长是我们沽源的'绿色明星'，他才是真正的林业功臣。"经过几届政府努力，沽源县的"两带一网"的宏伟蓝图基本实现。如今，沽源县的森林面积达到150多万亩，森林覆被率由新中国成立初期的0.5%提高到28.1%，生态环境有了很大改变。

四、场长的绿化辉煌

1998年4月，李宝金调往张家口市林业局任副局长。1998年9月，全国人大常委会副委员长邹家华到河北省承德地区视察林业，决定在张家口市、承德市沿坝地区再建立3个像塞罕坝机械林场那样规模的大型林场，构筑一道京津生态屏障。国家发展和改革委员会批准，跨世纪的"再造三个塞罕坝"项目开始立项。

1999年，"再造三个塞罕坝"项目启动实施，组建张家口市塞北林场、承德市丰宁满族自治县千松坝林场、御道口林场。张家口市委、市政府决定让市林业局副局长李宝金兼任塞北林场第一任场长。上任后，他根据30多年的林业实践提出"规划高水平，施工高质量，建设高标准，实现高效益"的建场方针，"造林死把硬拧，护林死看死守，机制灵活多样"的工作方法，"抓示范、突重点、造管并重，突出管护"的工作重点和"事业心、责任感、持之以恒，蹲得下、抓得住、抓出成效"的工作精神，全力建设好塞北生态屏障。

塞北林场项目一、二期工程区纵横跨越沽源县、张北县、赤城县、崇礼区4个县（区），东西长达150km，工程涉及5个国有林场、15个乡镇、93个行政村，造林总面积100万亩。塞北林场成立后，设下属4个分场，即沽源县、张北县、赤城县、崇礼区。沽源县分场造林面积占总场的60%。项目区立地条件差，常年降水量仅400mm左右，气候条件恶劣，土地贫瘠。而土地和林木发展的多样性，加上投资多渠道、管理多层次、实施多主体、经营多形式，又决定了项目建设的复杂性。建设必须创新机制，以调动项目区建设的积极性。在林场建设中因地制宜地提出了股份合作制、承包、租赁、拍卖、联营等多种有效的造林、营林机制，吸引群众以土地或劳务入股，兴办各类小型林场，并签订协议明确产权。一是总场、分场、乡、村四级股份联营造林，分场、乡、村联营造林收益按比例分成；二是总场承包荒山造林50年不变；三是总场与村合作造林，按比例分成；四是个体承包荒山造林，建家庭林场，谁造谁有。落实机制后，国家投资直接到了基层，落到个人身上，充分调动了造林积极性。

过去坝上和接坝地区造林树种比较单一，主要是落叶松和杨树。为丰富项目区景观，提升防护效益，李宝金在调查研究的基础上，除了继续抓好落叶松育苗外，又抓了樟子松、云杉育苗。计划逐年增加这些树种的比例，实现造林树种由杨榆—落叶松—樟子松、云杉的第三次飞跃。全场最终达到阴坡松、阳坡杏、沟坡沙棘、沟底杨榆的多树种、多层次的混交之势。在管护体系建设上，实行总场、分场、营林区、护林点四级管护，森林公安、林政员、护林员"三位一体"的管护办法，建设护林点21处，确定专职护林员126名，重点林区还用10万m金属网围栏进行了保护。

为达到林场建设的"四高标准"，他领导全场干部职工一年有200多天工作在第一线，"五一""十一"都不休息不回家，坚持在工地上。一是早调研、早谋划、定方案，及早将造林任务、人员落实到造林战区，领导和干部职工吃住在工地，指挥在现场，保质保量完成任务后才能收兵回家。二是实行技术员、施工员"双承包一奖罚"的办法，造林结束后，全面检查评比兑现奖罚。三是推广使用先进的植苗锹造林，即提高功效，又保证了造林质量。通过8年苦战，塞北林场造林、封山育林、林间道路、防火线、望火楼、检查站、营林区、防护点等工程全部完成。

塞北林场一、二期工程与原首都周围绿化工程、国有林场相互连接，形成张家口市沿坝的绿色屏障。塞北林场造林面积是张家口市20个国有林场69万亩的1.5倍，真正成为张家口市第一大林场。原国家林业局和省、市领导视察后，高度评价了林场建设，认为是一大奇迹，称为"塞北林海"。

沽源县的塞北林场分场与沽源县原首都周围绿化工程——沿坝工程结合在一块，形成了东起长梁乡的大石拉村，西至莲花滩乡的八塔沟，沿着旧长城两侧形成长75km、宽10km，总面积达100万亩的绿色长城。如今，被绿色覆盖的沿坝气候发生了明显的变化，年降水量增加，无霜期延长；被绿色覆盖的大马群山像横挡在内蒙古高原南的绿色屏障，为首都挡风源、阻沙源，也像一座巨大的水库，源源不断地向首都输送清澈的水源；被绿色覆盖的沽源县坝头，林草共生，生长旺盛为当地拓了财源，为农民致富，发展畜牧业增加了草源；当年塞北林场沿坝头修建的运苗子、造林的简易林路，经风电企业拓宽、硬化，逐渐被游客发现，变成著名打卡地——坝上天路，吸引着越来越多的游人。沿坝林海的前途是光明的、远大的，将以森林旅游为龙头，深化改革，扩大开放，加强管理，加快发展，使"塞北林海"尽快绿起来、活起来、富起来。

从1987年开始到2006年退休，李宝金从当局长、主管县长、塞北林场场长共20个年头，一刻也没有间断，一时也没有忘记，凭着条件、事业、机遇、权力、使命，持之以恒地构筑了一条"绿色长城"——塞北林海。昔日林草植被严重退化的沿坝山地重披绿装，沿坝"绿色长城"已现雏形，初步缓解了"风沙紧逼北京"的紧迫局势。林草植被资源的增加，有效地改变了当地群众的生活环境、生活条件和生活质量，取得了明显的生态和社会效益。塞外荒原披上绿装，百万亩林海碧波荡漾，这里已经成为林的海洋、花的世界、鸟的天堂。

李宝金的人生经历没有惊天动地的壮举，责任感染绿了李宝金的事业，事业心染绿了李宝金的人生。他以持之以恒的精神谱写了一部部绿色的篇章。

人物二　塞罕坝精神的忠实践行者——张向忠

张向忠1984年大学毕业来到塞罕坝机械林场，曾任林场副场长，现任林场党委副书记，是塞罕坝机械林场第二代务林人的优秀代表。参加工作37年来，他始终坚守在塞罕坝机械林场，穿梭于塞罕坝的山林间，奋战在林业工作一线，坚持生产技术指导和科研攻关，把自己的全部青春和才智奉献给了祖国的"绿色事业"，用行动诠释着塞罕坝精神，用汗水浇灌着百万亩林海，为林场治沙造林、森林资源培育、科学经营和可持续发展作出了突出贡献。多次受到省林业和草原局记功奖励，并先后获得承德市"十大优秀青年""河北省青年科技标兵""河北省首届林业青年科技奖""全国森林资源管理先进工作者""全国绿色生态工匠"等多项荣誉。

一、秉承初心使命，根植于生态建设

参加工作伊始，张向忠同志从塞罕坝机械林场最基层的一名技术员做起，面对艰苦的环境、恶劣的气候他没有后退，而是积极投身到林场的建设中，白天和同事们出外业、忙生产，晚上和油灯为伴学理论、增知识，几天下来从一个帅小伙变成了一个"老农"，但在老一辈务林人乐观、负责、严谨、一切以工作为核心影响下，他在心中立下了"干就干好、做就做精"的工作信条，将治沙造林、资源培育这个使命和责任始终根植于心中、烙印在脑中。为提升森林管理水平，更好地服务塞罕坝机械林场的林业生产建设，他结合以往的经验，在森林抚育上总结提炼出了准备、学习、复核、打号、安全教育、开设集材道、伐树、打杈、造材、集材、短运、归楞、林地清理、竣工报告等14个施工管理环节，每一个环节都有明确的要求和相应的标准；在造林上从调查设计、苗木选优与存储、苗木运输、整地、栽植、除草、埋土防风等环节进行细化，明确技术流程与操作标准；同时，他主持健全管理考评机制，制定营林质量、责任追究和奖惩等管理办法，建立定期检查、考核、通报制度，开展年度生产考评，结果作为绩效奖惩、职称职务晋升的依据，极大地提升了林业生产成效。

截至2020年年底，他累计主持完成了塞罕坝机械林场三北防护林体系建设工程封山育林项目20万亩、完成种苗基地建设222亩、采种基地建设7.52万亩次，"再建三个林场项目"人工造林19.1万亩，取得了显著成效，为优化首都及周边地区生态环境奠定了坚实的基础。

与建场初期相比，林场有林地面积由24万亩增加到115万亩，林木蓄积量由33万m^3增加到1036万m^3，森林覆盖率由11.4%提高到82%，单位面积的林木蓄积量达到全国人工林平均水平的2.76倍。每年可涵养水源、净化水质2.74亿m^3，固碳81.41万t，释放氧气57.06万t。

二、弘扬创业精神，专注于增林扩绿

"无山不绿、有水皆清"始终是以张向忠为代表的第二代塞罕坝人的奋斗目标。他的岗位虽不断调整，经营好、管理好塞罕坝森林的初心始终如一，不断探索生态建设与保护的新思维、新理念的脚步不停。针对绿化地块立地条件差的实际情况，为提高造林成效，经反复实践推行了网箱式储苗、生根粉浸根与保水剂混泥浆蘸根造林、10%备补苗、机械迹地整地等新措施，使造林平均成活率达98%以上，实现了12.4万亩造林任务一次造林一次成功。并针对林场林种、树种结构单一的现状，推广了乡土树种白桦和落叶松块状混交造林，为塞罕坝机械林场调整资源结构、增强抗性积累了宝贵经验。同时，为实现"绿"得更多，他带领技术人员大胆创新、大胆实践，把全场范围内的坡度大（15°以上）、土层瘠薄、岩石裸露的"硬骨头"地块作为绿化重点，启动了林场内部的攻坚造林工程，向荒山要"绿"。针对地块偏远无路苗木运输难、石砾多整地难、坡陡栽植施工难、少土保墒难、贫瘠成活难的实际，打破和转变以往的造林思路，探索出苗木选择与运输、整地客土、栽植技术、幼苗保墒、防寒越冬等一整套的造林技术，全场10万余亩石质荒山全部绿化，平均造林保存率95%以上。

2010—2020年，与建场初期的1962—1970年前后相比，年均无霜期增加16天，年均降水量增加60mm，大风日数减少30天。据中国林业科学研究院核算评估，塞罕坝机械林场每年产出物质产品和生态服务总价值为145.8亿元，成为为首都阻沙源、为京津涵水源、为河北增资源、为当地拓财源的"绿水青山"。

三、强化科学经营，倾情于提质增效

在张向忠的心中"植树造林，只是绿化工程的第一步。管理好，才是留住青山绿水的关键"，他始终把提高森林质量、实现"民富场兴"作为森林经营的最高追求。针对塞罕坝机械林场有人工纯林80多万亩，从自然保护、经营利用和观赏游憩三大功能一体化经营出发，全面启动了抚育盲点"清零"和资源培育优质高效工程，开展保护区试验区人工林生态抚育试验，开创了全国自然保护区抚育经营先例，为高寒干旱地区造林营林创造了可复制、可借鉴的成功样板。在经营过程中，采取机械疏伐、低保留抚育间伐、定向目标伐、块状皆伐、引阔入针等作业方式，营造樟子松、云杉块状混交林和培育复层异龄混交林，在调整资源结构、低密度培育大径材、实现林苗一体化经营的同时，促进林下灌、草生长和诱导异种进入，全面发挥人工林的经济和生态双重效能，提升森林质量。森林稳定性的增强和健康状况趋好，使得森林病虫害发生率由经营前的每次3~5年延长到了8~10年；森林生物多样性持续增加，通过调查，抚育后林下灌木种类较抚育前增加了30%，高度增加了50%；草本种类较抚育前增加了60%，高度增加了70%，形成了乔、灌、草、地衣苔藓相结合的立体森林资源结构。科学的经营手段、规范的管理措施，被前来视察的国家领导概括为"四好"，即"管理好、经营好、保护好、发展好"。

在经营好森林的同时，他坚持理论与实践结合，针对塞罕坝造林、营林中的成活难、树种单一的问题，凭着一股钻劲和拼劲，攻坚克难，击破了一个又一个技术难题。先后发表论文逾20篇，出版了《塞北绿色明珠——塞罕坝机械林场科学营林系统研究》《塞罕坝植物志》《塞罕坝森林可持续经营技术与管理》《塞罕坝森林植物图谱》等技术专著，主持的课题研究先后荣获国家、省、市科学技术进步奖，解决了塞罕坝造林、营林、调查设计中的诸多疑难问题，也为我国相似地区的林业发展提供了依据，被广泛地区相继采用，为我国林业建设贡献了可借鉴、可推广、可复制的经验和制度，也为全国相似地区森林经营提供了借鉴和经验。

四、牢记责任担当，致力于绿色发展

为保护好塞罕坝这片"绿"，他牢固树立"两山"理念，以资源管护为中心，始终以科学、严谨、求实的工作态度，深入钻研林业技术，全力推进全场有害生物防治和自然保护区建设。在首次飞机防治森林有害生物工作中，成功地应用了GPS导航新技术，不但节省了大量的人力、财力，并且避免了重喷和漏喷，保证了飞防效果。据统计，张向忠共主持实施有害生物防治180多万亩次，为林场减少林木损失达2亿元；为有效掌握和保护塞罕坝地区典型生态系统，主持对保护区内的植物资源、动物资源、水域资源和原生草甸沼泽地资源进行了详细的外业调查，编写并出版了《河北塞罕坝自然保护区科学考察报告》和《河北塞罕坝自然保护区总体规划》，主持完成了《塞罕坝国家级自然保护区项目》《塞罕坝湿地恢复与建设项目》《天敌繁育场项目》等多项课题研究，为国家级自然保护区实现良性、持续发展奠定了坚实的基础。

奋斗创造历史，实干成就未来。塞罕坝机械林场的生态建设永远在路上，张向忠同志始终坚持对理想信念的坚定和坚守，对绿色事业矢志不渝的

拼搏和奉献，以功成不必在我的境界和功成必定有我的担当，大力弘扬塞罕坝精神，在推进塞罕坝机械林场治沙造林、科技兴林和绿色发展上，用实际行动绘就了一幅壮美画卷！

人物三　迁西县板栗代言人——张国华

张国华1955年10月出生于燕山深处长城脚下的唐山市迁西县滦阳镇宋庄子村，现任迁西县胡子工贸有限公司董事长兼总经理、迁西县喜峰口板栗专业合作社理事长、喜峰口旅游开发有限公司董事长兼总经理、迁西县惠农经纪人，因为长着一把可爱的大胡子，当地人亲切地称他为"张大胡子"，他的板栗品牌也因此叫"大胡子"。

张国华2008年当选为北京奥运会火炬接力手，2009年10月被评为"全国百佳农产品经纪人"，2011年4月被评为"河北省外出务工致富能手"，2014年11月被评为首批"燕赵文化之星"，2015年11月被评为"全国百佳农产品经纪人"称号，2018年被评为"全国三北防护林体系建设工程先进个人"。他还发挥共产党员的模范作用，先后带动引领5300户社员治山植果，生态致富；他创建的喜峰口长城抗战遗址爱国主义教育基地和喜峰雄关大刀园景区年接待游客40万人次，被评为"全国红色旅游经典景区名录"。

一、组建青年突击队治山不止，探索"围山转"三北造林新模式

在20世纪70年代迁西县开展三北防护林体系建设工程伊始，张国华任宋庄子大队长，他组建了"三百人青年突击队"，在本村组织村民实施三北防护林体系建设工程，开展挖"围山转"模式栽植板栗荒山治理工程，打响了宋庄子村三北防护林体系建设荒山开发攻坚战，因造林成绩突出，80年代喜峰口乡成立民兵教导队，张国华被乡武装部抽到教导队任指导员，带领百名教导员依托三北防护林体系建设工程实施造林绿化，以山顶青松"盖帽"、山腰板栗"缠腰"、山脚果梨桃的"围山转"荒山造林模式，将李家峪、石梯子、铁门关、苇子峪、宋庄子等七个村荒山全部进行荒山治理，开挖荒山3万多亩，栽植板栗树30多万株。1979年，张国华带领的青年突击队被河北省政府授予"唐山地区新长征突击手"。进入二十世纪九十年代，张国华又带领村民在开展三北防护林体系建设的同时，加强对栽植板栗树的综合管理，加强树上树下科学管理，实行"科学剪技，垒果树坪，一树一库"等工程，提高板栗树

的单株产量，目前板栗单株产量已逾 25kg。

二、创建全省首家板栗合作社，成为"10+1"抱团发展新示范

依托三北防护林体系建设工程发展壮大的"迁西板栗"这一资源优势，张国华在思考中勇于创新，大胆变革，2006 年创建了河北省第一家板栗合作社——喜峰口板栗专业合作社，注册资金 1250 万元，先后带领 5300 余家农户大力发展有机生产种植，实施农业科技创新开发的 2 万亩有机板栗基地、1 万亩富硒板栗基地、2000 亩功能板栗基地、2000 亩林菌间作示范基地、2000 亩杂粮基地、2000 亩核桃基地，全部通过有机认证。经过十几年的发展，张国华逐步探索出以合作社为纽带和平台，形成"公司+合作社+社员+农户+基地+科教+服务+品牌+商标+市场"的"10+1"合作共同体发展新模式。建立合作社科普培训基地，免费对栗农进行有机板栗生产技术培训；成立 100 人的专业服务队，每年无偿为栗农提供施肥、剪枝、除虫、除草等服务；免费安装诱虫灯 1000 多盏，对社员实行保护价收购，比全县其他地区板栗每千克高出 2 元，仅此栗农年直接获益 3000 万元。2014 年，喜峰口板栗合作社被审定为"国家农民合作社示范社"。

三、创新生产加工营销方式，"胡子"品牌成为社员共同致富金名片

三北防护林体系建设工程栽植的板栗产量日益增多，面对激烈的市场竞争，张国华充分发挥共产党员先锋模范作用。他严字当头抓合作，创新驱动抓产销，带领合作社社员实施"科技惠民兴村"工程，开展规模化种植，标准化生产，品牌化经营，为社员增收 3000 多万元，辐射带动农民 3 万余人。一是用标准化生产提高板栗品质。在 10 多个村合作建设了 2 万亩三北造林板栗生产基地，合作社指导栗农进行无公害生产，坚持走绿色和有机生产路子，保证板栗原品的纯正品质，制定京东果品有机生产标准和农产品生产安全公约，组积栗农科学管理建立科技培训中心，胡子板栗通过有机产品认证，基地被国家农业部认定为全国最大的有机板栗生产基地。二是用道德血液铸品牌产品。投资 2800 万元建成贮藏能力 3000t 的板栗加工厂，注册了"胡子"商标，坚决提出"对每一颗板栗负责"的品牌宣言，研制了独特的真空包装板栗仁、板栗粉、栗蓉包、栗蘑茶、干炒板栗等 30 多种深加工产品，提高产品附加值。三是用独特的喜峰口文化带动营销。借助喜峰口长城抗战、世界最优质板栗主产区等独特人文优势，开发了合作社独有的百年栗果、三百年栗

果、五百年栗果、古树栗果，每颗古树栗果售价5元钱。同时，推行加盟店连锁经营和网上销售，在全国各地开办了70余家连锁店。

四、创意板栗旅游观光产业园，让喜峰口的绿水青山变成金山银山

经过多年持续不断的治理，迁西县喜峰口的荒山如今已是满目苍翠的绿水青山，为响应习近平总书记的"绿水青山就是金山银山"的号召，张国华充分发挥资源优势，大力发展休闲林业与乡村旅游业，推动林业与旅游业有机融合，实现一、二、三产融合发展，提高生态林业的综合效益。合作社带动板栗种植，基地内几万亩山场栽满了栗树，生态环境也越来越好，这里还有喜峰口长城抗战遗址和《大刀进行曲》诞生地以及潘家口水下长城。张国华敏锐地捕捉到了合作社新的增长点，他先后投资1.2亿元，聘请西安美术学院进行规划设计，建成以长城抗战纪念碑、大刀礼赞、长城列柱、抗战雕塑等12组系列景观为主的喜峰口雄关大刀园旅游景区，同时建设集休闲、赏花、采摘、爬山为一体的喜峰口板栗旅游观光产业园，与50多户农户合作，帮助他们建设高标准农家乐，景区、观光园、农家乐"三位一体"，互助互惠。2017年1月24日，国家林业局正式批复的"河北迁西国家板栗公园"将喜峰口片区的2万亩三北造林的板栗园纳入国家板栗公园建设范围，板栗公园总体规划将充分挖掘生态优势，围绕康养产业、特色小康、民宿开发等业态推进园内开发项目，在开发设计上立足产业、文化和旅游，三者有机融合，生产、生活、生态同步推进，将公园建成国内一流的林木专类公园。2021年以来，他以"庆祝中国共产党成立100周年"为契机，大力发展红色旅游，举办铭记历史"喜峰口杏花节""重走英雄路""共忆大刀魂"等活动，喜峰口长城抗战博物馆免费对外开放，喜峰雄关大刀园景区接待游客比去年同期增长2倍多，产生了良好的社会效益和经济效益。

四十多年治山植绿，四十多年创业不止，如今张国华又培养两个儿子和儿媳妇加入到林果产业和红色旅游产业发展中，绿色发展、文旅融合、带动致富的"接力棒"后继有人、薪火相传，张国华正带领年轻下一代向着更美好的明天看进！

人物四　与沙共舞的绿色行动践行者——康成福

2007年4月6日，几十家境外媒体记者齐聚塞外山城张家口采访京津风

沙源治理工程。在肆虐的寒风中,"长枪短炮"对准治沙农民、基层干部和林业工作者。

康成福,时任张家口市林业局副局长,主管治沙,自然成了最主要的采访目标。

瑞典电视台的记者悄声问:"这位康先生说了 30 多分钟,没有看一眼材料,那么多的数字,他哪能都记得那么清楚?"

熟悉康成福的人都知道,他除了治沙,什么也顾不上,以情治沙,以力治沙,以梦治沙,他的梦想就是要与沙共舞。

一、以情治沙:一个随性的人,痴情治沙,视事业如生命,近 30 年与沙为战

初识康局长,是在 2001 年,各媒体记者赴山城张家口采访治沙,他就是主管副局长,带我们走坝上看万亩退耕还林示范工程,走坝下入农户寻治沙良策,几天的采访历程让一堆"老记"成了老康的铁杆朋友。老康谈起治沙,不论是各种数字、退耕政策、治沙典型随口说来不能不让我们佩服。

他的司机王小波说:"我们康局长对沙子比儿子亲。"

赤城县是康局长的老家,我们采访的时候正值中秋,为了采访雕鄂乡的一位治沙老人的事迹,他过家门而不入,在家企盼的母亲如果知道肯定会想"沙子比母亲更亲"。

李斌科长说起主管领导康成福:"下乡对他来就是全天候,常常是前脚进家门后脚又得走。家务活和教子上学、照顾老人的事儿就全搁到了他妻子肩上。上学的儿子很少能跟父亲过个周末,他也很难抽出时间陪妻子上一趟街。一次,乡下年迈的父亲生病想到市里医院检查治疗,本指望儿子能够接自己去,给他打去电话,他正好在县里检查工程,就告诉父亲等他抽开空去接父亲。老父亲天天等天天盼,一等就是 30 多天。"

从我们对康成福的了解和沟通,他是一个情感细致的人,而他把更多的情感投入到治沙当中。

2000 年,时任国务院总理朱镕基要到张家口视察,康成福为给总理汇报好,踩点踏线,周密准备,连续三天二夜没休息,为领导准备汇报材料,把防沙治沙的渴望和建议,融入那充满激情的文字里。

总理来了,他却累倒了。

康成福说:"总理关注治沙,关注张家口是我们的幸福,作为最基层的

务林人，让沙止住，让农民富起来，让家乡的人不再遭受沙魔之苦是我们最大的幸福。我个人再苦再累都是高兴的。"

二、以力治沙：一个率直的人，醉心治沙，十年奋争，总结推广了独具特色的张家口治沙经验和典型

21世纪的头一个春天，连续不断的沙尘天气使中国西北、华北大部分地区迷漫在沙尘之中，首都也未能幸免。这种恶劣天气发生次数之多、时间之长、频率之高、范围之广、强度之大，为建国50年来所罕见。沙尘袭来，天昏地暗，眼难睁、气难喘、路难行，汽车停运、航班延误，人们的生产生活受到极大影响。人们在无助、无奈的同时，聚焦沙尘暴、关注沙尘暴。一时间，扬尘、扬沙、沙尘暴成为中国各大新闻媒体上出现频率最高的字眼。

张家口市位于首都北京市的西北部，与北京市一山之隔、一水相连，作为首都的上风上水之地，也是风沙进逼北京城的主要风沙通道。新闻媒体的记者们来了，治山治水的专家们来了，国家领导人也来了。2000年5月，时任国务院总理朱镕基亲临张家口视察防沙治沙工作，并做出了"防沙止漠刻不容缓，生态屏障势在必建"的指示。同年6月，国务院召开会议，专门听取了国家林业局对环北京地区防沙治沙工作思路的汇报，决定紧急启动京津风沙源治理工程。

该项工程涉及五个省（自治区、直辖市）（北京、天津、河北、山西、内蒙古）的75个县（市、旗），规划总目标是到2010年治理沙化土地1011.7万hm^2（15175.5万亩），以遏制沙尘危害。张家口市作为距离北京最近，地理位置最为重要的地区，防沙治沙责无旁贷，自然成为工程建设的主战场。

2001年，京津风沙源治理工程给河北张承两市的任务是250万亩，康成福就成了治沙工程实施的最直接责任人。

如何完成任务，如何让治沙工程成为百姓受益、政府得绿的德政工程和民心工程，老康动起了心思，但动得更多的是精力和汗水。

一年的时间，康成福走遍了张家口13个县（区）工程涉及点的每一个小班。组织工程技术人员开展沙漠化土壤普查、森林经理调查、营林调查等专项调查工作。从工程规划设计、组织实施，到质量检查验收，老康事必躬亲。

康成福坦言："退耕还林是一项涉及面大、环节多、政策性强、管理运行非常复杂的工程。退耕治沙对于我们张家口是重大的发展机遇，重大的政

治任务，重大的历史责任。时间短、任务重，我们没有理由退缩和偷懒。"

2000年，坝上4县退耕还林试点，退耕12万亩，造林种草24万亩；2001年全市实施退耕还林107.5万亩，造林215.2万亩，创造林绿化工程之最；2002年，退耕还林工程在全市全面启动；2003—2006年，京张、宣大、丹拉、张石4条高速公路绿化300km，实现了绿化与美化的结合，创造了张家口历史上一次造林一次成景的最佳战绩。

康成福抓工程是一把好手，无论在张家口还是在河北省林业系统，提起他，全都竖起了大拇指。他的好多理念和做法来自于工程实践，应用于工程管理，推广于河北全省。

针对退耕还林工程的治理模式和管理运行机制，编制了《退耕还林还草工程管理运行流程》，其规范和指导作用使得张家口市的退耕还林工程在全国免检。

康成福造林、治沙招多效好。

为抓成效，从过去的兵团式造林转向分户造林和专业队造林；由过去的普通工具造林转向专业工具造林；由过去的用混等苗造林转向用分级苗造林。抗旱造林技术覆盖面达到90%以上，容器苗造林突破3000万株(袋)，使造林质量和成效大为提高。

在抓工程管理中，尊重历史、立足现实而不迷信定式，老康提出了在工程摆放上，坚持因害设防、集中治理、重点防护的理念；在建设模式上，采用带、网、片结合，实行乔灌混交、林草共建、综合治理、全面覆盖的做法；在树种配置上，大力推进树种的多样化，除选用传统树种外，加大常绿树种、抗旱乡土树种、灌木树种、兼用树种的造林比例。

谈起康成福对于治沙的贡献，国家林业局治沙办的处长白建华这样说："我们一策划重大的调研活动，一策划新的政策出台，考虑基层经验的时候，首先想到的就是老康，有难事、大事找老康已成为我们治沙办的口头语录，老康有思路、有想法，他办的事让我们放心，我们戏称老康是治沙办的编外职工。"

康成福以自己的作为让国家林业局和省林业局的领导们对其更加放心，"老康理念"已成为针对坝上治沙模式的代言。

要想治沙，必须让事实说话。张家口的事实就是规模。

为引导工程向集中规模、综合治理方向发展，康成福提出"精品带动，抓住重点，建设精品。"

过程自不待言，成效摆在了省林业局和国家林业局领导的面前，张家口市如今 10 万亩以上工程区 1 处，5 万亩以上工程区 6 处，万亩以上工程区 15 处。精品工程多多，其中，京张、宣大高速公路通道绿化工程造林 2.4 万亩，通道两侧主林带 1.2 万亩成为塞上一景。

"张家口治沙苦，干林业苦在张家口"。这句话成为省林业局一些资深处长的名言。因为张家口的立地条件差，造林成活率低，常规的投入、常规的管理在该市是难有效果的。

但康成福不服气，他们采集百家之长用了各种抗旱保活技术措施，克服了气候干旱、立地条件差等不利因素的影响，使造林平均成活率达到 85% 以上，其中，主栽树种成活率达 95% 以上，在全省通道绿化工程质量联合检查评比中取得了总评第一的好成绩。

成绩得益于汗水，康成福和他的一帮子务林人累在一线、苦在一线、忙在一线。他们在工程建设中，大力推广了乔灌结合、针阔结合、林草结合、林药结合、林花结合等造林种草模式。在坝上地区，大力推广了林草结合模式，种植了榆树、樟子松、柠条、沙棘等树种，间种草木栖、紫花苜蓿等牧草，使工程建设与当地群众以牧为主的生产需求相结合；在山区坡地采用针阔结合造林模式，坡耕地退耕采用了水平沟与鱼鳞坑相结合的整地方式，既提高了工程蓄水保土能力，又兼顾了群众的经济利益；在坝下浅山丘陵地区推广林草结合、林药结合、林花结合模式，实现了生态、社会、经济三大效益。

国家林业局领导在检查张家口市造林成效的时候连说三个"没想到"。即"没想到在一个穷市，基层投入大；没想到在一个造林难成效的地区，造林两率高；没想到在一个治沙的前沿，有一种全党动员、全民动手、全社会氛围"。

2005 年，市政府下发生态工程造林模式的意见。

2006 年、2007 年、2008 年，张家口工程建设一年一大步。绿色在增加，务林人在消瘦，成就写在了山城大地上。林业生态工程实施以来，全市累计完成林业生态建设 1000 多万亩，成为河北省第二"林业大市"。

努力付出，汗水流出，浇灌的是绿色，成就写在了各级人的心中。

国家林业局和省林业局对于成绩的最初建设者给予了更高的评价。

康成福在 2003 年被评为"全国林业先进工作者"，2007 年作为全国防沙治沙代表出席了全国防沙治沙大会，得到了总理久违的接见。

三、为治沙投入的是梦想：一个有梦想的人，希望以毕生精力造福治沙事业，谋求着与沙共舞

记得一位哲学家说过一句精彩名言"人可以无成就，但不可以没有梦想"。康成福以其人格的魅力在诠释着这句话，有作为，更有梦想。

在康成福主管治沙的这近10年间，成就多，效果好。仅从2003—2006年，小小的张家口市就完成国家重点林业生态工程建设任务891.92万亩，封山育林214.55万亩，飞播造林65.6万亩，农田林网建设8.27万亩。县乡村道路绿化逾6000km。

成就不仅可以被数字说明，也可以被口碑证明，"以老康为代表的张家口务林人的心血和汗水得到了认可。"国家林业局监测"张家口市生态恶化的势头得到有效遏制，林草覆盖率明显提高，生态环境和生产生活条件得到明显改善。"

提起这个肯定，无论是"治沙标兵"白俊杰，还是现任局长冀海英，他们以两任局长的身份总结了一个穷市的五个"前所未有"。即"林业生态工程建设规模之大，前所未有；投资额度之大，前所未有；农民受益面之广，前所未有；工程质量之高，前所未有；林业生态工程建设和造林绿化事业开展之广泛，前所未有。"

五个前所未有是以康成福为代表的务林人的成就，也是一个重要的里程碑。

有了荣誉和成就之后，许多人会躺在荣誉上吃老本，而康成福却想得更远。

河北省林业宣传中心主任范明祥这样说："康局长是一个非常有想法的人，也是一个非常有梦想的人，他的梦想不是黄粱梦，而是扎根于现实基础的治沙富民之梦。"

治沙是长远大计，是百年工程。这种工程呼唤着全民的参与，全球的共鸣，不是一个两个治沙英雄就能够解决的问题，也不是一两个万亩工程就能够解决的问题。

康成福之能在于能治沙，但不傻治沙。为治沙，他想得很远，远得让诸多新闻记者佩服。

康成福是一个全面的人才，更是一个治沙界不可多得的人才。

多年来，他自学计算机处理技术解决了张家口市历史上、现实上及将来

的好多问题，拓展了治沙思路。他的聪明与睿智在林业的可持续发展中得到了重视与验证。

康成福研建的崇礼区和平林场森林资源档案微机管理系统，编制应用程序50多个，处理数据近百万个，建成了全市第一个微机化管理的森林资源数据库；利用自己编制的计算机自动优选回归分析软件，应用于全市五个主要树种5000多棵样木的生长率分析，处理数据约30多万个；为坝上高原区经营用表的编制，处理数据约20多万个，取得数学模型12个，为科学营林提供了可靠的依据；2001年5月在北京出席"国际环境保护研讨会"，以撰写的《张家口市土地沙化成因分析及治理对策》论文作为主题发言，受到专家好评；作为专家受到美国政府的邀请，对美国进行了为期一个月的访问。

国家林业局治沙办的白建华处长评价康成福"老康之能，别于专家，别于基层工作者，他是两者的结合体。我们好多规划和调研要让他来参与，我们得到的不仅仅是第一手材料，更重要的是得到了工程实施与基层的结合点。他想得远、做得更远。"

治沙是全民工程，为了这一工程，不分管宣传的康成福却有一大群媒体朋友。

"我们凭一己之力治沙，百年也就是百十亩，而呼唤全社会共同治沙却是动员了全社会的力量。"

找媒体、讲现实、入现场、谈思路。康成福在治沙这场战役中把第一道工序进行得非常之好。

近几年来，康成福抓住社会关注热点，成功策划开展了十多次不同形式的大型宣传活动，在各级电台、电视台、报刊组织播（刊）发新闻稿件达近千件（次）。强有力的宣传攻势，扩大了张家口的对外影响和社会认知程度，突显了张家口在京津地区生态环境建设中的重要地位和作用，为全市林业的持续快速发展创造了舆论氛围。

1999年，保卫母亲河——绿色希望工程的首期试点工程在怀来和涿鹿两县启动；2000年，精心策划了"保卫绿色，关注森林"大型系列宣传活动；2001—2007年，每年至少有2次以上的记者组团采访；2007年，几十家境外媒体采访张家口。

造势而不借势，宣传事业而不宣传自己，是康成福的不足也是他的实在之处。

"我从事林业二十多年，热爱林业、宣传林业、建设林业是我的本职，我把营造万顷绿洲、建设京门屏障作为自己人生的目标和追求，我就是要脚踏实地，方能无怨无悔。"康成福说的不是口号，而是内心深处最纯朴的想法。

治沙之战让沙区人谈沙色变，康成福却独特地提出"与沙共舞"。

"我们受沙魔之苦是现实，我们治沙之举是默默的行动，历史的欠债要让我们这一代人和下面几代人来偿还，我们责无旁贷。我们不可能掩藏事实，但我们可以改变现实。"康成福谈起沙子没有一丝一毫的隐瞒。

要治沙首先要治穷。康成福想在前面，也做在前面。从退耕还林工程试点之初，他就提出了沙产业的概念。

"治沙是政府行为，也是全社会的行为，国家要生态，社会要效益，老百姓要的是利益。如果单就治沙讲治沙，今年治明年毁不会有任何的效果，要让治沙的实施主体也就是基层群众动起来、活起来才是长久之计。"

康成福自有他的"两大法宝"：一是产业，二是机制。

从2001年始，张家口市结合退耕还林工程的实施，与农业结构调整进行了有机结合，发展农民增收的后续产业。

弹指一挥之间，6年过去了，张家口在沙区产业上迈出了几大步。发展生态经济林，仁用杏基地200万亩，葡萄基地5万亩；草产业，仅坝上地区通过林草间作的造林种草模式，新增种草面积150余万亩；蔬菜种植、食用菌栽培、奶牛养殖、林草间作、林药结合、林花结合模式也让退耕农户受益匪浅。

要让农民从传统的耕作习惯中解脱出来，一靠利益带动、二靠政策推动、三靠机制带动。

四、联绩、联责、联利让张家口治沙走上可持续发展之路

近年来，张家口政府一把手为工程建设的第一责任人，主管领导为直接责任人，强化考核管理，层层签订责任状，一级抓一级，把工程建设成效作为考核各级政府和领导工作业绩做法在燕赵大地得到了推广。联责机制让工程的实施主体的受益主体达到了责权利的统一。联利机制则牵动的是农民，通过落实退耕还林政策以及各项工程造林优惠政策，明确所有权和收益权，建立起维护造林营林者合法权益的联利机制。按照"谁退耕、谁造林、谁经营、谁受益"的原则，落实退耕造林及荒山承包机制，采取"任务到户、责任到人、分户施工、合同管理"的做法，把退耕还林的政策、任务、责任特别

是林(草)权属落实到每一个退耕农户,并及时发放林权证书,使广大退耕农户真正成为工程建设的主体、受益的主体和责任的主体,严格按照工程验收情况和有关规定,兑现粮款补助,在工程区形成了"干好干坏不一样、管好管坏不一样"的氛围,通过利益机制增强广大退耕农户的质量意识。

贪天非一日之功,治沙非一代之事,长久之事长久办,重要的应该是有思路和梦想。

康成福真的有。

人物五　承德市三北工程拓荒者——马贵山

马贵山,男,满族,河北丰宁人,1952年1月出生,中共党员,大专学历。曾任承德地区林业调查队技术员、副队长。1988年,任承德市首都周围绿化项目办副主任、主任;1997年,任市林业局党组成员、总工程师;2012年,退休。马贵山主持承德市三北防护林体系建设工程首都周围绿化期间,河北省评选首都周围绿化项目金杯奖15次,承德市13次捧杯。马贵山个人曾获得"'三北'防护林体系建设二期先进个人""全国绿化先进工作者""承德市首届自然科学领域林业专业学术技术带头人"等荣誉称号。

一、科学规划,合理布局

马贵山同志任承德市首都周围绿化项目办副主任后,充分发挥规划设计特长,根据承德市所处地理位置和自然条件,按照"因地制宜、因害设防"的原则,规划设置了五大主体工程,即以阻止风沙南侵为目的的沿边沿坝防风固沙林工程,以涵养水源、保护京津"两盆"水为目的的滦、潮河上游水源涵养林工程,以减少水土流失、恢复土壤肥力、增加经济林面积、提高果品产量和质量为目的的低山丘陵水保经济林工程,以改善农业生产条件、为农田创造小气候为目的的滩地、沟谷、川地防护林工程,以改善承德市外在形象为目的的窗口地带和环城镇周围绿化美化工程。目前,五大主体工程均已经基本建成,构建起该市森林生态安全体系,造林绿化转向"见缝插绿"阶段。

二、双项包保,落实任务

马贵山同志提出的"领导干部包任务,技术人员包质量"双向目标管理责任制,确保工程建设保质保量完成。用领导加科技的方法推动工程建设。按上级下达的年度计划，对总体规划实行总体推进，滚动发展，工程建设纳入经济建设年度目标考核，坚持绿化目标的接力，一任接着一任干，一张蓝图绘到底。行政、法律、政策等手段并用，采取领导办绿化点等方式带动群众的造林积极性，保证了绿化任务的落实。

三、拓宽渠道，增加投入

马贵山在坚持"自力更生为主，国家补助为辅"、民办国助的投入机制，在充分发挥现有专项资金作用的前提下，积极促进部门协调配合、集中资金、集中力量、统一规划、统一指导，打生态建设总体战。在充分利用劳动积累工制度的同时，制定优惠政策，采取股份合作制、拍卖"四荒"、联营、租赁、承包等形式造林，广泛吸引资金用于工程建设。在马贵山积极争取下，相继实施了世行贷款造林、中日合作造林、中德财政合作造林等一批利用外资生态建设项目，既引进了技术，又缓解了工程建设资金压力。

四、规模治理，示范带动

随着万亩以上连片荒山减少，马贵山同志提出"新工程上质量、老工程上效益、新老连片上规模"的发展思路，促进工程的规模效益，使造林地与原有林联结起来，工程与工程相互连接，解决了造林"虚散低"的状况，提高了造林效率。如围场满族蒙古族自治县南曼甸、北曼甸、滴水壶三处工程连片，马连道、马鞍山、布澄河等七处工程连接，平泉市的凤凰岭、丰宁满族自治县的千松岭等一、二期工程连片，形成5万到10万亩以上连片的新林区。三北防护林体系建设期间，全市开工建设万亩以上集中连片工程218处。

五、依托科技，提升质量

马贵山同志注重林业科学技术在造林实践中的推广应用，通过增加造林的科技含量，提高造林成效。他坚持深入基层，深入生产一线，调查研究、科学规划，加强技术指导，对提高造林成活率的新技术、新成果积极引进，大力推广。在人工造林方面，通过推广容器苗、抗旱保水剂、地膜覆盖、ABT生根粉等实用造林技术，明显提高了造林成效。在飞播造林方面，推广应用GPS卫星导航系统，ABT生根粉拌种和多效复合剂涂层，以减少种子损失和增加种子发芽势，提高飞播造林成效。

通过实施三北防护林体系建设工程，承德市森林资源实现了快速持续增长。截至2020年年底，全市有林地面积达到3556万亩。丰富的森林资源，在改善当地生态环境的同时，正发挥着抵御风沙南侵、涵养京津水源的作用，承德市被誉为"华北绿肺"。林业已经成为承德市农村经济的支柱产业，在扶贫攻坚中发挥了重要作用。生态环境已经成为承德市的绝对优势，是承德市的核心竞争力，对促进经济社会发展有深远意义。

人物六　深山中走出来的育种"土"专家——袁德水

在河北省承德市围场满族蒙古族自治县东北方向45km外、比邻塞罕坝机械林场的深山区，有一颗生态建设高质量发展的璀璨明珠——木兰林场龙头山国家重点落叶松良种基地。该基地始建于1976年，是河北省建设规模最大的、功能最完备的落叶松良种繁育基地。在这远离喧嚣的深山基地里，有一名工龄几乎和场龄相当的、当年只是一名临时工的"土"专家——袁德水。平凡的事干一辈子，就是不平凡。44年来，袁德水同志始终扎根深山从事一线林木遗传育种工作，在工作中发扬科学严谨、孜孜以求、敢于创新的精神，坚持高质量发展的理念，积累了极其丰富的遗传育种经验，在落叶松选育升级换代上，走上了全国领先的行列。在多年的工作中，他注重传帮带，先后培养锻炼了几十名来基地实习锻炼的林业院校博士生、研究生，为基地培养了4名后备骨干，为基地的发展奠定了雄厚的人才基础。

如今的袁德水已是高级工人技师、高级工程师，先后获得"全国五一劳动奖章""全国生态建设突出贡献奖""国家科技进步奖""河北省十大金牌工人""河北省突出贡献技师""河北省质量奖""承德市市管优秀专家"等荣誉奖项。走得再远都不能忘记来时的路，那是二十世纪七十年代为了良种高质量发展的梦想而出发，长年累月坚守的漫漫创业路。

一、树立高远人生目标

袁德水，1960年7月生，1977年7月参加林业工作，在龙头山落叶松良种基地当了一名临时工。当时的临时工又叫社会工，不但工作条件艰苦，工资低，没任何社会保障和福利待遇，而且没有相应的制度约束，多数人是干一天算一天，群体流动性相当大。但是在袁德水看来，人生的梦想重要的不在于身居何处，而在于要朝什么方向出发。"天行健，君子以自强不息"是他的人生座右铭。从那时起，他就下定决心，虽然身份是临时工，但对事业的态度，不能是"临时工"。林木遗传育种事业本身就是一项科技含量高、连续性强、富有前瞻性的工作，当时的他深感自己先天知识不足，硬是凭着一股韧劲钻研：业务不通，向当时老领导李文治请教；知识不够，一方面向省林业科学研究院驻点搞科研的老专家赵世杰、杨俊明高级工程师请教，另一方面，向书本学，先后自学了《树木遗传育种学》《种子园优质高产技术》《林木育种与营林技术》《种子园无性繁殖技术》等书籍。干中学，学中干，积累经验，总结经验，这一干就是44年，可以说，他是择一事，终一生。业内人士都知道，林木遗传育种事业是林业科学最尖端、最辛苦的工作，44年来他把自己的青春和热血都倾注在了林木良种繁育事业上。艰苦的条件铸造了他的意志，辛勤的劳动圆了他一生的梦想，他的造林良种梦想始终如一，初心永固。

二、泥泞道路中坚持跋涉

袁德水跋涉的脚步印证了二十世纪七八十年代那段峥嵘艰苦的岁月。落叶松良种基地地处海拔1200～1500m的围场满族蒙古族自治县北部深山区，交通闭塞，建设初期，百业待举，工作生活条件异常艰苦，吃的是玉米面窝头加菜汤，喝的是溜锅水，住的是土坯房和地窖子，点的是煤油灯，在-30℃的严冬，取暖设备只有一个简单的泥火盆，生产设备也极其简单，交通条件只有步行和自行车。当时，同一批的临时工有几十人之多，都因条件艰苦而纷纷撤离或改行，但他依然选择了坚守，为了选择建园材料，在寒风刺骨的严冬，肩扛标杆、手握卡尺，手冻麻了捂一捂，脚冻僵了跺一跺。

1979年12月，为了完成复查优树遗传性状是否稳定的任务，他在-32℃低温中野外测量调查，裸手记录数据，无意中冻伤了右手食指，造成指甲脱落，至今仍有伤痕。为了选择优良资源和建园材料，二十世纪八十年代初，他曾几次往返于海拔在1600～2780m的驼梁山、恒山、小五台山等落叶松的分布区，为了提高行驶速度和工作效率，在海拔2870m的小五台南台，在积雪表面坚硬的情况下，采取上山爬、下山滚的办法，不管山坡艰险陡峭，爬也要爬到山顶，终于用了17天的时间，完成了两省三地的种条的采集任务。三个地方共步行往返近逾120km，每天吃的只有烧饼和咸菜，喝的只有凉水，终于顺利完成了任务，受到当时领导的高度赞许。

林木遗传育种既要久久为功，又要只争朝夕，各项工作中不能有半点纰漏和疏忽，特别是良种基地初建时，袁德水白天上山施工、夜晚整理资料，当时记录手段十分落后,他便一字一句地刻钢板和用钢笔记录档案。一只蜡烛、一块钢板伴随了他几千个不眠之夜。在他的生活节奏里没有节假日,逾40年的时间里,共记录了基础调查数据、文字档案、配置图等档案386卷,15200页,逾420万字,这些基础材料为加速后续、选育进程提供了重要的理论依据。

林木育种是一项周期很长的工作,与农业育种一个品种不行,来年可以再换一个不同,林业育种需要几年甚至十几年才能见效,因此,严谨科学的工作态度十分重要。林木育种每项技术都有一定的时间性和季节性,诸如亲本选配、去雄、套袋、授粉、嫁接、外业调查、子代测定等,一年四季几乎没有闲暇,特别是杂交育种,授粉期只有2~3天,最佳可授期只有3~4小时。因此,袁德水忙起来就不顾家。1979—1980年他只回家了4次,1984年、1986年两个孩子相继出生,他都因春季嫁接和冬季调查没能照顾家人,等忙完了工作回家时孩子已经出生两三个月了。1987年3月,正是种子园采集接穗的时候,接到通知说爱人有病需要做手术,他立即赶往医院,手术后也只陪了2个小时,下午就骑自行车返回了工作岗位。1989年春,袁德水忙完工作回到家中,已近4岁的儿子竟把他当成了陌生人。两个儿子从小学到中学,身为父亲的袁德水很少回家辅导学业,更谈不上照顾其生活,但对良种事业的挚爱和追求却影响激励着两个孩子,他们潜心苦读、奋发向上,于2004年、2005年分别考入大学。孩子就要离开父母走进学校,袁德水无法脱身送他们上学,因为这时正是良种基地落叶松种子的采收和调制时期,直到儿子入学前都没有回家看看。多年来他亏欠最多的是家人,对他支持理解最多的也是家人。

三、不断创新高质量发展

在袁德水等人的努力下,落叶松良种基地已形成集新品种选育、科学研究、示范推广等一整套良繁体系,选育步伐明显加快,基地建设不断增强,良种生产能力稳步提高。基地已建成母树林、一代园、二代园、杂种园、杂交园、育种园、区域试验林、种质资源库、各类子代测定林、示范林、展示林、无性评比林等功能区,经权威专家遗传测定,从母树林到一代园、二代园、二代半园的遗传增益分别为11%、23%、57%、65%。总计投入无性系448个,并在92个半同胞及全同胞优良家系中决选出26个最佳系,并在此基础上,在40个二代优良家系子代测定林中,决选出最佳系20个,建立了更高世代的第三代种子园,在落叶松良种时代选育上,走在了全国领先行列。

林业建设离不开良种,国家储备林建设良种是关键。木兰林管局龙头山国家重点落叶松良种基地是河北省唯一的落叶松良种繁殖基地,历经逾40年的建设与发展,到目前,落叶松良种基地总经营面积6782.15亩,其中,母树林3952亩;种子园1434.85亩(包括一代园659.7亩、二代园一期302.4亩、二代园二期223.75亩、二代半及二代杂种园117亩,第三轮回种子园132亩);育种园86.7亩;种质资源收集库143.4亩;示范林93亩;子代测定林469.2亩;良种繁殖区135亩;多点试验林528亩;在华北落叶松良种选育步伐上,业已走在全国领先行列。在44年的发展历程中,截至2020年,已为三北防护林体系建设工程、京津风沙源治理工程、"再造三个塞罕坝"工程、退耕还林工程以及国家储备林建设等生态建设项目提供了3.92万kg落叶松良种,其中,遗传增益为11%的母树林种子2.6万kg,遗传增益为23%以上的种子园种子1.32万kg。华北落叶松良种还推广到山西、陕西、内蒙古、北京等4个省(自治区、直辖市),据不完全统计,可供造林7.6万hm^2,据权威专家测算,以平均增益15%计,整个生长周期遗传增益可达18亿~20亿元,其生态效益更是无法替代的,社会效益更是可观。

四、立言树人,甘做孺子牛

袁德水先后在《河北林业科技》及其他省级林业核心科技刊物上发表论文20余篇,在《河北林果研究》上发表论文4篇,《河北林业》和《中国绿色时报》上发表关于良种的文章2篇,同时作为主要编写者,参与了2部有关华北落叶松林木良种繁育书籍的编写工作。

"从事林木育种工作40余年,能取得今天这样一点点的业绩,完全归功于领导及专家的支持和自己率性而为的良好心态。"袁德水这样评价自己的成绩。就是这样取得"一点点的业绩"的他,一直以来抱有"功成不必在我,功成必定有我"的理念,几十年来坚持树木更树人,先后带领几十名北京林业大学、中国林业科学院、河北科技师范学院等院校到基地实习锻炼的博士生、研究生,以边操作边讲解的方式进行实践传授,使他们理论结合实际,顺利完成了课题研究和毕业论文,学有所成,成为国家栋梁之才。

2013—2014年春,袁德水2次应邀到北京林业大学实习生试验点给研究生们讲解传授落叶松嫁接技术、杂交授粉技术,使学生们很快掌握了相关的技术要领。

2014年6月，全国落叶松良种基地培训会在哈尔滨东北林业大学召开。在会上，袁德水作了题为《华北落叶松遗传改良与利用》的技术报告，得到了与会专家学者的认可。

2011年以来，木兰林场先后安排3名大学毕业生作为后备力量，到基地学习深造，并投入育种工作，做到了老、中、青三代结合的梯队发展形式。袁德水把毕生所学悉数进行传授，促使他们热爱林木育种事业，青年一代迅速成长为行家里手。

党的十八大以来，良种基地建设也和祖国的各行各业一样，形成了新时代发展的大好形势。袁德水深知为了基地建设的再出发，人是第一要素，主动力推年轻有为的后备力量，得到了领导的理解与支持，最终经过严格的选拔程序，于2021年3月把年富力强的青年同志推向了基地的主要领导岗位。而袁德水自己甘愿做一名更贴近深山里的基地基层技术人员，把论文写在深山里。

黄牛自知夕阳晚，奋蹄疾走期待鞭。在新的历史起点上，袁德水依旧斗志昂扬地表示："为了良种基地建设的再出发，我将一如既往地发扬老黄牛、拓荒牛精神，把年轻人扶上马、送一程，为生态建设高质量发展贡献我的绵薄之力。"

人物七　为太行山绿化插上科技翅膀——郝景香

郝景香，1949年8月生，邢台市信都区冀家村乡东庄村人，中共党员，西黄村镇林业站退休工人。他1985年参加工作，1987年入党，14岁就参加了村里的造林队，参加工作后先后到过3个乡镇，但从来都没有离开过"造林"这个岗位，与林业结缘50余年。到龄后，他退而不休，痴情山场，钟爱绿化，勇于担当，锐意创新，苦干实干，不懈探索，成功破解了浅山丘陵生态脆弱区绿化难题，引起了社会各界的广泛关注。他曾先后被评为"林业工作先进个人""优秀基层林业技术协助员""太行山绿化先进个人""河北省优秀共产党员""邢台市十大先锋人物""邢台市劳动模范"等荣誉称号，2014年荣获"河北省绿化奖章"，2015年荣获"全国绿化奖章"，先后当选县人大代表、市人大代表，2016年荣获"河北省优秀共产党员"，2019年获得"全国生态建设先进个人"称号。郝景香的先进事迹先后得到了新华社、人民网、《中国绿色时报》《河北日报》等众多媒体的采访和报道。

信都区浅山丘陵区山场贫瘠，干旱少雨，造林难度大，造林成活率低。如何把树栽好、栽活，如何变雨季造林为春、夏、秋三季造林，如何提高造林效率、降低造林成本，始终是郝景香的一个心结。为了学习外地经验，郝景香赴长治、下泰安、奔昔阳，他不停地看，不停地问，还从左权"偷"回一块石棉瓦育林板，认真端详，仔细研究。

为了解决保墒问题，他从唐山市购买了化学保湿剂，由于成本太高，无法适用；他从沧州市买回6000个汽车专用玻璃水瓶，滴水保墒，由于工序繁杂又失败。但他没有气馁，面对下雨水走、雨后即旱的这个实际，他常常凌晨三四点钟就到了山上，一个人苦思冥想，他不顾家人劝阻，成立了信都区第一支专业造林队，立志消除太行山的绿化断带，让浅山丘陵区充满绿色，他被称作"荒山绿化新愚公"。

有志者事竟成。经过多年摸索，"套塑料袋、埋玉米轴、盖石板片、靠育林板"的"郝式造林法"终于获得了成功。该技术造林成活率高的关健就是抓好"四个关口"。一是整地关，水平测量，均匀株行，无土客土，深浅有章。二是苗木关，随用随起，随起随运，沙土假植，蘸浆上山。三是栽植关，套袋压轴（玉米轴），雨（季）前雨（季）后，盖石靠板，保水保墒。四是管护关，造管结合，禁牧防火，冬病夏治，巩固成果。经过2014年、2015年两次几十年不遇的大旱的考验和多个区域的实验对比，这种栽植模式正式宣告成功。用"郝式造林法"栽植的邢汾高速两侧10000亩生态林成活率达到了95%以上。此后，郝景香开始把这项技术进行了全面的推广。这种方法解决了浅山丘陵区缺水少雨的不利因素，变雨季造林为春、夏、秋三季都可以造林，大大延长了造林时间，还稳定提高了造林时效。

省林业厅造林专家总结道："郝式造林法"固土、积水、保墒、防火，成活率高，有极大的推广实用价值。中央政策研究室原副主任肖万钧看过邢汾高速两侧造林现场后，特邀郝景香见面，握着他的手说："你做了一件大好事，我要向你学习。"

几年来，郝景香带领的郝景香专业造林队战酷暑、斗严寒，风餐露宿、披星戴月，坚持奋战在造林第一线。先后实施了邢左路绿色通道工程、生态防护林国债造林工程、皇羊路绿色通道工程、退耕还林荒山匹配造林工程、中央财政补贴造林工程、邢台市水生态修复工程、太行山绿化工程等重点工程10万多亩，植树1000多万株，造林成活率、保存率均在85%以上。他还营造了董家沟生态防护林亮点工程、邢汾高速水生态修复精品工程、邢和路荒山绿化工程、德龙钢铁造林基地工程、邢衡高速省级太行山绿化试点示范工程等亮点工程，生态效益和社会效益正在逐渐显现。现在，郝景香造林队每天都有100余名造林队员奋战在各个造林现场，成为全区造林的生力军。

在"郝式造林法"的技术支撑与郝景香的悉心指导下，不止是邢台的西部太行山区，石家庄市的井陉县、鹿泉区，邯郸市的武安县、涉县、磁县，保定市的满城区、唐县、涞源县、阜平县、顺平县，秦皇岛海港区和唐山市古冶区，远至辽宁省辽阳市、河南省焦作市等地区，到处是"郝式造林法"践行之地，辐射带动荒山绿化共约四十余万亩，如果把这些树苗排成一行，达12万km，可绕地球3周。

实现梦想没有捷径，只有勇于担当，锐意创新，苦干实干。退休工人郝景香为我们树立了榜样。

人物八　绿色思想者——何树臣

何树臣现任河北省千松坝林场副场长，中等个儿、皮肤白皙，戴一副近视镜，文质彬彬的，具有学者的儒雅气质。清晰、超前的植林护绿思路，为京津水源地——潮河和滦河的源头区增添一抹绿色，他洒下一片痴情，成就瞩目，让人刮目相看。这是初次接触何树臣给人的第一印象！

何树臣所在的千松坝林场是1998年邹家华副委员长视察承德后在丰宁县建设的县处级事业单位，他们的工程区即是京津水源地——潮河和滦河的源头区，是习总书记提出的"京津冀水源涵养功能区的核心区"。他从基层摸爬滚打成长起来，在不同岗位上充分利用专业优势，推动国土绿化和生态治理的研究与实践工作，取得各类成果10余项；他探索京津冀生态共建和补偿路径，寻找当地生态与经济协调发展的方法；调研成果为相关部门决策提供了重要依据，实践成果取得了相应的效益；在保护母亲河、推动国土绿化与当地发展生态经济上做出了自己的努力，成为业内的标兵。

一、缘结"绿色"，为当地生态建设做出不懈努力

1991走出河北省承德农业学校大门的何树臣便与"绿色"结下了不解之缘。当年他主笔的"关于实施整流域林业治理"的毕业调研报告既被当地林业主管部门采纳；1998年他向丰宁县主要领导提出"借鉴家庭联产承包经验，利用荒山资源，发展林业经济"的建议受到好评；任天桥镇镇长后，他带领

镇政府一班人利用退耕还林的机遇，狠抓杏扁产业，三年时间全镇杏扁面积由3000亩扩大到2万亩，实现了人均2亩杏扁园的目标；他主导建设的500亩标准杏扁示范园得到林业部专家的好评；经过十余年的发展，天桥杏扁产业取得了较好的经济收益，现在已经成为当地举办"杏花节"的重要载体。同时，他千方百计筹资开展生态文明村建设，全镇9个村有6个建成生态文明村，其中，省级生态文明村1个，成为当时全县生态文明村建设的一面旗帜。

调入林场工作后，善于思考的何树臣着手研究丰宁满族自治县县域的生态治理和发展生态经济等问题，多次撰写调研文章，为县委的宏观决策提供参考，其中《丰宁生态的历史性抉择》和《丰宁生态建设的再思考》两篇调研，为县委主要领导确定"生态立县"战略和实施"三全禁牧"政策，提供了重要的理论与现实依据；作为县政协常委，他把目光锁定在丰宁满族自治县发展生态经济之路的探索上，其主笔的《走可持续发展的生态经济之路》《发展林果经济的建议》等作为重点提案提交。

二、情系"绿色"，京津冀生态共建与补偿成果丰硕

"天将降大任于斯人也，必先苦其心志，劳其筋骨，饿其体肤……"自2005年起，何树臣就殚精竭虑研究京津冀生态一体化建设问题。两年多的调查研究、两年多的苦思冥想、两年多的卧薪尝胆，2007年他撰写的《全力建设京津冀生态圈》终于在《国土绿化杂志》（2008年第6期）等国家、省、市级刊物上发表，提出"京津冀生态圈、京津冀生态建设的一体性、建立全新的生态合作机制"等范畴；《打造生态文明首善之区》荣获中国林业论坛"2008建设生态文明、推进现代林业"研讨会论文评选三等奖；2010年，《建设京津冀生态文明综合实验区》，获得承德市社会科学成果二等奖。何树臣的研究成果符合京津冀协同发展的总体潮流以及承德市生态文明示范区建设创建思路，其中的一些观点和建议被采用。他多年来研究京津对张承生态补偿问题，2016年，《京津冀水源涵养功能区横向生态补偿的途径研究》发表，系统阐述京津对张家口市和承德市生态补偿最简捷的途径应是放在提高张家口市和承德市地区生态公益林和天然林的补偿标准上，并通过生态护林解决张承地区农民的贫困问题。2020年，这一调研成果得到民建中央调研部的认可，修订为重要建议提交全国两会。

思想的阀门一旦被打开便一发而不可收。随着时间的推移，他对"绿色"迷恋的程度越来越强，而他研究的层次定位也越来越高、思路也越来越超

前!他把主要精力放到了充分论证河北生态建设与对京津生态安全的影响,以提升丰宁满族自治县及张承地区在华北生态建设中的地位上。他撰写的《修复京北生态系统意义重大》在《中国林业》2012年第9期发表,着重研究"京北生态系统、生态核心区、生态共建、整流域治理"等问题,荣获第九届中国科学家论坛论文一等奖。依据以上两个研究成果主持编制了丰宁满族自治县千松坝林场二期《百万亩造林示范项目建议书》初稿,其中一些主导思想得到了省领导的认可,为向国家林业局争取千松坝林场二期项目打下了坚实基础。

何树臣是个善于独立思考的人,他不遗余力研究推动京津对河北的生态共建与补偿问题,积极宣传华北生态系统的相对独立性和重要性。相关成果分别在《中国绿色时报》《国土绿化》等刊物发表,并呈送上层领导,努力推动华北地区生态治理和母亲河保护工作,"京津冀涵养功能区核心区、华北三江源、京津唐第一水塔、首都生态特区、南雄安北丰宁"等概念的提出,成为他情系"绿色"的"大手笔"和上乘之作!

三、爱洒"绿色",无怨无悔创新实践业绩显著

机缘随时青睐有缘人。鉴于何树臣对"绿色"的痴迷,2005年县委一纸调令把他调到了千松坝林场。调入林场工作后,他积极转换角色,把精力投入到工程建设中去,在建章立制、工程管理、治理创新等方面做出了自己的努力,执行编制的《千松坝林场年鉴(1999—2006)》,已成为林场的基础教材,该年鉴被评为"省级优秀专业年鉴"。16年来,何树臣组织协调林场针对国土绿化与生态建设方面在报刊、广播、电视台、网络等各级各类媒体宣传100多条;编写了《丰宁生态文化大讲堂》,他作为县党校兼职生态教员义务宣讲生态理念与生态文化2000多人次,也使自己成为业内研究生态的专家。他还充分发挥"参谋部"作用,利用自身工作经历丰富的特长,积极搞好与相关单位和乡村的关系,为林场建设创造良好的外部条件。多年来,他共参与接待国家、省级林业系统专业会议、考察30余次,他为提高千松坝林场的知名度和美誉度立下的功劳首屈一指。

2011—2012年是林场承上启下的关键年,原有的规划即将实现,林场项目能否列入京津风沙源二期规划、建设标准能否提高等事关重大,急需向上级主管部门和主要领导呼吁。知难而进是何树臣的品格,从2011年5月开始,他与林场主要领导一起就着手新的项目争取工作,编制完成了相应规

划，为项目争取做好了充分的基础准备。他和林场主要领导一起借助领导视察、省政府现场办公、向上级主动汇报等方式积极争取新项目。通过1年多的不间断努力，新项目得到市、省和国家林业局等各级领导的重视，使项目得以延续，为今后项目区域的生态治理打下了良好的基础。

众望所归，2013年何树臣被组织委任为千松坝林场副场长。职务的变动让他肩上的担子更重了，分管生产工作后，责任更大了。他千方百计抓好生产管理，圆满完成了6个年度18万亩的造林任务，推动造林营林与旅游相结合的发展模式、生态治理整乡整村推进建设模式、造林绿化多元化投资模式，把生态林业与民生林业的有机结合，达到国家要绿、群众得利的双重目的。同时，他还积极呼吁舍饲禁牧护绿，为当地造林绿化创造良好的外部环境。

2014年，根据京、冀、承三地发展和改革委员会的要求，他主抓并积极做好跨区域碳汇交易工作，实现了项目区群众参与生态造林市场化补偿零的突破。千松坝林场碳汇一期项目成为全国首单跨区域碳汇交易后，被国家、省、市各级媒体连篇累牍予以报道，特别是2015年12月2日碳汇项目纳入习总书记出席巴黎气候变化大会《坚持低碳发展，中国在行动》特别报道，分别被中央电视台1套综合频道、中央电视台13套新闻频道各类节目中播出，各类网络媒体进行了转载，得到了社会各界的广泛关注。截至2020年9月，当地林农已获得碳汇收益230万元，助推了脱贫攻坚。他主笔撰写的《河北丰宁林业碳汇及市场化生态补偿实践》在《林业经济》2017年11期发表，2018年6月获第十四届承德市社会科学优秀成果三等奖，为林业碳汇开发工作提供了有力借鉴。

何树臣同志所在的千松坝林场作为践行"两山理论"的排头兵，从1999年开始累计实施生态治理工程116.09万亩，打造生态产业链条，为百姓增收拓宽渠道，成为生态文明建设的典范。积极推动森林村庄建设，先后在工程区内50个村进行生态治理，实施整乡整村推进治理方式，改善乡村生存环境；开展生态扶贫，在工程建设上优先使用贫困户劳动力、带动当地林苗、林草产业发展；强化经营森林，助力森林旅游，积极推动利用森林资源开发森林旅游，荣获"中国森林体验基地"称号。依托林场成林资源开发的七彩森林、京北第一开路、传奇山庄等景区扩大了当地农民就业，增加了集体与村民收入；森林成林资源的增加带动了二道河子、小北沟、大河东、孤石等村形成生态旅游专业村。他所帮扶的小北沟村2020年被评为"全国生态旅游重点村"。

种瓜得瓜，种豆得豆。正是因为他忠诚于绿色，2015年2月，何树臣被河北省绿化委员会、省林业厅、省人力资源和社会保障厅、省工会授予"河北省绿化奖章"荣誉称号，2016年被推荐为"省级绿色卫士候选人"，2020年7月被承德市人民政府认定为"承德市市级劳动模范"。

廿年风雨路、廿载春秋情！而今千松坝林场营造的林海已经焕发出勃勃生机，正发挥着涵养京津水源的重要作用，也成为20年来何树臣等千松坝务林人"拿出一腔痴情、洒下辛勤汗水、奉献青春年华"植林护绿的有力佐证！

人物九　让山场绿起来、老百姓富起来——李和保

李和保1967年出生于涉县偏城镇寺子岩村，1988年毕业于河北林学院经济林系，现任涉县林业局一级主任科员。为了让涉县山变绿、水变清、民变富，毕业后他一直奋战在林业生产第一线，埋头苦干，拼搏奉献，多次被评为省市县林业生产、林业科技先进个人，荣获省科技进步三等奖。他2000年被县委、县政府命名为"优秀专业技术人才"，2003年获"省林业科技先进个人"，2004年被国家林业局表彰为"全国太行山绿化工程建设先进个人"和"全国退耕还林工作先进个人"，2005年获邯郸市第二批优秀"专业技术拔尖人才"称号。

一、扎实工作，倾心奉献

李和保同志从河北林学院毕业后，分配到胡峪乡林业站。痴迷林业的他，一上班便投入到造林、育苗、嫁接试验工作中，白天与乡村林业队人员一起栽树、育苗、试验，晚上查阅技术资料，制定试验方案，整理物候调查记录，常常通宵达旦。1990年，他调到县果树站工作后，工作更是不怕苦，不怕累，不怕难。特别是2002年主管退耕还林工作以来，他深入到工程乡村调查研究，全县17个乡镇308个行政村514个自然村的226万亩土地上，处处都留有他的足迹。为获取准确的退耕还林工程规划调查、检查验收数据，他不知多少次攀峭壁，穿灌丛，翻沟越岭，上坡下滩，认真调查，从不叫苦喊累。正是由于这种求真务实的精神，为涉县退耕还林工程的实施积累了大量的技术基础，为编制涉县工程实施、作业设计方案打下了基础。

二、依靠科技，兴林富民

在匹配荒山造林中闪长岩山地生态条件恶劣，造林难度大，成活率低，为此，他深入有闪长岩山地乡村，大力推广侧柏、刺槐混交造林技术，圆了涉县符山周围5个乡镇25个村7万亩闪长裸岩山地的绿化梦，使往日荒山秃岭、不毛之地披上了绿装，生态条件取得了明显改善，昔日"雨天泥沙流，天旱渴死牛"的地方变成了"山坡处处绿，沟沟清泉流"的景象。为解决石灰岩山地造林成活率低而不稳的难题，他走乡入村，大力推广容器育苗，坚持容器育苗在荒山匹配造林上的主导地位，全县年均容器育苗5000万袋。为解决容器育苗造林后易遭受野兔危害，以致造林失败或形成小老苗不成林的难题，经过数年摸索，2003年总结出了灌枝覆盖抗旱防兔造林技术，在全县大面积推广，使侧柏造林保存率增加了25%以上。由此，涉县林业局2006年获"河北省容器育苗造林先进单位"。为提高退耕地核桃、花椒等树种裸根苗造林成活率，他认真配比生根粉试液，进行植苗浸根处理，同时配套采取秋冬季截干埋土防寒造林技术，使退耕地裸根苗造林成活率达95%以上，累计减少补植用工18万个，节省资金达216万元。为确保退耕还林工程绿化成果，真正实现"退得下、留得住、不反弹""生态环境良性循环，项目区群众增收"的双赢的目标，他以一个有深厚专业知识和丰富实践经验的领导者的站位，及时提出对县退耕地造林主导树种核桃，进行大面积芽接换优。截至目前，已芽接成活株数200余万株，重点示范园已开始大面积结果，为项目区群众增收打下了坚实基础。

2002年，退耕还林伊始，为确保退耕还林工程顺利实施，作为主管退耕还林副局长的他在退耕区乡村调研，一住就是20多天，白天帮助村里规划设计，晚上召开群众动员会，宣讲退耕还林政策，由于措施得力，宣传到位，全县退耕还林工作进展非常顺利。退耕还林工程实施5年来，领导指到哪里，他就干到哪里，只要有利于退耕还林的事情，他从不说一个"不"字，不管有多大困难，他都会迎难而上，哪里退耕还林工作难做，哪里退耕还林工程有问题，他的身影就会出现在哪里。2002年以来，李和保带领全县17个乡镇276个村干部群众累计完成退耕还林工程24.6万亩，其中，退耕地造林10.6万亩，每年为项目区群众争取上级补助资金1696万元，惠及项目区7万多农户28.1万人，该项工程实施完成8年后，为项目区群众年均增收4亿元，使项目区森林覆盖率增加12个百分点。由于工作扎实，成绩突出，2004年国家退耕还林主任亲自到涉县检查督导时，对涉县退耕还林成绩给予了充分肯定。2005年，河北省林业局评选涉县林业局为全省退耕还林先进单位。2006年，涉县林业局的工作受到了国家林业局检查人员一致好评。

三、多措并举，提高成效

在退耕还林工程建设中为提高造林质量和造林成效，一是坚持"四按原则"，即按规划设计，按设计施工，按施工验收，按验收兑现。为把工程建设任务具体落实到小班、山头、地块。2002年，他亲自带队深入17个乡160个村，进行逐村、逐小班、逐地块，现场丈量，核实面积，建立台账。为规范工程管理和档案管理，配置档案柜40余件、电脑4台、GPS 9部等相关设备，2003年全省在涉县召开了档案管理现场会。二是严格检查验收。为准确反映工程建设成效，在验收中，他提出了"谁验收，谁签字，谁负责"的责任追究制度，率先垂范，增强了广大林业干部对检查验收的责任感、使命感，不仅提高了验收结果的准确性，也树立了良好的林业行业形象。多年来从未有因退耕还林问题形成群访，为营造和谐涉县付出了艰辛努力。三是改变资金兑现办法。为了使退耕还林政策落实到实处，减少兑现中间环节，避免个别乡村克扣退耕户粮款发生，实现退耕补助"直达车"。2005年，他亲自主持督导，对全县所有退耕地进行全面复核，再次公示，核查无误后，协调财政、金融部门，依据复核台账，进行电脑管理，采取农户"办卡直付"方式。这种兑现方式，受到广大农户一致好评，解决了退耕户后顾之忧，为工程建设提供了坚实的资金保障，对提高全县的退耕还林工程建设质量起到了显著的促进作用。

四、活化机制，立足创新

勇于开拓，敢于创新。退耕还林工程启动时，他通过仔细调研，在2001年林业工程招投标的基础上，编定了《公司化造林实施办法》，由于公司化造林，一能扩大工程规模，二能明确各方权责利，三能实现以林养林，四能促进农民增收。此办法一出台，全县就组建了12个造林公司，常年固定员工1600余人，比较典型的有王红兵造林公司和偏店、涉城、林场、固新林果服务公司等，所承担的造林任务占全县造林任务95%，嫁接、修剪任务占全县任务80%。为了建设这样的一支稳定的造林队伍，提高员工技术素质和服务水平，每到生产关键时刻，李和保同志都亲自到现场进行手把手技术传授，现在各造林公司不仅承担于本县退耕工程，而且在周边省份也有一定影响，像山西潞城市、黎城县、左权县的退耕还林工程，造林绿化工地上都留有他们的业绩，为此多次受到上级领导表扬。2003年被省委、省政府表彰为"全省绿化先进单位"，2004年评为"全省绿化模范县"。

五、示范带动，培育产业

2002年退耕还林工程伊始，县委、县政府提出5年退耕20万亩，建设"全国核桃第一乡"的林果产业发展目标，李和保同志身先士卒，入村抓点，狠抓示范带动，亲自主抓了偏凉、南池、池西、更乐、南坡、西安居等9个县级退耕还林示范园区，积极倡导"一园双保、挂名建设"责任制，精心组织"三级大参观"，仅2002—2004年到上述各示范园区参观干群就达10万人次，通过参观现场直观的退耕还林成果，使其看到了退耕致富奔小康的希望，极大地调动了广大干群退耕还林积极性。2002年以来在示范园区带动下，全县已建成以核桃为主的林业产业园区万亩片5个，千亩片30个，百亩片100个，培育核桃专业乡8个，核桃专业村60个，连同原散生栽植核桃树273万株，核桃总株达670余万株，栽植折合面积达19.5万亩。随着退耕地核桃产业规模迅猛扩大和管理的加强，核桃产量迅速增长，涉县牢牢占据全省乃至全国"核桃大县"的地位。2004年涉县被评为"全国核桃之乡"以来，由于退耕还林产业的超速发展，极大地带动了相关产业的快速增长。2017年，涉县核桃种植面积43.3万亩，总产量达2.05万t，重点核桃种植村来自核桃的收入占农民纯收入的80%以上。如今，涉县生产的"百露珍"核桃露、琥珀核桃仁罐头已打入北京、天津、河南、山东等省（直辖市），年产值2200万元，宜维乐公司生产的"锌宝"核桃仁和精制核桃油实现年产值1000万元；新占地450亩太行核桃城项目，年产1000t核桃仁项目，2000t精制核桃油项目也都投入生产。另外，外贸总公司在309国道旁兴建的干鲜果品批发市场，年核桃交易量达5万t，销售收入3000万元。为适应市场经济和产业发展需要，有效增强退耕还林产业与后继产业及市场的联系，带动270个村7万多退耕户实现产、供、销一条龙。在他多方考察、积极提议，上级大力扶持下，建立完善了县、乡林果专业协会，发展退耕还林林果产业经纪人1500名，有效地解决了退耕农户"产多难销，果贱伤农"的后顾之忧，有力推动了退耕还林后续产业的大发展。

人物十　退耕还林花木兰——张立玲

"我的工作履历最简单了，一参加工作就干林业，工作25年一直在造林，其中就包括20年退耕还林。"承德县林业局退耕办副主任张立玲这样描述自己的工作历程。

"那是2002年，我县退耕还林任务14万亩，京津风沙源治理工程6万亩，任务创全县造林历史之最。为完成好国家交给的任务，县委、县政府果断成立了林业建设项目管理中心，从林业系统各个部门抽调人员17人，并约定，除退休等特殊情况外不准许调动，开启了我和我的团队退耕还林20年之旅。就是从那时起，我们的岗位20年间没变过，分片包联的乡镇一包20年没变过。"

再简单不过的履历表，但是工作真的这么简单吗？

"要说难度最大、压力最大还是工程刚启动的时候。退耕还林是新生事物，任务量大、涉及面广、政策性强、程序复杂、管理难度远大于一般的造林绿化工程，时时刻刻考验着我的团队。2002年退耕还林的第一年，县林业局20余名技术人员入乡进村后，已进4月，部分农户已进行耕种，未耕种农户也进行了种子化肥储备，根本没有人愿意退耕。箭在弦上，十万火急，怎么办？凭着一腔工作热情，我硬着头皮直闯县长办公室。一脸惊讶的县长听完我的汇报后，立即叫来秘书进行安排，第二天县长亲自召开了25个乡镇一把手，重点村村书记参加的退耕还林动员会，这样全县的退耕还林工作才发动起来。但是这仅仅是第一步，要想把树栽上，还有许多具体工作。我们依靠各村、组干部白天带领村民挖坑栽树，晚上挨家挨户做工作。遇到村民不同意，提出已种地、已准备种子化肥，没水、没人、没钱，卖不出去谁管等各种理由的，积极联系农资部门进行退货，带头翻地，组织村民互助，跑水利局争取水利灌溉，跑交通局申请公路补贴，一刻不得闲。"

"最难忘的有这么一件事。2003年，各地苗木紧缺，我们好不容易从赤峰调来了一车苹果苗送到甲山镇武场村，广播刚播出栽苹果苗的农户来村里领苗，还没等我反应过来，老百姓'轰'的一下上来就抢，几秒钟苗子就少了三分之一。当时，我的眼泪'哗'的一下就流下来了。同行的一位技术人员上前制止，被人一把拽到一边，还顺势给一脚。一天一夜没吃好睡好的我们俩人，在赤峰跟供苗单位讨价还价，跟其他购苗人斗智斗勇，现在苗子被抢了，除了着急、惊讶、心酸、无奈之外，全傻了眼。实在没办法，我们拿着购苗发票找到村书记。村书记看见我俩这样，笑了让我们安心。两三个小时后回来，把各栽植苹果苗农户的收条交给了我，数量一点不少，全部按原计划农户和整地面积进行的发放。我当时佩服得五体投地，三人之行必有我师，群众工作还得向村干部学习啊。"

"当然也有挺得意的事情。2004年4月的一天下午，一位七十多岁的老头气冲冲地来到我办公室，张口就说我们退耕还林违法了，我们执行政策有误，等等，要到市里、省里告我们去，让县委书记下台，还把写好的十几页告状信给我。我仔细地听着他的分析，职业的敏感性告诉我，他对政策理解存在偏差，我必须说服这个老人。既然他是从背诵《退耕还林条例》入手，那咱就掰开了揉碎了说吧。在他稍稍平静后，我立马解释了《退耕还林条例》《国务院关于进一步完善退耕还林政策措施的若干意见》《河北省退耕还林管理办法》等相关条款，分析了相互之间的联系和制约关系，指出了他在理解上的错误。老人听后顿时目瞪口呆，也没了一进门的气势。紧接着，我又给他说明了退耕还林工程的实施情况，上级政策调研情况，下步改进情况，老人心服口服，转怒为笑。最后，我还对老人表示感谢，他的意见为下一步工作改进提供了非常好的参考。临走，老人叫了我一声'闺女，有前途'，再不提告状的事了。后来，我们针对我县二轮土地承包时山地和沙化耕地很多是以产折亩或以亩定产分到各户，在退耕还林过程中出现利益悬殊太大问题上报县政府，代县政府起草下发了《关于实施退耕还林工程涉及二轮土地承包中有关政策处理意见的通知》，为退耕工作提供了有效的政策保障。"

人物十一　扎根青龙家乡，矢志绿化——高辉

在河北省青龙满族自治县大山深处，有一片占地达千亩的围山转林果产业园，苹果、欧李、葡萄、藤枣、核桃、板栗、樱桃等各类果树遍布山野，这里春季蜂飞蝶舞，夏季郁郁葱葱，秋季硕果飘香，俨然一副"世外桃源"。但在过去，这里却是一片杂草丛生的荒山。青龙满族自治县平方子乡平方子村高辉，于2015年承包荒山，以三北防护林体系建设工程为依托，利用6年多的时间让这片昔日的荒山变成了如今的"花果山"。

一、走出深山，一路拼搏事业成

2021年，49岁的高辉出生在山清水秀的青龙满族自治县平方子乡平方子村，然而，优越的自然环境并没有让这个小山村走向富裕，连绵不断的大山严重阻碍了山里人与外界的沟通。贫穷、闭塞、落后，光秃的山、坑洼的路，是高辉童年对农村最深的记忆。所以打小，他就怀揣着一个梦想——去城里工作和生活。

初中毕业的高辉告别家乡，只身一人前往大城市，从事起了建筑行业。经过20多年的打拼，高辉的事业风生水起，张家口市、保定市的高速公路都曾留下他的身影。事业的成功并没有淡漠他对家乡的思念，反而助长了他的思乡之情，他的心中总有一个愿望，那就是回家乡创业。

二、回乡创业，承包荒山造果园

高辉是个有心人，有一次，他在北京市的市场上，留意到绿色苹果有很大需求，便萌发了回家投资造林、种植果树的念头。2012年，高辉毅然决然地回到了家乡，承包了1000余亩荒山，回乡开始二次创业。

林果业投资周期长，见效慢，易受自然灾害影响，风险较高。在透露这一想法后，街坊邻居都说他有钱没处花了，亲戚朋友更是一片反对声："林果业受市场影响太大，而且周期也长，碰上个病灾的，搞不好就会血本无归了。"对此，高辉却有自己独特的看法，如今绿色果品市场需求量日益增大，发展林果业，投身三北防护林体系建设工程，不但有经济效益，还能绿化家乡的山水，改善家乡的生态环境，也为子孙后代建立绿色银行，存下一笔巨大财富。

就这样，信心满满的高辉一头扎进了这片荆棘丛生的荒山。

三、下定决心，披荆斩棘开荒山

尽管已经过去了快6年，2012年开始选林栽果已近10年了，但说起当初开垦荒山参与三北防护林体系建设工程的情形，高辉还历历在目。没有水、没有电、甚至没有一条能走的路。300多个日日夜夜，吃住在山上一个简陋的小房屋里，孤独、寂寞如影随形。尤其到晚上，只剩一人心里就发毛，外面漆黑一片，四处都是虫鸣声，偶尔有个风吹草动，就会吓得心惊肉跳。人累瘦了，脸晒黑了，手裂出血口子来，腰疼得直不起来，两只手硬得都握不住锹镐，高辉却从未退缩。

在这开荒的一年里，这片人迹罕至的荒山上几乎每一处都留下高辉的身影。他不知磨破了多少双鞋，挂破了多少件衣裳，不知洒下了多少汗水。就这样，一年下来，以"围山转"模式为主的工程建设雏形基本完成。

看着往昔的荒山已经栽上果树，高辉觉得，往日的一切辛苦都是值得的。然而，沉浸在这喜悦中还没多久，现实却给了他当头一棒，当年栽植的苗木成活率不到一半。

四、规划引领，技术设施齐上阵

遭受了挫折的打击，有的人会从此一蹶不振；有的人只凭着一腔热血硬拼，往往屡遭失败；而在建筑行业摸爬滚打近20年，积累了丰富创业经验的高辉，开始自我反省。他意识到，万事都要有谋划，良好的开始是成功的一半，种植果树也不例外，必须要规划先行。高辉请来林业工程技术人员对承包的荒山进行科学规划，根据坡位、坡向、土层厚度等不同的立地因子进行造林设计，并参照建筑工程的模式形成了施工图，挂图作战。这样，项目的顺利实施就有了风向标，有了指示灯。

果树苗木的选择、培育、管理都大有文章，仅凭一腔热血远远不够，必须要有技术。他多次前往全国各地的林果基地考察、学习，最终从山东省烟台农业科学院购进脱毒烟'富3'苹果苗1.1万株，从河北省农业科学院昌黎县果树研究所购进'宫埼'苹果苗2100株、'王林'苹果苗2250株，美国'蜜脆''维纳斯黄金'苹果苗各1000株，同时还有欧李、藤枣、葡萄等树种，并在路边、山边栽植部分桃树、核桃、板栗、樱桃等。为提高成活率和保存率，在林业技术人员的指导下，认真学习造林技术，在栽植时期，就准备了备用苗木，栽到灌满土的编织袋中，将山上死亡的苗木及时补植替换，以保证山上的树木全部成活。同时，采用树木与草药间作模式，不断创新和拓展林业多功能性，以短养长，提高综合效益。为加强管护，他还长期聘用河北省昌黎县果树研究所研究人员和果树农艺师作为技术顾问，全过程进行技术跟踪，确保工程建设如期达产达效。

在土壤贫瘠的荒山上造千亩林海的难度大，必须要保证水电路讯等基础设施。华北平原东北部的燕山山麓，春季干燥少雨，新栽植的苗木单靠自然条件，极不易成活。为此，他加大基础设施建设投资，修建林路逾3000m，架设动力电路1500m，建设排水沟逾2000m，打深水井3眼，灌溉用水塔3

个，并配备相应的上下水管道约 6000m，另建容量 500t 蓄水池 1 个，100t 蓄水池 3 个。电有了、水有了、路有了，树木开花结果就有了指望。

五、以树为媒，带领群众拔穷根

几年下来，往日的荒凉不在，如今已是绿满山头，硕果累累。山绿了，生态效益发挥出来了。但如何才能把生态效益和经济效益相结合，带动周边百姓增收致富？

"习近平总书记说过，绿水青山就是金山银山，河北省委也提出了乡村振兴战略，这一片林海不就是最好的载体吗？"为此，高辉成立了辉硕家庭农场，常年用工 110 余人，其中，以雇工形式帮扶村里建档立卡贫困户 27 户，群众直接增加年收入 1.5 万~2.6 万元。同时，合作社还因势利导，辐射带动本村及周边薛庄、于杖子、乱泥沟三个村群众发展果园，向他们无偿发放了果树树苗，支持他们发展庭院经济，在全村打造集特色种植、农业观光采摘、休闲娱乐为一体的生态旅游产业，全面提升新农村品位，为当地群众脱贫致富打开一条新路。在高辉的带动下，本村及周边群众 410 余户群众靠发展果树走上致富道路，群众年收入人均增加 2090 元。

6 年来，高辉披荆斩棘，自力更生，克服重重困难，在打造三北防护林体系建设工程过程中闯出了一条特色发展之路，实现了生态效益和经济效益双赢。不仅改善了生态环境，改善了农村面貌，也直接解决了大批农村人口的就业问题，增加了农民收入，更是发展了农村旅游，将当地淳朴的民风和文化特色发扬光大。

人物十二 "退而不休"的老局长——郭镇忠

68 岁的郭镇忠，退休前任邢台县林业局局长，曾先后获得"全国绿化劳动模范""全国五一劳动奖章""省优秀共产党员"等荣誉称号。郭镇忠对林业有一种特殊的感情，退居"二线"后，他本来可以和平常人一样，帮助带孙子孙女，但是他坚持退而不休、退而有为的信念，在育人和育树方面毅然选择了育树。他没有枕着荣誉证书睡大觉，没有戴着荣誉奖章过闹市，没有揣着退休工资享晚年，而是一头扎进彩虹山，向荒山进军，向石漠化宣战，创新绿色发展，践行绿色使命。

在彩虹山顶上，郭镇忠用石头制作了两面高大的旗帜：一面旗帜上写着

"生态修复",一面旗帜上写着"回归自然"。两面红旗的中间镶嵌着一块儿形似中国版图的大石板。这幅旗帜和中国版图的组合,寓意是:胸怀祖国,高举旗帜;生态修复,回归自然。这是郭镇忠矢志不移、治山不止的形象诠释。他坚定"国是父、党是母、山为父、地为母"的信仰,于2009年选择了西黄村镇北会村6000亩的荒山,开始了山、水、林、田、路、草、沙综合治理。其目的是在太行山极贫瘠退化石质山地营造一片绿地,探索治山、治水、造林绿化、生态修复的方法,为浅山丘陵区综合开发开辟新途径,让同类区域的开发治理可复制、能套用,从而破解太行山人工植被恢复困难、自然恢复速度缓慢的难题。

郭镇忠2009年大年初二就上山开始搞勘查规划。他走过乱石嶙峋的山坡和崎岖不平的沟壑,不知磨破多少双鞋,摔过多少次跤。有一次勘查修路时,由于山上有雪,他从2m多高的地埂上摔了下来,当时他感到疼痛剧烈难忍,半天喘不上气,跟前又没有其他人,他自己在冰凉的地上躺了半个多小时才强忍着疼痛慢慢爬起来。后来到医院检查,尾椎粉碎性摔伤,肋骨骨折,医生建议住院治疗。可谁也没有想到,他第二天仍然开车上山了。因为开车坐的时候尾椎部位一用力就钻心地疼,他就想了个办法,自己做了个专用厚垫子,中间尾椎接触的地方掏空,不让尾椎部位着力。他就这样一直坚持了5个月,疼痛感才渐渐消失。无论是酷暑还是严冬,无论是摔伤还是感冒发烧,郭镇忠从来没有休息过一天。他常向人自夸,自己是个"铁人",是特殊材料制成的,冬天不怕冷,夏天不怕热,受伤不怕疼,苦难不退缩。人吃五谷杂粮,人是肉体凡胎,怎能不知气温冷暖,怎能不知身体疼痛,这完全是由一种铁人般的坚强意志支撑着。为了减少人员开支,节约治山成本,郭镇忠身兼数职,既是技术员又是生长队长,既是司机又是后勤部长。郭镇忠治山造林12年时间,"天明出征,日落收工,一身臭汗,浑身轻松"正是他对自己日复一日勤奋劳动的真实写照。

郭镇忠经常说:"趁退休后有时间,趁身体还健康,趁自己还'年轻',为绿化荒山多栽点树。"这句风趣又朴素的语言,使郭镇忠在彩虹山一守就是12年,期间他没有接送过孙子孙女,甚至不知道孩子在哪个幼儿园哪所学校上学。但12年来,他把彩虹山的每一棵树当成自己的孩子来精心管理,从采种到育苗,从整地到栽种,从一棵棵小苗长成一片片树木,每棵树都浸透着他的心血和汗水。有人问他:"你这样天天在山上干活累不累,能撑得住吗?"他望着山上一行行苗壮整齐的树说:"我不累,我有我的仪仗队。"12年间，他每天在山上忙于栽树，极少参加亲朋好友的婚丧嫁娶、礼尚往来活动，昔日的朋友也疏于联系。有一天，郭镇忠遇到一位老同事："听说你栽了那么多树，你还想活100岁，能赶上做棺材用？"他乐观地用一首打油诗回敬："栽树不为做棺材，意在修身养心态；栽树不想发大财，只为营造好生态。"郭镇忠治山治水栽树的精神感动了北会村的文艺宣传队，文艺宣传队每年正月上山慰问演出，宣传队自编了夸赞唱词："乡亲们听我唱，彩虹山变了样，昔日荒山披绿装，劳模精神令人敬，实干精神是榜样……"

彩虹山生态综合治理是一项系统工程，涉及山水林田路草综合治理，涉及管护、防火、病虫害防治、野生动物保护等方面的问题。为实现科学治理，打造样板工程，郭镇忠总结出了"机械凿大坑客土造林模式、水平沟+渗水坑整地造林模式"等九种生态治理模式，总结出了"育苗造林相结合、乔灌草相结合"等四种生态治理经验。彩虹山的森林覆盖率由4%提高到65%，土壤侵蚀和水土流失状况得到明显抑制，生态环境得到了明显改善。尤其在生态修复工程方面，提出了"高标准修复、高规格苗木、高质量管理、高生态效益"的理念，实现了"超标准修复、大苗木绿化、百分百存活、短时间成林"的目标。探索出了"苗木是先锋、水利是命脉、整地是基础、技术是支撑、经济是保障、精神是支柱"的治理路子。

彩虹山的治理模式和经验先后得到了省、区、市的肯定，2020年3月，省人大常委会会议审议太行山绿化建设决定调研报告时肯定了郭镇忠的治山造林模式和经验。2020年7月2日，省人大组织机关干部来彩虹山开展太行山绿化建设专题调研暨"重温入党誓词，不忘初心使命"主题党日活动。2021年3月21日，邢台市委书记钱三雄到彩虹山调研，称赞郭镇忠退而不休，12年如一日治理荒山，展现了共产党员的风采。

截至目前，彩虹山工程共栽植油松、侧柏、椿树等树木42万余株，种植中药材1860亩，机械整地2350亩，架设高低压线路5700米，建塘坝4座、蓄水池7个、扬水站2座，修作业路和防火道21.9km，垒护地堾21600m，总动土石方280多万方，新建望火楼、房屋、仓库420m²。

河北农业大学2018年以来连续组织130多名师生来彩虹山开展教学实习。下一步河北农业大学将把彩虹山作为科研、教学、生产三结合基地，进一步开展太行山极贫瘠退化石质山地植被构建理论与技术、山地水土资源高效利用整地技术、乔灌草种植与管理技术、病虫害综合防治及野生动物保护等方面的研究，将彩虹山建成太行山浅山丘陵区生态治理的样板、太行山极贫瘠退化山地生态治理专业人才培养基地、太行山浅山丘陵区文化康养基地。

十年树木，百年树人。郭镇忠经常说："我没有本事营造一片蓝天，但我有能力营造一片绿地。"郭镇忠有一个愿望，就是把彩虹山打造成过硬的典型，用榜样的力量影响带动更多的人投入山区综合开发治理，真正实现"寸水必拦蓄、寸草必保护、寸石必利用、寸地必绿化、寸山变寸金山"。

人物十三　全身投入三北事业——陈合志

廊坊市地处京津之间，面积 6429 km²。北部有燕山余脉的山地 1 万公顷；中部永定河多次改道，淤积了大面积沙岗、沙丘，沙化土地面积近 20 万 hm²；南部有近 3.5 万 hm² 的土地属黑龙港流域，是全省主要盐碱区之一，严重的土地盐碱度超过 2‰。"山妖""沙鬼""盐魔"超过全市总面积的三分之一。过去，每年大风日数超过 25 天，春秋两季，风起沙扬，遮天蔽日。多次的洪涝灾害，使得大面积土地因盐碱，庄稼减产减收，农民苦不堪言。工程实施前，有林地面积不足 7 万 hm²，全市的森林覆盖率仅为 9.7%。

现在，实施三北防护林体系建设工程造林，科学有效地封山、治沙、压碱，全市山地得到了绿化保护，沙岗、沙丘得到治理，沙化盐碱化土地得到根本改良，自然灾害明显减轻，环境质量明显提高。全市空气质量好于Ⅱ级的天数连续多年达到 330 天以上，实现了天蓝、水清、树绿、花美，人们安居乐业，各项事业蓬勃发展。全市三北防扩林体系建设工程造林 14 万 hm²，北部建成了 1 万 hm² 的高标准农田林网和生态景观林，形成了林农复合综合防护林体系；中部沙区内营造了近 4 万 hm² 的防风固沙林和速生丰产林，建设了 2 万 hm² 的热杂果基地和腊杆生产基地；南部建成了近 3 万 hm² 的治荒治碱生态林和金丝小枣基地。全市森林覆盖率提高到了 30.66%，成功地为京津两市构筑起了生态安全屏障。

过去与现在生态环境的巨大变化，植树造林取得的重大成绩，有市委、市政府的正确领导，有广大人民群众的积极参与，不可否认，这里一定有全市务林人的功劳。要提廊坊的务林人，陈合志就是他们中的一个代表，廊坊林业工程项目中心主任，一个倾心于造林绿化事业的"老专家"。他从事林业技术工作 30 多年，爱岗敬业，乐于奉献，善于学习，刻苦钻研业务，把自己的聪明才智奉献给了"三北事业"。梅花香自苦寒来，宝剑锋从磨砺出。他经过艰辛的努力，从一个技术员成长为一名农业研究员、北京林业大学客座教授，先后荣获"全国三北防护林体系建设先进个人标兵""全国森林病虫害防治先进个人""河北省农业科技先进工作者""河北省职工创新能手""廊坊市政府市长特别奖""廊坊市劳动模范"等荣誉称号。廊坊三北工程成功实施，生态环境明显改善，这里面流淌着他的满腔热血与汗水。

他的工作作风体现了一个"实"字。"京津绿色屏障""北京城市副中心""首都新机场""雄安新区边界地区""京津保生态过渡带""生态环境支撑区"，这些词语每时每刻都萦绕在陈合志的心中，他清楚地认识到，廊坊的区位非常特殊，改善生态环境，提高绿化水平一定是廊坊市始终坚持的核心战略，着力点一定是三北工程的实施建设。为此，他精思考，细谋划，慎管理，狠落实，把"生态文明建设、改善生态环境、三北工程、植树造林、农业增收致富"等词语进行有机地融合，谱写出一段段优美的旋律。每当人们称赞他工作水平高，深受林农爱戴时，他就说："我们技术人员就得技术硬，就得心系林农，要禁受住时间的考验。李保国老师是我学习的榜样，他的忘我工作、甘心奉献的精神一直鼓舞着我，激励着我，和李老师比起来，我还做得不够。"因此，他身先士卒，深入基层，亲自抓点，树立样板，特别是在工程建设上，从规划设计到具体施工他都亲自过问、亲自参与，他不仅谋划思路，提出措施，还带领科室同事率先垂范抓落实，努力使思路和措施成为全市林业项目系统的积极行动。每个大的林业工程项目，他都积极谋划，参与争取、运作与落实。每次有影响的林业活动，他都要参与组织协调。每个项目的工作部署，他都要亲力亲为，带领人员深入基层检查督导。他组织召开的工程专题会议50多次，先后多次到工程县，到乡镇，到村庄，到路旁林间，找领导，见群众，直接到一线检查督导、组织落实。2009年，全市三北防护林体系建设工程调度会在文安、大城两县召开。早七点半出发，他率领各县林业项目管理人员现场观摩，下午近两点才吃午饭，后又马上召开会议，直到晚七时才赶回市里。为了改变工程苗木"杨家将"，引进推广了近20个用材、经济林优良品种。为了监测这些树种的生活习性，多年来他亲自记录的监测记录就有两个档案柜。这样的实例很多。他就凭着这样的精神抓工作，也正是由于他的这种工作作风，赢得了省市领导的好评和信任。

他对待工程管理落实到一个"严"字。为了高标准高质量完成工程建设任务，每年初他都要建议组织召开全市三北防护林体系建设工程动员部署会，让每个工程县都了解工程的任务、重点和目标，有效杜绝了工程建设出现任何偏差。在工程造林期间，他经常下到基层了解林情，走访农户。无数次，他拖着患有糖尿病的身躯，现场指挥、现场督导，发现工程质量问题时他对施工单位不留情面，当场指出，当场问明原因，当场追问整改时限，整改结束后他还要再次复查。2013年年底，他的一个好友找到他，求他帮忙为亲戚家销售苗木。他推心置腹地说："工程造林用苗必须要经过公开招标，这是规定。亲戚家的苗木在繁育过程中需要任何技术服务，我可以无偿帮助，等到苗木质量达到要求了，不用任何人说情，可以直接去竞标。"2015年6月上旬，一次他到工程现场抽查苗木萌芽率，发现有一小班在新植幼树行间兼作了玉米，他就前往小班所在村，找到了小班所属的林农。在他说明兼作玉米的危害后，林农很是固执，认为不会影响幼树，还能增加收入，就是不愿意改正。他就耐心细致地做工作，把专业理论通俗化，一点一点地讲解给林农听，最后林农终于了解了间作高秆作物对幼树的危害，不久就改种了大豆。2016年，在工程规划设计过程中，有位朋友求他帮忙，想将一块空地纳入工程，他耐心地对朋友讲解工程政策，拒绝了朋友的请求，给设计人员做出了表率作用，体现出他坚持原则、照章办事的人品。由于工程管理严格，廊坊的三北防护林体系建设工程实现了高标准、高规格、高质量的建设目标，造林质量合格率、成活率、保存率均达到了90%以上。

他对待科技突出了一个"钻"字。他时常对年轻同事讲，科技好比是根，为林农服务是枝，只有根系发达，扎根越深，才能枝繁叶茂，才能更好地为广大林农服务。因此，我们一定不能忘记根本，要潜心学习，刻苦钻研，努力提升自身的科技水平。他是这么说，也是这么做的。每次见到造林新品种、新技术，他都要了解生理习性，生长表现；每次国家、省厅的新技术培训，他都要踊跃参加；每次遇到专家教授，他都要虚心请教。多年的蛰伏终将迎来破茧而出。他主持参与了多项林业课题的研究，推广面积达2万hm^2。"苹果花芽分化后的激素调节机理控制技术"课题，获农业部科技进步奖二等奖；"基于因特网的农业管理信息系统、专家系统及其支撑工具的研究"课题，获省科技进步奖三等奖；"廊坊地区果树害虫防治技术应用"课题，获市科技进步奖一等奖；任中美合作研究项目"光肩星天牛的生物学调查与防治技术研究"的廊坊市两个试验项目的主持人，多次参与项目的设计、试验等工作，得到了国内外专家的好评。另外，他还主编了《美国白蛾防治技术》《廊坊市林业有害生物防治技术》两部专著，在中国农业出版社出版发行；在省以上刊物上发表专业论文共计30篇。

他对待林农饱含了一个"情"字。他对林农的情，表现在凡是接到农民的请求，他都争取第一时间赶到现场为农民排忧解难，风里去，雨里行，雨天一身泥、风天一身土。尤其是灾害天气，新植幼树萌芽率成活率低，长势弱，再遇到病虫害发生严重，林农都十分焦急，他不辞辛苦，没特殊原因一定做到随叫随到，到林农的小班地块指导；如不能到达现场的，则电话联系帮忙解决，为林农挽回了大量的损失。2017年5月的一天下午5点半下班了，安次区东沽港镇的一位林农打来电话，称自家100亩的幼树很多根茎部出现了溃疡伤口，能不能赶快过去诊断一下病症。陈合志二话不说，问明具体地点后，直接奔赴50km以外的现场，实地勘查诊断后，他告诉了林农幼树患上溃疡病，让林农购买相应药物，详细讲解了治理办法。就凭着对林农的"热心"，他赢得了广大群众的爱戴。

多年来，廊坊的三北工程建设一直处于全省先进水平，创出了一批国家级、省级的精品工程。廊坊林业发展取得的巨大成绩，老陈却从不满足，他又为自己确立了新的更高的目标。

人物十四　太行山的播绿者——魏强

魏强2015年3月任涞源县林业局局长，机构整合后现任县自然资源和规划局党组副书记、副局长。2015年至今，依托三北防护林工程，累计完成造林绿化106.9万亩，重点在窗口地带、国省干道、高速公路、铁路沿线两侧、河流两岸、旅游景区周围等区域开展廊道绿化、水系绿化、景区绿化，使全县森林覆盖率提高到46.5%，生态环境得到有效改善，创造了涞源县林业发展史上辉煌业绩。在他担任林业局局长期间，涞源县林业局曾被授予"河北省林业系统先进集体""保定市造林绿化工作先进集体"等荣誉称号。

一、科学规划，描绘绿色蓝图

涞源县地处保定西北部，是白洋淀上游重要水源地。魏强同志上任县林业局局长伊始，就坚定一个目标——任职期间，要充分发挥涞源县山场资源优势，大力开展植树造林，绿化荒山，逐年增加森林覆盖率。目标既定，他就带领林业技术人员深入乡村，爬山越岭，实地调研，科学谋划工程造林和荒山绿化。依托三北防护林体系建设工程，集中连片、规模治理、打造精品，以每年不低于10万亩的绿化速度，全面打造防护林、经济林、景观林三大生态屏障，全方位构建通道绿化不断线、荒山绿化不断带、环城绿化形成圈、关键地段有精品、重要区域现景观绿化框架，实施城乡植绿、身边增绿、景区添绿三大工程，大手笔描绘涞源县绿化蓝图。

二、示范引导，打造精品工程

以雄安新区白洋淀上游规模化林场建设为重点，采取"打造精品、整体推进"绿化模式，以国省干道、高速两侧、水系两岸、景区周边及贫困村周边连片山场为主要绿化区域，培植造林亮点工程。

形成以点连线、由线到面的县域绿化新格局，大规模推行"郝氏造林法"，"育林板"高规格整地，"容器苗"高标准造林。

为支持光伏产业健康发展，规范光伏电站建设使用林地行为，促进林地和光资源的合理开发利用，该县光伏项目全部采用"林光互补"模式，采用"育林板整地法"，实施林光互补造林约1300亩。

结合京冀扶贫协作项目，在北石佛乡红泉村实施高标准荒山造林1500亩，全部栽植1.5m高以上大苗，造林成活率达85%以上。

三、创新机制，推动工程造林

看到涞源县近年来由于降水减少导致造林成活率低的现状，魏强白天吃不下饭，夜不能眠，苦思凝想，召集造林技术权威商讨破解荒山绿化难题的办法。经过认真探索研究，因地制宜，创新造林工作方法。一是创新造林模式。示范造林工程主要以专业造林队施工为主，林业局与造林施工队签订《三北防护林工程造林施工合同》，施工队严格按照造林技术规程进行施工。二是创新育苗机制。根据每年工程造林任务和造林树种，实行"农户育苗-林业补助-收益自得"方式，定点定量繁育优质容器苗木，保证全县造林用苗，原则上造林全部使用本地苗木。三是创新考核机制。将工程建设情况纳入乡镇和有关部门年终考核，实行"书记抓、县长查、捆绑问责、一抓到底"，落实奖惩制度，有效促进了造林绿化工作。

四、注重科技，提高造林成效

在工程建设上，大力推行容器苗造林，严格按照"五统一"（即统一规划，统一挖坑，统一调苗，统一栽植，统一管护）标准组织施工和建设，确保造林成效。采用高规格整地、客土栽植等造林技术。实行造林技术指导分包责任制，以股室为单位，林业技术员包乡入村，到造林地块现场指导整地和栽植，使成活率明显提高。

五、加强管理，确保工程运行

严格实行工程造林资金的预（决）算管理和运行中的事前、事中和事后全过程管理，明确控制指标，经常性地进行资金检查和工作考核监督。工程实施前，严格科学设计，做到适地适树、树种结构合理、建设任务明确，技术要求、质量标准具体明确，为工程建设顺利实施提供了科学依据。工程实施中，坚持定期、不定期的检查、督查，发现问题立即纠正，确保质量。工程实施结束之后，严格执行《三北防护林体系建设工程检查验收办法》规定，聘请第三方验收单位对三北工程进行全面验收。确保专项资金全部用于建设项目。

六、强化管护，巩固造林成果

山区造林不易，管护更难。坚持生态建设与资源保护并重的原则，在管护上下大力、出实招，全面实行封山禁牧措施，加强造林区的管护。一是落实管护责任。一方面，全县建立县、乡、村三级护林队伍体系。健全和完善林木管护制度，林业局与乡镇、乡镇与村及荒山承包户分别签订管护合同，管护任务落实到乡、村、户，管护责任落实到人。同时，发挥生态护林员管护作用，明确管护责任。护林员由造林乡村、林业局共同监督考核，每季度考核一次。二是强化禁牧管护。严禁牲畜上山，严格禁止山羊上山。县政府与各乡镇、办事处签订责任状，各村制定村规民约，森林公安派出所、林业综合执法大队同各乡镇、办事处协调联动，加大对放牧毁林行为的打击力度，确保封禁成效。三是利用保险养林。联合中华联合财产保险股份有限公司推行政策性森林保险民生工程，鼓励全县林权所有者积极参加森林保险，提高林农和林业企业抵御风险能力，使现有的森林资源得到有效保护。每年全县国家和省级重点公益林全部投保。四是强化执法保林。积极争取县委、县政府主要领导支持，建立健全林业执法机构，紧密配合，协同作战，严厉打击毁林行为，有效保护来之不易的工程建设成果。

人物十五 带领村民绿化又致富的当家人——刘秀堂

刘秀堂作为磁县陶泉乡辉水村的当家人,从上任村支书的那一天起,他的梦想就是让辉水荒山披翠、土地生金,让村民摘掉穷帽子、过上幸福生活。2002年,退耕还林在河北省全面铺开,政策的春风吹到辉水村。刚刚担任村书记的刘秀堂当即眼睛一亮,觉得辉水村的发展机会来了,发誓要依靠国家政策让辉水旧貌换新颜。从此,他与退耕还林结下不解之缘,号召乡亲们响应国家号召,大力实施退耕还林,绿化家园,建设美丽乡村。

辉水村位于磁县、安阳县、涉县3县交界处,深处太行山脉,群山环抱,距磁县县城55km,距陶泉乡政府驻地11.5km,是个宁静古朴的小山村。2002年,全村耕地1500多亩,森林覆盖率不到20%。农作物种植靠天收,一年一季,耕作还靠畜力和人力,农作物平均每亩纯收入不足100元,全村年人均收入不到900元。村民人心涣散,在村里看不到盼头,外迁人口逐年增多,常住人口仅剩100余人。村口大堤上写着"锦绣太行,美丽辉水"八个大字,成为数百年来辉水人的期盼。

面对现状,刘秀堂没有退缩,没有等靠。他觉得要想把村子建设好、发展好,首先要凝聚大伙儿的心气,特别是村两委班子和全体党员要心往一处想、劲往一处使,抓住退耕还林机遇,才能带领村民走出一条自力更生、和谐共建的发展道路。万事开头难,对于一向习惯了交公粮、交农业税的群众来说,面对突如其来的退耕还林政策、他们担心"国家能否真的兑现补助政策,补助政策能延续多少年,补助到期后怎么办,退耕后粮食不够吃怎么办"等一系列问题。面对群众的疑问,刘秀堂第一件事就是召开党员干部会议,给大家讲政策,讲形势,统一两委班子思想。刘秀堂讲得很动情,他说:"辉水村一穷二白,村民不断外迁,照此下去我们村将不复存在。作为党员干部,我们应该起到模范带头作用,带领全村人民过上幸福生活。现在机会来了,国家给了好政策,如果我们不用足、用好,我们将是全村的罪人。"经过动员,村两委班子统一了思想,决定以退耕还林为契机,在全村植树造林,建美丽新村。刘秀堂给村两委班子分工,要求每名村干部就近包户,做群众思想工作,动员大家把应退耕地全部退下来。两委班子成员上门做群众工作,向群众讲解国家退耕还林政策,带领群众代表到外地参观学习,消除群众思想顾虑。2002年,全村98户与乡政府签订退耕还林合同,退耕地造林107.5亩，匹配荒山造林100亩。至此，退耕还林在辉水落地生根。

退耕还林在村里开花结果。随着补助政策的持续兑现，村民观念发生了转变，从"要我退"变为"我要退"。刘秀堂面对情绪高涨的村民，没有就此"大撒把"，而是结合全村发展，认真谋划全村绿化应该怎么搞、怎么抓。刘秀堂多次到县农工委、林业局咨询全村林业发展方向，聘请专业技术人员到村进行详细规划，到其他村学习取经，召开党员和群众代表大会共同讨论。最终确定，辉水必须走绿色发展之路。抓住退耕还林机遇，辉水村沟谷及其两侧相对平整的土地作为全村的口粮田种植粮食作物；坡耕地、偏远耕地全部实施退耕还林；全村5000多亩荒山全部承包到户，限期绿化；道路、河流沿线、村子周围大力栽植绿化美化树种。在树种选择上，刘秀堂没有随大流，而是走遍全村的山前背后，精挑细选，确定退耕地和土层较厚的荒山以栽植核桃、花椒、柿子、黄连木为主，增加群众收入。荒山造林以侧柏、油松、黄栌、嫁接皂角为主；道路两侧、村子周边以白皮松、'金叶'榆、'金叶'槐等树种为主，再配以花灌木，全面提升辉水绿化美化水平。在刘秀堂的带领下，辉水村实施退耕还林3500多亩，其中，退耕地900多亩。如今退耕地栽植的花椒、核桃果实累累，花椒平均每亩收入1600元以上，核桃平均每亩收入2800元以上。

站在辉水村西坡垴山顶，俯瞰辉水，但见屋舍俨然，错落有致。梯田层层，绿茵如毯。放眼望去，远处的山峦雾岚氤氲，山势嵯峨，绵延起伏，浑然一体。每年秋季，由黄连木、欧黄栌、柿树组成的漫山红叶，红得各不相同，共同组成了五彩缤纷的红叶谷，好似被谁打翻了五色盘洒落人间，美不胜收。邯郸当地有句流行语"早知辉水有红叶，不必奔波去香山"。

绿水青山，蓝天白云，与三叠瀑布、辉水石桥、辉水水库浑然一体，与村内石楼石阁、石房石院、石街石巷遥相呼应，辉水村宁静、祥和、美丽。退耕还林让辉水这个过去的石头村迸发出前所未有的活力，辉水成为磁县目前唯一一个"省级美丽乡村"，"锦绣太行、美丽辉水"从此成为现实。"我们将生态环境建设与乡村旅游相结合，大力开展美丽乡村建设，带动村民致富。"刘秀堂说。"现在环境好了，游客来了，旅馆也开起来了，村里的年轻人也陆续回来了！"村里的老人说。县委常委、宣传部长蒋腾龙说："多年来，辉水村干群同心，大力实施退耕还林，建设美丽乡村，天蓝水绿的辉水村'旧貌换新颜'。"

2017年8月31日，辉水村迎来了由某国际旅行社组织的首批60余人的旅行团来辉水村游山玩水，吃大锅菜，看大戏，观古建，参观美丽乡村。2018年，辉水村接待游客5万人次，旅游收入超过100万元。如今的辉水村在刘秀堂的带领下，青山环抱，绿树环合，瓜果飘香，古村落正在唱响发展和蝶变的时代新歌。

主要参考文献

董智勇. 我国生态林业的理论与实践. 全国生态林业学术讨论会论文集[C]. 北京：中国林业出版社，1991.

高尚玉. 京津风沙源治理工程效益（第二版）[M]. 北京：科学出版社，2012.

葛会波. 河北省可持续发展林业战略研究[M]. 石家庄：河北科学技术出版社，2008.

谷建才. 论林业生态环境建设的主体地位[J]. 林业科学，2000，5：127.

河北省林业厅. 河北省"三北"防护林体系建设二十年[M]. 北京：中国林业出版社，1998.

金正道. 日本的林业治山事业[J]. 国土绿化，2003(9)：86-90.

李世东. 世界重点生态工程研究[M]. 北京：科学出版社，2008.

马世骏，李松华. 中国的生态农业工程[M]. 北京：科学出版社，1986.

宋兆民. 黄淮海平原综合防护林体系生态经济效益研究[M]. 北京：北京农业大学出版社，1990.

王德，谷建才. 首都周围绿化工程建设与评价[M]. 石家庄：河北科学技术出版社，2001.

王九龄. 中国北方林业技术大全[M]. 北京：北京科学技术出版社，1992.

王礼先. 林业生态工程技术[M]. 郑州：河南科学技术出版社，2000.

徐国桢. 林业系统工程[M]. 北京：中国林业出版社，1992.

云正明，毕续岱. 中国林业生态工程[M]. 北京：中国林业出版社，1990.

张佩昌，袁家祖. 中国林业生态环境评价、区划与建设[M]. 北京：中国经济出版社，1996.

郑钧宝. 河北森林[M]. 北京：中国林业出版社，1988.

彩 图

塞罕坝林场人工造林（摄影：张向忠）

塞罕坝林场万顷林海（摄影：王龙）

塞罕坝林场秋色（摄影：范明祥）

塞罕坝林场三道河分场（摄影：张晓光）

联合国和非洲官员考察塞罕坝林场展览馆（摄影：冯长红）

联合国和非洲官员考察塞罕坝林场建设成效（摄影：张向忠）

塞罕坝林场困难地造林（摄影：张向忠）

草原天路（摄影：孙阁）

围场县御道口镇三复兴村退耕还林工程（摄影：刘海金）

围场县御道口镇石人梁村退耕还林工程（摄影：张进献）

围场县四道沟乡永和义村退耕还林工程（摄影：刘海金）

围场县御道口镇御道口村退耕还林工程（摄影：李瑞民）

三北工程防护林建设（摄影：孙阁）

廊坊市三北防护林工程林下种植魔芋（摄影：孙阁）

雄安新区千年秀林（摄影：郭小军）

雄安新区绿化（摄影：郭小军）

县小坝子榔头沟沙化（丰宁县林业和草原局提供，2000年）

丰宁县小坝子榔头沟绿化成效（丰宁县林业和草原局提供，2009年）

宁县小坝子生物沙障工程固沙（丰宁县林业和草原局提供）

丰宁县小坝子生物沙障工程固沙成效（丰宁县林业和草原局提供）

丰宁县小坝子喇嘛山口沙化（丰宁县林业和草原局提供，2000年）

丰宁县小坝子喇嘛山口治理成效（丰宁县林业和草原局提供，2009年）

宣化黄羊滩典型地貌（摄影：姚建明）

宣化黄羊滩防护林初建（摄影：姚建明）

宣化黄羊滩防护林成效（摄影：姚建明）

宣化区黄羊滩流动沙丘治理模式的人工植被（摄影：姚建明）

宣化区黄羊滩流动沙丘治理模式的生态垫（摄影：姚建明）

宣化区黄羊滩流动沙丘治理模式的网格生物沙障（摄影：姚建明）

丰宁县小坝子卫星影像图（1999年）

宣化区黄羊滩卫星影像图（2001年）

丰宁县小坝子卫星影像图（2009年）

宣化区黄羊滩卫星影像图（2010年）

丰宁县小坝子卫星影像图（2019年）

宣化区黄羊滩卫星影像图（2021年）

注：此页所有图片由河北省林业和草原规划院提供。

彩 图

塞北林场崇礼羊草沟工程区（摄影：李文立，2011年）

塞北林场崇礼羊草沟工程区（摄影：郑广，2017年）

崇礼区冬奥赛区绿化（摄影：牛志刚）

崇礼区冬奥赛区绿化公益活动现场（摄影：康成福）

张家口沿坝防护林工程（摄影：康成福）

张家口塞北林场工程（摄影：程文秀）

塞北林场南滩工程区（摄影：程文秀）

沽源县京津风沙源治理工程（摄影：孙阁）

平泉市七沟凤凰岭工程区（摄影：张善虎，2000 年）

平泉市七沟凤凰岭工程区（摄影：张善虎，2005 年）

崇礼区清水河上游治理工程整（摄影：康成福）

丰宁千松坝苗圃（摄影：孙阁）

御道口疏林草原（摄影：范明祥）

沽源县退耕还林（摄影：康成福）

万全区卧龙山绿化工程（摄影：姚伟强）

邢台市信都区太行山绿化（郝氏造林法）（摄影：姚宪法）

涉县太行山绿化工程（摄影：袁洪波）

武安市太行山绿化（摄影：袁洪波）

临漳县地下水超采综合治理项目（摄影：王泽民）

海兴县沿海防护林工程（摄影：曲炳国）

绿锁沙龙：围场县御道口（摄影：董艳冬）

木兰林场五道沟林区（摄影：姚伟强）

康保县处长地乡王善营村退化林分改造（摄影：赵顺旺）

张北县油篓沟二台背退化林分改造（摄影：赵顺旺）

怀来县大棚葡萄(摄影：孙旭阳)

阜城县退耕还林林下养鸡(摄影：孙阁)

迁西板栗喜获丰收(摄影：王爱军)

怀来县葡萄基地(摄影：冯长红)

小五台山亚高山草甸（摄影：郭书彬）

小五台山针阔混交林（摄影：李盼威）

雾灵山（摄影：范明祥）

白石山（摄影：范明祥）